教育部高等农林院校理科基础课程
教学指导委员会推荐示范教材

高等农林教育“十三五”规划教材

线性代数

Linear Algebra

第2版

梁保松　陈　振　主编

中国农业大学出版社
·北京·

内容简介

本书为教育部高等农林院校理科基础课程教学指导委员会组织编写的理科基础课程示范教材，主要内容有行列式、矩阵、线性方程组、相似矩阵、二次型等。本书取材广泛，内容丰富，突出了数学能力的培养，体现了数学建模思想，有一定的广度和深度。

本书每章后配有适量习题及综合练习题，以巩固所学内容。书后附有习题和综合练习题的参考答案。

全书结构严谨，叙述详细，可作为高等农林院校生物、工科、经济、管理类专业的教科书，也可以作为研究生入学考试的参考书。

图书在版编目(CIP)数据

线性代数/梁保松，陈振主编. —2版. —北京：中国农业大学出版社，2017.5
ISBN 978-7-5655-1806-5

Ⅰ.①线… Ⅱ.①梁…②陈… Ⅲ.线性代数-高等学校-教材 Ⅳ.O151.2

中国版本图书馆CIP数据核字(2017)第093478号

书　名 线性代数　第2版
作　者 梁保松　陈　振　主编

策划编辑 张秀环　董夫才　　**责任编辑** 张秀环
封面设计 郑　川　　**责任校对** 王晓凤
出版发行 中国农业大学出版社
社　址 北京市海淀区圆明园西路2号　　**邮政编码** 100193
电　话 发行部 010-62818525，8625　　读者服务部 010-62732336
编辑部 010-62732617，2618　　出　版　部 010-62733440
网　址 http://www.cau.edu.cn/caup　　**e-mail** cbsszs@cau.edu.cn
经　销 新华书店
印　刷 涿州市星河印刷有限公司
版　次 2017年8月第2版　2017年8月第1次印刷
规　格 787×1 092　16开本　13.25印张　320千字
定　价 30.00元

第2版编写人员

主　编　梁保松　陈　振

副主编　毕守东　蔡淑云　王小春　丰　雪　郝建丽
　　　　　郑国萍　唐　彦　吴校良　张艳红

编　者　（按姓氏拼音排序）

毕守东（安徽农业大学）
蔡淑云（北华大学）
陈　振（河南农业大学）
陈玉珍（河南科技学院）
丰　雪（沈阳农业大学）
郭卫平（河北科技师范学院）
郝建丽（商丘师范学院）
姬利娜（河南农业大学）
梁保松（河南农业大学）
马巧云（河南农业大学）
苏金梅（内蒙古农业大学）
苏克勤（河南农业大学）
石仁淑（延边大学）
唐　彦（东北林业大学）
王亚伟（河南农业大学）
王国胜（河北科技师范学院）
王小春（北京林业大学）
吴校良（内蒙古民族大学）
张　冰（沈阳农业大学）
张艳红（河北北方学院）
赵营峰（河南科技学院）
郑国萍（河北科技师范学院）

第1版编写人员

主　编　梁保松　苁金梅

副主编　毕守东　蔡淑云　王小春
丰　雪　郑国萍　唐　彦

编　者　(按姓氏拼音排序)
毕守东(安徽农业大学)
蔡淑云(北华大学)
陈玉珍(河南科技学院)
丰　雪(沈阳农业大学)
郭卫平(河北科技师范学院)
梁保松(河南农业大学)
石仁淑(延边大学)
苏金梅(内蒙古农业大学)
唐　彦(东北林业大学)
王国胜(河北科技师范学院)
王小春(北京林业大学)
张　冰(沈阳农业大学)
赵营峰(河南科技学院)
郑国萍(河北科技师范学院)

出版说明

在教育部高教司农林医药处的关怀指导下，由教育部高等农林院校理科基础课程教学指导委员会（以下简称“基础课教指委”）推荐的本科农林类专业数学、物理、化学基础课程系列示范性教材现在与广大师生见面了。这是近些年全国高等农林院校为贯彻落实“质量工程”有关精神，广大一线教师深化改革，积极探索加强基础、注重应用、提高能力、培养高素质本科人才的立项研究成果，是具体体现“基础课教指委”组织编制的相关课程教学基本要求的物化成果。其目的在于引导深化高等农林教育教学改革，推动各农林院校紧密联系教学实际和培养人才需求，创建具有特色的数理化精品课程和精品教材，大力提高教学质量。

课程教学基本要求是高等学校制定相应课程教学计划和教学大纲的基本依据，也是规范教学和检查教学质量的依据，同时还是编写课程教材的依据。“基础课教指委”在教育部高教司农林医药处的统一部署下，经过批准立项，于 2007 年底开始组织农林院校有关数学、物理、化学基础课程专家成立专题研究组，研究编制农林类专业相关基础课程的教学基本要求，经过多次研讨和广泛征求全国农林院校一线教师意见，于 2009 年 4 月完成教学基本要求的编制工作，由“基础课教指委”审定并报教育部农林医药处审批。

为了配合农林类专业数理化基础课程教学基本要求的试行，“基础课教指委”统一规划了名为“教育部高等农林院校理科基础课程教学指导委员会推荐示范教材”（以下简称“推荐示范教材”）的项目。“推荐示范教材”由“基础课教指委”统一组织编写出版，不仅确保教材的高质量，同时也使其具有比较鲜明的特色。

一、“推荐示范教材”与教学基本要求并行　教育部专门立项研究制定农林类专业理科基础课程教学基本要求，旨在总结农林类专业理科基础课程教育教学改革经验，规范农林类专业理科基础课程教学工作，全面提高教育教学质量。此次农林类专业数理化基础课程教学基本要求的研制，是迄今为止参与院校和教师最多、研讨最为深入、时间最长的一次教学研讨过程，使教学基本要求的制定具有扎实的基础，使其具有很强的针对性和指导性。通过“推荐示范教材”的使用推动教学基本要求的试行，既体现了“基础课教指委”对推行教学基本要求的决心，又体现了对“推荐示范教材”的重视。

二、规范课程教学与突出农林特色兼备 长期以来各高等农林院校数理化基础课程在教学计划安排和教学内容上存在着较大的趋同性和盲目性，课程定位不准，教学不够规范，必须科学地制定课程教学基本要求。同时由于农林学科的特点和专业培养目标、培养规格的不同，对相关数理化基础课程要求必须突出农林类专业特色。这次编制的相关课程教学基本要求最大限度地体现了各校在此方面的探索成果，“推荐示范教材”比较地充分反映了农林类专业教学改革的新成果。

三、教材内容拓展与考研统一要求接轨 2008 年教育部实行了农学门类硕士研究生统一入学考试制度。这一制度的实行，促使农林类专业理科基础课程教学要求作必要的调整。“推荐示范教材”充分考虑了这一点，各门相关课程教材在内容上和深度上都密切配合这一考试制度的实行。

四、多种辅助教材与课程基本教材相配 为便于导教导学导考，我们以提供整体解决方案的模式，不仅提供课程主教材，还将逐步提供教学辅导书和教学课件等辅助教材，以丰富的教学资源充分满足教师和学生的需求，提高教学效果。

乘着即将编制国家级“十二五”规划教材建设项目之机，“基础课教指委”计划将“推荐示范教材”整体运行，以教材的高质量和新型高效的运行模式，力推本套教材列入“十二五”国家级规划教材项目。

“推荐示范教材”的编写和出版是一种尝试，赢得了许多院校和老师的参与和支持。在此，我们衷心地感谢积极参与的广大教师，同时真诚地希望有更多的读者参与到“推荐示范教材”的进一步建设中，为推进农林类专业理科基础课程教学改革，培养适应经济社会发展需要的基础扎实、能力强、素质高的专门人才做出更大贡献。

中国农业大学出版社

2009 年 8 月

第 2 版前言

本书系 2009 年出版的教育部高等农林院校理科基础课程教学指导委员会推荐示范教材《线性代数》的第 2 版。

线性代数是高等农林院校本科生的一门重要的基础理论课程，也是硕士研究生入学全国统一考试中必考的数学课程之一。线性问题广泛存在于科学技术的各个领域，某些非线性问题在一定条件下可以转化为线性问题。解大型线性方程组、求矩阵的特征值与特征向量等已成为科学技术人员经常遇到的课题。学习和掌握线性代数的理论和方法已成为掌握现代科学技术以及从事科学研究的重要基础和手段。

本教材为了适应高等农林院校线性代数教学的新要求，在第 1 版的基础上，按照教育部高等农林院校理科基础课程教学指导委员会对数学课程的基本要求，结合近年来教学与研究的实践而修订。适合高等农林院校生物、工科、经济、管理类专业本科生教学使用，也可以作为研究生入学考试的参考书和各类技术人员、管理人员的自学教材。

本教材共 5 章，在正文的基本内容及教材的体系框架和章节安排方面，基本上与第 1 版一致，保留了原书的风格。在内容上更加强调基本概念、基本理论和基本方法；总体上更加突出解题思路，在保证系统性情况下避免繁琐的理论证明和公式推导，更加简洁地表述基本概念和理论；注重引导学生理解概念的内涵和背景，培养学生用线性代数的思想和方法分析与解决实际问题的能力；更加重视各章节之间内容的关联与衔接；对例题和习题的配置作了一些调整和充实，例题和习题更丰富，题型也更多样，更能启迪读者运用基本概念、基本理论和基本方法去分析、解决各种具体问题；注意渗透现代数学思想，注重体现素质教育和创新能力的培养，以适应现代化农林科学对农林人才数学素质的要求。

河南农业大学、内蒙古农业大学等 10 余所高校参加了本教材的编写工作。编写人员有梁保松、陈振等 22 位同志，最后由陈振教授统一定稿。

最后，对中国农业大学出版社为本书的顺利出版所付出的辛勤劳动和大力支持表示衷心的感谢。

限于我们的水平，难免有错漏之处，敬请专家、同行和读者批评指正。

编　者

2017 年 6 月 8 日

第1版前言

本书为教育部高等农林院校理科基础课程教学指导委员会组织编写的理科基础课程示范教材。

线性代数是高等农林院校本科生的一门重要的基础课，也是自然科学和工程技术各领域中应用广泛的数学工具。在计算机日益普及的今天，线性代数在理论和应用上的重要性更显突出，因此各专业对线性代数内容从深度和广度上都提出了更高的要求。

本教材按照教育部高等农林院校理科基础课程教学指导委员会对数学课程的基本要求，结合作者多年来教学研究和科学研究等方面的成果编写而成。编写过程中注意渗透现代数学思想，注重体现素质教育和创新能力的培养，以适应现代化农林科学对农林人才数学素质的要求。

本教材适用于高等农林院校生物、工科、经济、管理类专业本科生教学，讲完本书课程需40～48学时。

本教材以行列式和矩阵为工具，以线性方程组为主线，阐明了线性代数的基本概念、理论和方法。

本教材在内容的安排上具有以下特点：

1.保持体系完整。全书结构严谨，内容由浅入深，循序渐进，通俗易学，努力突出线性代数的基本思想和方法。一方面，使学生能够较好地了解各部分的内在联系，从总体上把握线性代数的思想方法；另一方面，培养学生严密的逻辑思维能力。

2.追求简明实用。考虑到线性代数概念多、定理多、内容抽象、逻辑性强的特点，尽量以提出问题或简单实例引入概念，力求深入浅出、通俗简单、难点分散；删去了一些烦琐的理论证明，直接从客观世界所提供的模型和原理中导出线性代数的基本概念和公式，使表达更加简明；引导学生理解概念的内涵和背景，培养学生用线性代数的思想和方法分析与解决实际问题的能力。

3.强调矩阵方法的应用。加强了矩阵分块运算，特别是简单实用的矩阵列分块在证明问题中的应用，凸显了矩阵方法的简洁与精巧性。

4.每章后面配有适量的习题。为了巩固基础知识，加强综合能力的培养，进一步提高学习的质量，设置了综合练习题。其题型包括判断题、填空题、计算题、证明题等。书后附有习题参考答案。

河南农业大学、内蒙古农业大学、北华大学、河南科技学院、沈阳农业大学、河北科技师范学院、东北林业大学、北京林业大学、延边大学、安徽农业大学共10所高校参加了本教材的编写工作，编写人员有梁保松、苏金梅、毕守东、蔡淑云、陈玉珍、丰雪、郭卫平、石仁淑、唐彦、王国胜、王小春、张冰、赵营峰、郑国萍，最后由梁保松统一定稿。

最后，对中国农业大学出版社为本书的顺利出版所付出的辛勤劳动表示衷心的感谢。

错漏之处，敬请专家、同行和读者批评指正。

编　者

2009年10月8日

目录 CONTENTS

第 1 章　行列式 …… 1
§1.1　排列的逆序与奇偶性 …… 1
§1.2　二、三阶行列式 …… 3
1.2.1　二阶行列式 …… 3
1.2.2　三阶行列式 …… 4
§1.3　n 阶行列式 …… 6
§1.4　行列式的性质 …… 9
§1.5　行列式的计算 …… 13
1.5.1　按一行(列)展开计算 …… 13
1.5.2　拉普拉斯(LapLace)定理 …… 19
§1.6　克莱姆(Cramer)法则 …… 22
习题一 …… 24
综合练习题一 …… 26
第 2 章　矩阵 …… 29
§2.1　矩阵的概念 …… 29
§2.2　矩阵的线性运算、乘法和转置运算 …… 33
2.2.1　矩阵的加法 …… 33
2.2.2　数与矩阵的乘法 …… 33
2.2.3　矩阵的乘法 …… 34
2.2.4　转置矩阵与对称方阵 …… 39
2.2.5　方阵的行列式 …… 40
§2.3　逆矩阵 …… 41
2.3.1　逆矩阵的定义 …… 41
2.3.2　方阵可逆的充分必要条件 …… 42
2.3.3　可逆矩阵的性质 …… 46
2.3.4　用逆矩阵求解线性方程组 …… 47
§2.4　分块矩阵 …… 49
2.4.1　分块矩阵的概念 …… 49
2.4.2　分块矩阵的运算 …… 50
2.4.3　分块对角矩阵和分块三角矩阵 …… 53

§2.5 矩阵的初等变换和初等矩阵 …… 57
2.5.1 矩阵的初等变换 …… 57
2.5.2 初等矩阵 …… 61
2.5.3 求逆矩阵的初等变换方法 …… 64
§2.6 矩阵的秩 …… 67
2.6.1 矩阵秩的概念 …… 67
2.6.2 利用初等变换求矩阵的秩 …… 69
2.6.3 矩阵秩的一些重要结论 …… 72
2.6.4 等价矩阵 …… 74
习题二 …… 74
综合练习题二 …… 78
第3章 线性方程组 …… 81
§3.1 高斯(Gauss)消元法 …… 81
3.1.1 基本概念 …… 81
3.1.2 高斯消元法 …… 82
§3.2 n维向量组的线性相关性 …… 92
3.2.1 n维向量的概念 …… 92
3.2.2 向量间的线性关系 …… 93
3.2.3 向量组的线性相关性 …… 95
§3.3 向量组的极大线性无关组与向量组的秩 …… 100
3.3.1 向量组的等价 …… 100
3.3.2 极大线性无关组与向量组的秩 …… 102
3.3.3 向量组的秩与矩阵的秩的关系 …… 103
§3.4 向量空间 …… 106
3.4.1 向量空间的定义 …… 106
3.4.2 向量空间的基和维数 …… 107
3.4.3 向量空间的坐标 …… 109
3.4.4 基变换与坐标变换 …… 109
§3.5 线性方程组解的结构 …… 113
3.5.1 齐次线性方程组解的结构 …… 113
3.5.2 非齐次线性方程组解的结构 …… 118
习题三 …… 121
综合练习题三 …… 125
第4章 相似矩阵 …… 129
§4.1 方阵的特征值与特征向量 …… 129
4.1.1 特征值与特征向量的概念 …… 129
4.1.2 特征值与特征向量的性质 …… 132
§4.2 方阵的相似对角化 …… 138

4.2.1 相似矩阵的概念 …… 138
4.2.2 方阵相似于对角矩阵的条件 …… 139
习题四 …… 143
综合练习题四 …… 144
第 5 章 二次型 …… 147
§5.1 向量的内积 …… 147
5.1.1 向量内积的概念 …… 147
5.1.2 向量组的标准正交化 …… 150
5.1.3 正交矩阵 …… 154
§5.2 二次型 …… 156
5.2.1 二次型及其标准形 …… 156
5.2.2 矩阵的合同 …… 158
5.2.3 用拉格朗日(Lagrange)配方法化二次型为标准形 …… 159
5.2.4 用合同变换法化二次型为标准形 …… 161
§5.3 用正交变换化二次型为标准形 …… 165
5.3.1 正交变换 …… 165
5.3.2 用正交变换化二次型为标准形 …… 166
§5.4 二次型的正定性 …… 172
习题五 …… 176
综合练习题五 …… 179
习题和综合练习题参考答案 …… 183
参考文献 …… 193

Chapter 1 第1章

行列式

Determinant

行列式的概念是在研究线性方程组的解的过程中产生的，它是一个重要的数学工具，在讨论很多问题时都要用到它. 本章先介绍二、三阶行列式，并把它推广到 n 阶行列式上，然后讨论行列式的基本性质和计算方法，最后利用 Cramer 法则求解线性方程组. 为了阐明 n 阶行列式展开项的符号规律，首先引入 n 级排列的逆序与奇偶性的概念.

§1.1 排列的逆序与奇偶性

定义 1 **由正整数 $1,2,\cdots,n$ 组成的一个没有重复数字的 n 元有序数组，称为一个 n 级排列，简称排列，记为 $i_1i_2\cdots i_n$. $1\ 2\cdots n$ 称为自然排列. n 级排列总共有 $n!$ 个.**

例如 2 级排列共有 2 个：12，21；3 级排列共有 6 个：123，132，213，231，312，321.

定义 2 **在一个 n 级排列 $i_1i_2\cdots i_n$ 中，若一个较大的数排在一个较小数的前面，则称这两个数构成一个逆序. 一个排列中逆序的总数，称为这个排列的逆序数，记为 $\tau(i_1i_2\cdots i_n)$.**

逆序数为奇数的排列称为**奇排列**，逆序数为偶数的排列称为**偶排列**.

例 求下列排列的逆序数，并确定它们的奇偶性.

(1)35214；　　(2)$n(n-1)\cdots 21$.

解 由逆序数的定义，任一排列 $i_1i_2\cdots i_n$ 的逆序数

$\tau(i_1i_2\cdots i_n)=i_1$ 后面比 i_1 小的数的个数 $+i_2$ 后面比 i_2 小的数的个数 $+\cdots+i_{n-1}$ 后面比 i_{n-1} 小的数的个数.

(1)$\tau(35214)=2+3+1+0=6$，35214 为偶排列；

(2)$\tau(n(n-1)\cdots 21)=(n-1)+(n-2)+\cdots+2+1=\dfrac{n(n-1)}{2}$.

$\dfrac{n(n-1)}{2}$ 的奇偶性需由 n 而定，讨论如下：

当 $n=4k$ 时，$\frac{n(n-1)}{2}=2k(4k-1)$ 是偶数；

当 $n=4k+1$ 时，$\frac{n(n-1)}{2}=2k(4k+1)$ 是偶数；

当 $n=4k+2$ 时，$\frac{n(n-1)}{2}=(2k+1)(4k+1)$ 是奇数；

当 $n=4k+3$ 时，$\frac{n(n-1)}{2}=(4k+3)(2k+1)$ 是奇数.

所以，当 $n=4k$ 和 $n=4k+1$ 时，此排列为偶排列；当 $n=4k+2$ 和 $n=4k+3$ 时，此排列为奇排列.

定义 3　一个排列中的某两个数 i,j 互换位置，其余的数不动，就得到一个新的排列，对于排列所施行的这样的一个变换称为一次对换，用 (i,j) 表示. 相邻两个数的对换称为邻换.

对换有如下性质：

定理　一次对换改变排列的奇偶性.

证　首先证明一次邻换改变排列的奇偶性.

设 n 级排列为 $\cdots ij \cdots$，将相邻的两个数 i,j 对换，得到一个新的排列 $\cdots ji \cdots$. 由于除 i,j 两数之外其余的数不动，所以，其余数之间的逆序没有变化.

若 $i>j$，则新排列的逆序数比原排列减少 1；若 $i<j$，则新排列的逆序数比原排列增加 1. 所以一次邻换改变排列的奇偶性.

再证明一般对换的情形：

设 n 级排列为 $\cdots i a_1 a_2 \cdots a_k j \cdots$，$i,j$ 之间相隔 k 个数. 要实现 i,j 的对换，得到新的排列 $\cdots j a_1 a_2 \cdots a_k i \cdots$，可先将 i 与 a_1 邻换，再把 i 与 a_2 邻换…这样，经过 $k+1$ 次邻换，就可以将 i 调换到 j 之后，得到排列 $\cdots a_1 a_2 \cdots a_k j i \cdots$；然后再把 j 依次邻换到 a_1 之前，这需要经过 k 次邻换. 这样，共经过 $2k+1$ 次邻换，完成了 i 与 j 的对换. 由一次邻换改变排列的奇偶性，所以原排列与新排列的奇偶性不同.

推论 1　奇排列变成自然排列的对换次数为奇数，偶排列变成自然排列的对换次数为偶数.

由定理 1，一次对换改变排列的奇偶性. 因为 $12\cdots n$ 是偶排列，所以若排列 $i_1 i_2 \cdots i_n$ 是奇(偶)排列，则必须经奇(偶)数次对换才能变成自然排列.

推论 2　$n\geqslant 2$ 时，全体 n 级排列中，奇排列和偶排列的个数相等，各为 $\frac{n!}{2}$ 个.

证　设全体 n 级排列中，奇排列的个数为 p，偶排列的个数为 q. 对这 p 个奇排列施行同一个对换 (i,j)，由定理 1，可得到 p 个偶排列. 若对这 p 个偶排列施行对换 (i,j)，又得到原来的 p 个奇排列，所以这 p 个偶排列各不相同. 但一共只有 q 个偶排列，故 $p\leqslant q$. 同样，可得 $q\leqslant p$. 因此，$p=q=\frac{n!}{2}$.

§1.2 二、三阶行列式

1.2.1 二阶行列式

解二元线性方程组

$$\begin{cases} a_{11}x_1+a_{12}x_2=b_1, \\ a_{21}x_1+a_{22}x_2=b_2, \end{cases} \tag{1}$$

其中 x_1,x_2 是未知量；$a_{ij}(i=1,2;j=1,2)$ 代表未知量的系数；b_1,b_2 代表常数项. 为消去 x_2，用 a_{22} 和 a_{12} 分别乘以两个方程，然后两个方程相减，得

$$(a_{11}a_{22}-a_{12}a_{21})x_1=a_{22}b_1-a_{12}b_2;$$

同理，消去 x_1，得

$$(a_{11}a_{22}-a_{12}a_{21})x_2=a_{11}b_2-a_{21}b_1.$$

当 $a_{11}a_{22}-a_{12}a_{21}\neq 0$ 时，方程组(1)的解为

$$x_1=\frac{a_{22}b_1-a_{12}b_2}{a_{11}a_{22}-a_{12}a_{21}}, \quad x_2=\frac{a_{11}b_2-a_{21}b_1}{a_{11}a_{22}-a_{12}a_{21}}. \tag{2}$$

为便于叙述和记忆，引入二阶行列式的概念.

定义 1　2^2 个数 $a_{ij}(i=1,2;j=1,2)$ 排成 2 行 2 列，称

$$D=\begin{vmatrix} a_{11} & a_{12} \\ a_{21} & a_{22} \end{vmatrix}=a_{11}a_{22}-a_{12}a_{21} \tag{3}$$

为二阶行列式. 其中数 $a_{11},a_{12},a_{21},a_{22}$ 叫做行列式的**元素**，横排叫做**行**，竖排叫做**列**. 元素 a_{ij} 的第一个下标 i 叫做**行标**，表明该元素位于第 i 行；第二个下标 j 叫做**列标**，表明该元素位于第 j 列. 数 a_{ij} 称为行列式 D 的第 i 行第 j 列元素.

二阶行列式的计算可用**对角线法则**来记忆. 从行列式的左上角元素 a_{11} 到右下角元素 a_{22} 作连线，该连线称为行列式的**主对角线**；而行列式的左下角元素 a_{21} 到右上角元素 a_{12} 的连线称为行列式的**副对角线**. 于是二阶行列式是两项的代数和，第一项是主对角线上两元素的乘积，并带正号；第二项是副对角线上两元素的乘积，并带负号.

按照二阶行列式的定义，式(2)中 x_1,x_2 的表达式中的分子则分别记为

$$D_1=\begin{vmatrix} b_1 & a_{12} \\ b_2 & a_{22} \end{vmatrix}=a_{22}b_1-a_{12}b_2, \quad D_2=\begin{vmatrix} a_{11} & b_1 \\ a_{21} & b_2 \end{vmatrix}=b_2a_{11}-b_1a_{21}.$$

显然，$D_i(i=1,2)$ 是把行列式 D 中的第 i 列换成方程组(1)的常数列所得到的行列式.
于是，当 $D\neq 0$ 时，二元线性方程组(1)的解可唯一地表示为

$$x_1=\frac{D_1}{D}, \quad x_2=\frac{D_2}{D}. \tag{4}$$

例 1 用二阶行列式求解线性方程组

$$\begin{cases}3x_1-2x_2=12,\\2x_1+x_2=1.\end{cases}$$

解 由于 $D=\begin{vmatrix}3&-2\\2&1\end{vmatrix}=7\neq 0$，且

$$D_1=\begin{vmatrix}12&-2\\1&1\end{vmatrix}=14,\quad D_2=\begin{vmatrix}3&12\\2&1\end{vmatrix}=-21,$$

由式(4)得

$$x_1=\frac{D_1}{D}=2,\quad x_2=\frac{D_2}{D}=-3.$$

1.2.2 三阶行列式

解三元线性方程组

$$\begin{cases}a_{11}x_1+a_{12}x_2+a_{13}x_3=b_1,\\a_{21}x_1+a_{22}x_2+a_{23}x_3=b_2,\\a_{31}x_1+a_{32}x_2+a_{33}x_3=b_3.\end{cases}\tag{5}$$

求解此方程组，可由前两个方程消去 x_3，得到一个只含 x_1,x_2 的二元方程；再由后两个方程消去 x_3 得到另一个只含 x_1,x_2 的二元方程，这样可得到只含 x_1,x_2 的二元线性方程组. 消去 x_2，得

$$\begin{aligned}&(a_{11}a_{22}a_{33}+a_{12}a_{23}a_{31}+a_{13}a_{21}a_{32}-a_{13}a_{22}a_{31}-a_{12}a_{21}a_{33}-a_{11}a_{23}a_{32})x_1\\&=b_1a_{22}a_{33}+b_3a_{12}a_{23}+b_2a_{13}a_{32}-b_3a_{22}a_{32}-b_2a_{12}a_{33}-b_1a_{23}a_{32},\end{aligned}$$

即 $$x_1=\frac{b_1a_{22}a_{33}+b_3a_{12}a_{23}+b_2a_{13}a_{32}-b_3a_{13}a_{22}-b_2a_{12}a_{33}-b_1a_{23}a_{32}}{a_{11}a_{22}a_{33}+a_{12}a_{23}a_{31}+a_{13}a_{21}a_{32}-a_{13}a_{22}a_{31}-a_{11}a_{23}a_{32}-a_{12}a_{21}a_{33}}.$$

同理，得

$$x_2=\frac{b_2a_{11}a_{33}+b_1a_{23}a_{31}+b_3a_{13}a_{21}-b_2a_{13}a_{31}-b_1a_{21}a_{33}-b_3a_{11}a_{23}}{a_{11}a_{22}a_{33}+a_{12}a_{23}a_{31}+a_{13}a_{21}a_{32}-a_{13}a_{22}a_{31}-a_{11}a_{23}a_{32}-a_{12}a_{21}a_{33}},$$

$$x_3=\frac{b_3a_{11}a_{22}+b_2a_{12}a_{31}+b_1a_{21}a_{32}-b_1a_{22}a_{31}-b_3a_{12}a_{21}-b_2a_{11}a_{32}}{a_{11}a_{22}a_{33}+a_{12}a_{23}a_{31}+a_{13}a_{21}a_{32}-a_{13}a_{22}a_{31}-a_{12}a_{21}a_{33}-a_{11}a_{23}a_{32}}.$$

为便于叙述和记忆，引入三阶行列式的概念.

定义 2 3^2 个数 $a_{ij}(i=1,2,3;j=1,2,3)$ 排成 3 行 3 列，称

$$D=\begin{vmatrix} a_{11} & a_{12} & a_{13} \\ a_{21} & a_{22} & a_{23} \\ a_{31} & a_{32} & a_{33} \end{vmatrix}=a_{11}a_{22}a_{33}+a_{12}a_{23}a_{31}+a_{13}a_{21}a_{32}-a_{13}a_{22}a_{31}-a_{12}a_{21}a_{33}-a_{11}a_{23}a_{32} \quad (6)$$

为三阶行列式.

式(6)右边有 6 项,每项是位于 D 中既不同行又不同列的三个元素的乘积,并按照一定的规则,带有正号或负号. 三阶行列式的计算也可以用**对角线法则**.

在对角线计算法则中,主对角线上三个元素之积及平行于主对角线的三元素之积的项取正号(图 1-1 中用实线连接);副对角线上三个元素之积及平行于副对角线的三个元素之积的项取负号(图 1-1 中用虚线连接).

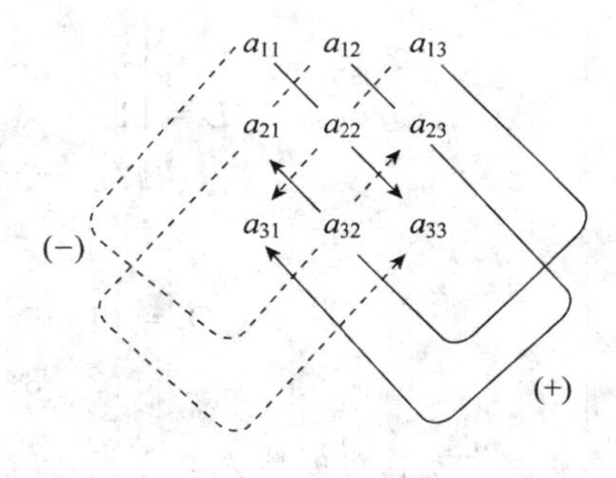

图 1-1

由二阶、三阶行列式的定义可以看出,二阶、三阶行列式的符号规律:当该项元素的行标按自然数顺序排列后,若对应的列标构成的排列是偶排列则取正号;若对应的列标构成的排列是奇排列则取负号.

我们称式(6)中的 D 为三元线性方程组(5)的系数行列式. 根据三阶行列式的计算,有

$$D_1=\begin{vmatrix} b_1 & a_{12} & a_{13} \\ b_2 & a_{22} & a_{23} \\ b_3 & a_{32} & a_{33} \end{vmatrix}$$

$$=b_1a_{22}a_{33}+b_3a_{12}a_{23}+b_2a_{13}a_{32}-b_3a_{13}a_{22}-b_2a_{12}a_{33}-b_1a_{23}a_{32},$$

则 x_1 可表示为

$$x_1=\frac{D_1}{D}.$$

同理,得

$$x_2=\frac{D_2}{D},x_3=\frac{D_3}{D},$$

其中

$$D_2=\begin{vmatrix} a_{11} & b_1 & a_{13} \\ a_{21} & b_2 & a_{23} \\ a_{31} & b_3 & a_{33} \end{vmatrix},\quad D_3=\begin{vmatrix} a_{11} & a_{12} & b_1 \\ a_{21} & a_{22} & b_2 \\ a_{31} & a_{32} & b_3 \end{vmatrix}.$$

显然,$D_i(i=1,2,3)$是把系数行列式 D 中的第 i 列换成方程组(5)中的右边常数列所得到的行列式.

例 2 解三元线性方程组

$$\begin{cases}3x_1+2x_2-x_3=4,\\x_1-x_2+2x_3=5,\\2x_1-x_2+x_3=3.\end{cases}$$

解 用对角线法计算行列式，得

$$D=\begin{vmatrix}3&2&-1\\1&-1&2\\2&-1&1\end{vmatrix}=8,\quad D_1=\begin{vmatrix}4&2&-1\\5&-1&2\\3&-1&1\end{vmatrix}=8,$$

$$D_2=\begin{vmatrix}3&4&-1\\1&5&2\\2&3&1\end{vmatrix}=16,\quad D_3=\begin{vmatrix}3&2&4\\1&-1&5\\2&-1&3\end{vmatrix}=24.$$

故方程组的解为

$$x_1=\frac{D_1}{D}=1,x_2=\frac{D_2}{D}=2,x_3=\frac{D_3}{D}=3.$$

§1.3 *n* 阶行列式

用对角线法计算二、三阶行列式，简便直观，但对高于三阶的行列式，该方法就繁杂了. 为了求解 $n>3$ 的线性方程组，有必要把二、三阶行列式进一步推广，为此我们先分析第二节式(6)所示的三阶行列式的展开项的结构，从中找出其一般规律.

(1)三阶行列式的每一项都是既不同行又不同列的三个元素的乘积.

(2)每一项的三个元素的行下标按自然顺序排列时，其列下标都是 1,2,3 的某一个排列. 三级排列的每一排列都对应着三阶行列式的一项，故三阶行列式共有 3! 项.

(3)关于项的符号. 在第二节式(6)中，带正号的三项的列下标排列为

$$123,231,312,$$

它们是自然排列 123 经零次或二次(偶数次)对换得到的；而带负号的三项的列下标排列为

$$321,213,132.$$

它们是自然排列 123 经一次(奇数次)对换得到的. 这就是说，行列式每项所带的符号与排列对换次数(奇数次或偶数次)有关.

按照上述分析，第二节式(6)所示的三阶行列式可表示为

$$D=\begin{vmatrix}a_{11}&a_{12}&a_{13}\\a_{21}&a_{22}&a_{23}\\a_{31}&a_{32}&a_{33}\end{vmatrix}=\sum_{i_1i_2i_3}(-1)^{\tau(i_1i_2i_3)}a_{1i_1}a_{2i_2}a_{3i_3}.$$

其中 $\sum\limits_{i_1i_2i_3}$ 表示对所有3级排列求和.

定义1 n^2 **个数** $a_{ij}\,(i=1,2,\cdots,n;j=1,2,\cdots,n)$ **排成** n **行** n **列,称记号**

$$D=\begin{vmatrix} a_{11} & a_{12} & \cdots & a_{1n} \\ a_{21} & a_{22} & \cdots & a_{2n} \\ \vdots & \vdots & & \vdots \\ a_{n1} & a_{n2} & \cdots & a_{nn} \end{vmatrix}$$

$$=\sum_{i_1i_2\cdots i_n}(-1)^{\tau(i_1i_2\cdots i_n)}a_{1i_1}a_{2i_2}\cdots a_{ni_n} \tag{1}$$

为 n **阶行列式,简记为** $D=\det(a_{ij})$ **或** $D=|a_{ij}|$**. 其中** $\sum\limits_{i_1i_2\cdots i_n}$ **表示对所有** n **级排列求和.**

(1)式右边每一项乘积 $a_{1i_1}a_{2i_2}\cdots a_{ni_n}$ 中的每一个元素取自 D 中不同行不同列. 当行下标按自然顺序排列时,相应的列下标是 $12\cdots n$ 的一个 n 级排列 $i_1i_2\cdots i_n$,若是偶排列,则该排列对应的项取正号;若是奇排列,则取负号,用 $(-1)^{\tau(i_1i_2\cdots i_n)}$ 表示. 行列式 D 中共有 $n!$ 个乘积项.

例1 计算四阶行列式

$$D=\begin{vmatrix} a & 0 & 0 & b \\ 0 & c & d & 0 \\ 0 & e & f & 0 \\ k & 0 & 0 & h \end{vmatrix}.$$

解 根据定义,D 是 $4!=24$ 项的代数和. 每一项都是位于 D 的不同行不同列的4个元素的乘积. 在这个行列式中,除了 $acfh,adeh,bdek,bcfk$ 这四项外,其余的项至少含有一个因子0,因而为0. 与 $acfh,adeh,bdek,bcfk$ 对应的列下标的排列依次为1234,1324,4321,4231,其中第一个和第三个是偶排列,第二个和第四个是奇排列. 因此

$$D=acfh-adeh+bdek-bcfk.$$

例2 计算 n 阶行列式

$$D=\begin{vmatrix} a_{11} & 0 & \cdots & 0 \\ a_{21} & a_{22} & \cdots & 0 \\ \vdots & \vdots & & \vdots \\ a_{n1} & a_{n2} & \cdots & a_{nn} \end{vmatrix}.$$

该行列式主对角线上方的元素全为零,称之为**下三角行列式**(主对角线下方的元素全为零的行列式,称为**上三角行列式**).

解 在 n 阶行列式 D 的 $n!$ 个项中,考虑行列式的非零项. 由于行列式的每一项皆为行列式中位于不同行不同列的 n 个元素之积,因此行列式中的非零项必为 n 个非零元素的乘积. 在行列式的第一行中,仅有 a_{11} 不为零,所以在式(1)中,a_{1i_1} 只能取 a_{11},而 a_{2i_2} 只能取 a_{22},

不能取 a_{21}，这是因为 a_{21} 与 a_{11} 同列. 同理 a_{3i_3} 也只能取 a_{33}，…，最后一行只能选 a_{nn}. 因此

$$D=(-1)^{\tau(12\cdots n)}a_{11}a_{22}\cdots a_{nn}=a_{11}a_{22}\cdots a_{nn}.$$

同理，上三角行列式

$$D=\begin{vmatrix} a_{11} & a_{12} & \cdots & a_{1n} \\ 0 & a_{22} & \cdots & a_{2n} \\ \vdots & \vdots & & \vdots \\ 0 & 0 & \cdots & a_{nn} \end{vmatrix}=a_{11}a_{22}\cdots a_{nn}.$$

特别地，主对角线以外元素全为零的行列式(称为**对角行列式**，记为 Λ)

$$\Lambda=\begin{vmatrix} a_{11} & & & \\ & a_{22} & & \\ & & \ddots & \\ & & & a_{nn} \end{vmatrix}=a_{11}a_{22}\cdots a_{nn}.$$

同理，可以定义关于副对角线的对角行列式以及三角行列式. 分别有如下结论：

$$\begin{vmatrix} & & & a_{1n} \\ & & a_{2n-1} & \\ & \iddots & & \\ a_{n1} & & & \end{vmatrix}=(-1)^{\frac{n(n-1)}{2}}a_{1n}a_{2n-1}\cdots a_{n1};$$

$$\begin{vmatrix} a_{11} & \cdots & a_{1n-1} & a_{1n} \\ a_{21} & \cdots & a_{2n-1} & \\ \vdots & \iddots & & \\ a_{n1} & & & \end{vmatrix}=(-1)^{\frac{n(n-1)}{2}}a_{1n}a_{2n-1}\cdots a_{n1};$$

$$\begin{vmatrix} & & & a_{1n} \\ & & a_{2n-1} & a_{2n} \\ & \iddots & \vdots & \vdots \\ a_{n1} & \cdots & a_{nn-1} & a_{nn} \end{vmatrix}=(-1)^{\frac{n(n-1)}{2}}a_{1n}a_{2n-1}\cdots a_{n1}.$$

应当指出，若把 n 阶行列式每项的列下标按自然顺序排列，则行下标是 n 级排列的某一个排列，这样便得到行列式的另一个定义式

$$D=\sum_{j_1j_2\cdots j_n}(-1)^{\tau(j_1j_2\cdots j_n)}a_{j_1 1}a_{j_2 2}\cdots a_{j_n n}. \tag{2}$$

因为把 n 阶行列式 D 的一般项

$$(-1)^{\tau(i_1i_2\cdots i_n)}a_{1i_1}a_{2i_2}\cdots a_{ni_n}$$

的列下标排列 $i_1i_2\cdots i_n$ 经 N 次对换变成自然排列 $1\ 2\cdots n$ 的同时，相应的行下标排列 $1\ 2\cdots n$ 经 N 次对换就变成了排列 $j_1j_2\cdots j_n$，即

$$a_{1i_1}a_{2i_2}\cdots a_{ni_n}=a_{j_1 1}a_{j_2 2}\cdots a_{j_n n}.$$

根据定理1的推论1,对换次数 N 与 $\tau(i_1i_2\cdots i_n)$ 有相同的奇偶性,而 N 与 $\tau(j_1j_2\cdots j_n)$ 也有相同的奇偶性,从而 $\tau(i_1i_2\cdots i_n)$ 与 $\tau(j_1j_2\cdots j_n)$ 有相同的奇偶然性,所以

$$(-1)^{\tau(i_1i_2\cdots i_n)}a_{1i_1}a_{2i_2}\cdots a_{ni_n}=(-1)^{\tau(j_1j_2\cdots j_n)}a_{j_1 1}a_{j_2 2}\cdots a_{j_n n}.$$

可以证明,n 阶行列式 D 的一般项还可以记为

$$(-1)^{\tau(i_1i_2\cdots i_n)+\tau(j_1j_2\cdots j_n)}a_{i_1j_1}a_{i_2j_2}\cdots a_{i_nj_n}. \tag{3}$$

其中 $(i_1i_2\cdots i_n)$ 与 $(j_1j_2\cdots j_n)$ 均为 n 级排列.

例3 在6阶行列式中,确定下列两项应带的符号:

(1) $a_{23}a_{31}a_{42}a_{56}a_{14}a_{65}$; (2) $a_{32}a_{43}a_{14}a_{51}a_{66}a_{25}$.

解 (1)由定义1,得

$$a_{23}a_{31}a_{42}a_{56}a_{14}a_{65}=a_{14}a_{23}a_{31}a_{42}a_{56}a_{65}$$

$\tau(431265)=3+2+0+0+1=6$,所以 $a_{23}a_{31}a_{42}a_{56}a_{14}a_{65}$ 前面应带正号.

(2)行标排列的逆序数 $\tau(341562)=2+2+0+1+1=6$;

列标排列的逆序数 $\tau(234165)=1+1+1+0+1=4$.

由式(3),$a_{32}a_{43}a_{14}a_{51}a_{66}a_{25}$ 前面应带正号.

§1.4 行列式的性质

利用行列式的定义计算 n 阶行列式,需要计算 $n!$ 个乘积项,这显然比较麻烦.为此,下面研究行列式的性质,利用这些性质可以简化行列式的计算.

首先引入转置行列式的概念.

考虑 n 阶行列式

$$D=\begin{vmatrix} a_{11} & a_{12} & \cdots & a_{1n} \\ a_{21} & a_{22} & \cdots & a_{2n} \\ \vdots & \vdots & & \vdots \\ a_{n1} & a_{n2} & \cdots & a_{nn} \end{vmatrix},$$

把 D 的行列互换,得到一个新行列式

$$\begin{vmatrix} a_{11} & a_{21} & \cdots & a_{n1} \\ a_{12} & a_{22} & \cdots & a_{n2} \\ \vdots & \vdots & & \vdots \\ a_{1n} & a_{2n} & \cdots & a_{nn} \end{vmatrix},$$

称为 D 的**转置行列式**,记为 D^{T}.显然,$(D^{\mathrm{T}})^{\mathrm{T}}=D$.

例如,设 $D=\begin{vmatrix} 1 & 2 & -4 \\ -2 & 2 & 1 \\ -3 & 4 & -2 \end{vmatrix}$,则 $D^{\mathrm{T}}=\begin{vmatrix} 1 & -2 & -3 \\ 2 & 2 & 4 \\ -4 & 1 & -2 \end{vmatrix}$. 易求得 $D=-14, D^{\mathrm{T}}=-14$,即 $D=D^{\mathrm{T}}$.

一般地,我们有

性质 1　行列式与它的转置行列式相等.

证　设 D^{T} 的第 i 行第 j 列元素为 a_{ij}',由转置行列式的定义,$a_{ij}'=a_{ji}$,从而

$$D^{\mathrm{T}}=\sum_{j_1j_2\cdots j_n}(-1)^{\tau(j_1j_2\cdots j_n)}a_{j_11}'a_{j_22}'\cdots a_{j_nn}'=\sum_{j_1j_2\cdots j_n}(-1)^{\tau(j_1j_2\cdots j_n)}a_{1j_1}a_{2j_2}\cdots a_{nj_n}=D.$$

由性质 1 可知,行列式的行和列具有同等的地位. 因此,行列式的性质凡是对行成立的,对列同样成立,反之亦然.

性质 2　交换行列式的两行(或两列),行列式改变符号.

证　给定行列式

$$D=\begin{vmatrix} a_{11} & a_{12} & \cdots & a_{1n} \\ \vdots & \vdots & & \vdots \\ a_{i1} & a_{i2} & \cdots & a_{in} \\ \vdots & \vdots & & \vdots \\ a_{j1} & a_{j2} & \cdots & a_{jn} \\ \vdots & \vdots & & \vdots \\ a_{n1} & a_{n2} & \cdots & a_{nn} \end{vmatrix},\quad D_1=\begin{vmatrix} a_{11} & a_{12} & \cdots & a_{1n} \\ \vdots & \vdots & & \vdots \\ a_{j1} & a_{j2} & \cdots & a_{jn} \\ \vdots & \vdots & & \vdots \\ a_{i1} & a_{i2} & \cdots & a_{in} \\ \vdots & \vdots & & \vdots \\ a_{n1} & a_{n2} & \cdots & a_{nn} \end{vmatrix},$$

其中,行列式 D_1 是由行列式 D 交换其 i,j 两行得到的.

因为 D 的任一项为 $(-1)^{\tau(i_1\cdots s\cdots t\cdots i_n)}a_{1i_1}\cdots a_{is}\cdots a_{jt}\cdots a_{ni_n}$,与之对应的 D_1 中的一项为 $(-1)^{\tau(i_1\cdots t\cdots s\cdots i_n)}a_{1i_1}\cdots a_{jt}\cdots a_{is}\cdots a_{ni_n}$,由第一节定理 1,$(-1)^{\tau(i_1\cdots s\cdots t\cdots i_n)}=(-1)(-1)^{\tau(i_1\cdots t\cdots s\cdots i_n)}$,即 D 与 D_1 对应项的符号相反,从而 $D=-D_1$.

推论　如果行列式有两行(列)完全相同,则行列式等于零.

证　设行列式 D 的第 i 行和第 j 行相同($i\neq j$). 由性质 2,交换这两行后,行列式改变符号,所以新的行列式值为 $-D$;但另一方面,交换相同的两行,行列式并没有改变,因此 $D=-D$,即 $D=0$.

性质 3　用一个数 k 乘行列式,等于行列式某一行(列)的所有元素都乘以 k,即

$$k\begin{vmatrix} a_{11} & a_{12} & \cdots & a_{1n} \\ \vdots & \vdots & & \vdots \\ a_{i1} & a_{i2} & \cdots & a_{in} \\ \vdots & \vdots & & \vdots \\ a_{n1} & a_{n2} & \cdots & a_{nn} \end{vmatrix}=\begin{vmatrix} a_{11} & a_{12} & \cdots & a_{1n} \\ \vdots & \vdots & & \vdots \\ ka_{i1} & ka_{i2} & \cdots & ka_{in} \\ \vdots & \vdots & & \vdots \\ a_{n1} & a_{n2} & \cdots & a_{nn} \end{vmatrix}.$$

也可以说,如果行列式某一行(列)的元素有公因子,则可以将公因子提到行列式外面.

(证明略)

推论 1 如果行列式有一行(列)元素全为零,则该行列式的值等于零.

推论 2 如果行列式有两行(列)的对应元素成比例,则该行列式的值等于零.

性质 4 如果行列式的某一行(列)元素都可以表示为两项的和,则这个行列式可以表示为两个行列式的和,即

$$\begin{vmatrix} a_{11} & a_{12} & \cdots & a_{1n} \\ \vdots & \vdots & & \vdots \\ a_{i1}+b_{i1} & a_{i2}+b_{i2} & \cdots & a_{in}+b_{in} \\ \vdots & \vdots & & \vdots \\ a_{n1} & a_{n2} & \cdots & a_{nn} \end{vmatrix} = \begin{vmatrix} a_{11} & a_{12} & \cdots & a_{1n} \\ \vdots & \vdots & & \vdots \\ a_{i1} & a_{i2} & \cdots & a_{in} \\ \vdots & \vdots & & \vdots \\ a_{n1} & a_{n2} & \cdots & a_{nn} \end{vmatrix} + \begin{vmatrix} a_{11} & a_{12} & \cdots & a_{1n} \\ \vdots & \vdots & & \vdots \\ b_{i1} & b_{i2} & \cdots & b_{in} \\ \vdots & \vdots & & \vdots \\ a_{n1} & a_{n2} & \cdots & a_{nn} \end{vmatrix}.$$

或者说,若两个 n 阶行列式中除某一行(列)之外,其余 $n-1$ 行(列)对应相同,则两个行列式之和等于该行(列)对应元素相加,其余行(列)保持不变.

证
$$\begin{aligned} 左边 &= \sum_{i_1 i_2 \cdots i_n} (-1)^{\tau(i_1 i_2 \cdots i_s \cdots i_n)} a_{1i_1} a_{2i_2} \cdots (a_{is} + b_{is}) \cdots a_{ni_n} \\ &= \sum_{i_1 i_2 \cdots i_n} (-1)^{\tau(i_1 i_2 \cdots i_s \cdots i_n)} a_{1i_1} a_{2i_2} \cdots a_{is} \cdots a_{ni_n} + \\ &\quad \sum_{i_1 i_2 \cdots i_n} (-1)^{\tau(i_1 i_2 \cdots i_s \cdots i_n)} a_{1i_1} a_{2i_2} \cdots b_{is} \cdots a_{ni_n}, \end{aligned}$$

这正好是右边的两个行列式之和.

性质 5 行列式的第 i 行(列)的元素的 k 倍加到第 j 行(列)的对应元素上,行列式的值不变,即

$$D = \begin{vmatrix} a_{11} & a_{12} & \cdots & a_{1n} \\ \vdots & \vdots & & \vdots \\ a_{i1} & a_{i2} & \cdots & a_{in} \\ \vdots & \vdots & & \vdots \\ a_{j1} & a_{j2} & \cdots & a_{jn} \\ \vdots & \vdots & & \vdots \\ a_{n1} & a_{n2} & \cdots & a_{nn} \end{vmatrix} = \begin{vmatrix} a_{11} & a_{12} & \cdots & a_{1n} \\ \vdots & \vdots & & \vdots \\ a_{i1} & a_{i2} & \cdots & a_{in} \\ \vdots & \vdots & & \vdots \\ a_{j1}+ka_{i1} & a_{j2}+ka_{i2} & \cdots & a_{jn}+ka_{in} \\ \vdots & \vdots & & \vdots \\ a_{n1} & a_{n2} & \cdots & a_{nn} \end{vmatrix}.$$

证 由性质 4,上式右边的行列式可以拆分为两个行列式的和.对于这两个行列式,运用性质 3 的推论 2,可得结论.

例 1 计算行列式

$$D = \begin{vmatrix} 2 & 3 & 4 & 5 \\ 5 & 6 & 7 & 8 \\ 1 & 2 & 3 & 4 \\ 6 & 7 & 8 & 9 \end{vmatrix}.$$

解 利用性质 5,第 3 行分别乘以 -5 和 -6 加到第二行和第四行,得

$$D=\begin{vmatrix}2&3&4&5\\0&-4&-8&-12\\1&2&3&4\\0&-5&-10&-15\end{vmatrix}.$$

再利用性质 3,第二行和第四行分别提取公因子-4和-5,有

$$D=(-4)\times(-5)\times\begin{vmatrix}2&3&4&5\\0&1&2&3\\1&2&3&4\\0&1&2&3\end{vmatrix}.$$

此时,行列式的第二行和第四行对应位置的元素相同,由性质 2 之推论,$D=0$.

例 2 计算行列式

$$D=\begin{vmatrix}b&a&a&a\\a&b&a&a\\a&a&b&a\\a&a&a&b\end{vmatrix}.$$

解 可以看出,该行列式每一列四个元素之和都等于$3a+b$.连续利用性质 5,将二、三、四行逐一加到第一行上去,有

$$D=\begin{vmatrix}b+3a&b+3a&b+3a&b+3a\\a&b&a&a\\a&a&b&a\\a&a&a&b\end{vmatrix}=(b+3a)\begin{vmatrix}1&1&1&1\\a&b&a&a\\a&a&b&a\\a&a&a&b\end{vmatrix}.$$

再把行列式的第一行乘以$(-a)$分别加到其余各行,得

$$D=(b+3a)\begin{vmatrix}1&1&1&1\\0&b-a&0&0\\0&0&b-a&0\\0&0&0&b-a\end{vmatrix}=(b+3a)(b-a)^3.$$

例 3 证明

$$D=\begin{vmatrix}b_1+c_1&c_1+a_1&a_1+b_1\\b_2+c_2&c_2+a_2&a_2+b_2\\b_3+c_3&c_3+a_3&a_3+b_3\end{vmatrix}=2\begin{vmatrix}a_1&b_1&c_1\\a_2&b_2&c_2\\a_3&b_3&c_3\end{vmatrix}.$$

证 由性质 4,有

$$D=\begin{vmatrix}b_1&c_1+a_1&a_1+b_1\\b_2&c_2+a_2&a_2+b_2\\b_3&c_3+a_3&a_3+b_3\end{vmatrix}+\begin{vmatrix}c_1&c_1+a_1&a_1+b_1\\c_2&c_2+a_2&a_2+b_2\\c_3&c_3+a_3&a_3+b_3\end{vmatrix}$$

$$=\begin{vmatrix} b_1 & c_1+a_1 & b_1 \\ b_2 & c_2+a_2 & b_2 \\ b_3 & c_3+a_3 & b_3 \end{vmatrix}+\begin{vmatrix} b_1 & c_1+a_1 & a_1 \\ b_2 & c_2+a_2 & a_2 \\ b_3 & c_3+a_3 & a_3 \end{vmatrix}+\begin{vmatrix} c_1 & c_1 & a_1+b_1 \\ c_2 & c_2 & a_2+b_2 \\ c_3 & c_3 & a_3+b_3 \end{vmatrix}+\begin{vmatrix} c_1 & a_1 & a_1+b_1 \\ c_2 & a_2 & a_2+b_2 \\ c_3 & a_3 & a_3+b_3 \end{vmatrix}.$$

再由性质 2 及其推论，有

$$D=\begin{vmatrix} b_1 & c_1 & a_1 \\ b_2 & c_2 & a_2 \\ b_3 & c_3 & a_3 \end{vmatrix}+\begin{vmatrix} b_1 & a_1 & a_1 \\ b_2 & a_2 & a_2 \\ b_3 & a_3 & a_3 \end{vmatrix}+\begin{vmatrix} c_1 & a_1 & b_1 \\ c_2 & a_2 & b_2 \\ c_3 & a_3 & b_3 \end{vmatrix}+\begin{vmatrix} c_1 & a_1 & a_1 \\ c_2 & a_2 & a_2 \\ c_3 & a_3 & a_3 \end{vmatrix}$$

$$=2\begin{vmatrix} a_1 & b_1 & c_1 \\ a_2 & b_2 & c_2 \\ a_3 & b_3 & c_3 \end{vmatrix}.$$

例 4 一个 n 阶行列式，假设它的元素满足 $a_{ij}=-a_{ji}(i,j=1,2,\cdots,n)$，这种行列式称为反对称行列式. 证明当 n 为奇数时，此行列式为零.

证 设 $D=\begin{vmatrix} 0 & a_{12} & a_{13} & \cdots & a_{1n} \\ -a_{12} & 0 & a_{23} & \cdots & a_{2n} \\ -a_{13} & -a_{23} & 0 & \cdots & a_{3n} \\ \vdots & \vdots & \vdots & & \vdots \\ -a_{1n} & -a_{2n} & -a_{3n} & \cdots & 0 \end{vmatrix}$，

根据行列式性质 1，有

$$D=\begin{vmatrix} 0 & -a_{12} & -a_{13} & \cdots & -a_{1n} \\ a_{12} & 0 & -a_{23} & \cdots & -a_{2n} \\ a_{13} & a_{23} & 0 & \cdots & -a_{3n} \\ \vdots & \vdots & \vdots & & \vdots \\ a_{1n} & a_{2n} & a_{3n} & \cdots & 0 \end{vmatrix}=(-1)^n\begin{vmatrix} 0 & a_{12} & a_{13} & \cdots & a_{1n} \\ -a_{12} & 0 & a_{23} & \cdots & a_{2n} \\ -a_{13} & -a_{23} & 0 & \cdots & a_{3n} \\ \vdots & \vdots & \vdots & & \vdots \\ -a_{1n} & -a_{2n} & -a_{3n} & \cdots & 0 \end{vmatrix}$$

$=(-1)^nD.$

当 n 为奇数时，得 $D=-D$，因而 $D=0$.

§1.5 行列式的计算

1.5.1 按一行(列)展开计算

一般来说，计算低阶行列式要比计算高阶行列式简单，可以证明，n 阶行列式的计算总可以化为阶数较低的行列式的计算. 为此，首先引入子式和代数余子式的概念.

定义 1 在 n 阶行列式 D 中任意取定 k 行和 k 列，位于这些行列交叉处的元素所构成

的 k 阶行列式叫做行列式 D 的一个 k 阶子式.

例 1 在四阶行列式

$$D=\begin{vmatrix} 2 & 1 & -1 & 1 \\ -1 & 2 & 3 & 4 \\ 0 & 3 & 0 & 1 \\ 3 & 1 & -3 & 0 \end{vmatrix}$$

中,取定第二行和第三行、第一列和第四列,位于这些行列交叉处的元素构成了 D 的一个 2 阶子式

$$M=\begin{vmatrix} -1 & 4 \\ 0 & 1 \end{vmatrix}.$$

定义 2 在 n 阶行列式 D 中划去元素 a_{ij} 所在的第 i 行和第 j 列的元素,剩余的元素按原次序构成的一个 $n-1$ 阶行列式,称为 a_{ij} 的余子式,记为 M_{ij}. 称 $(-1)^{i+j}M_{ij}$ 为 a_{ij} 的代数余子式,记为 A_{ij},即 $A_{ij}=(-1)^{i+j}M_{ij}$.

在例 1 中,元素 $a_{43}=-3$ 的余子式和代数余子式分别为

$$M_{43}=\begin{vmatrix} 2 & 1 & 1 \\ -1 & 2 & 4 \\ 0 & 3 & 1 \end{vmatrix}=-22, \quad A_{43}=(-1)^{4+3}M_{43}=22.$$

定理 1 一个 n 阶行列式 D,如果其第 i 行(或第 j 列)的元素除 a_{ij} 外都为 0,则行列式 D 等于 a_{ij} 与它的代数余子式的乘积,即 $D=a_{ij}A_{ij}$.

证 只证明行的情形.

(1)先假定第一行的元素除 a_{11} 外都是 0,这时

$$D=\begin{vmatrix} a_{11} & 0 & \cdots & 0 \\ a_{21} & a_{22} & \cdots & a_{2n} \\ \vdots & \vdots & & \vdots \\ a_{n1} & a_{n2} & \cdots & a_{nn} \end{vmatrix}.$$

根据行列式的定义,有

$$D=a_{11}\sum_{i_2\cdots i_n}(-1)^{\tau(i_2\cdots i_n)}a_{2i_2}a_{3i_3}\cdots a_{ni_n}=a_{11}M_{11}=a_{11}(-1)^{1+1}M_{11}=a_{11}A_{11}.$$

(2)再看一般情形. 设

$$D=\begin{vmatrix} a_{11} & a_{12} & \cdots & a_{1j} & \cdots & a_{1n} \\ \vdots & \vdots & & \vdots & & \vdots \\ 0 & 0 & \cdots & a_{ij} & \cdots & 0 \\ \vdots & \vdots & & \vdots & & \vdots \\ a_{n1} & a_{n2} & \cdots & a_{nj} & \cdots & a_{nn} \end{vmatrix},$$

D 中第 i 行除 a_{ij} 外其余元素都是 0. 为利用(1)的结论，将行列进行对换，把 a_{ij} 调换至行列式的第 1 行第 1 列的位置.

首先，将第 i 行依次与第 $i-1$ 行，第 $i-2$ 行…第 1 行交换，这样，第 i 行就换到第一行，交换的次数为 $i-1$；再将第 j 列依次与第 $j-1$ 列，第 $j-2$ 列…第 1 列交换，这样，a_{ij} 就调换到左上角，交换的次数为 $j-1$，即一共施行了 $i+j-2$ 次交换就把 a_{ij} 调换到行列式的左上角，由行列式的交换性质，有

$$D=(-1)^{i+j-2}\begin{vmatrix} a_{ij} & 0 & \cdots & 0 & 0 & \cdots & 0 \\ a_{1j} & a_{11} & \cdots & a_{1j-1} & a_{1j+1} & \cdots & a_{1n} \\ \vdots & \vdots & & \vdots & \vdots & & \vdots \\ a_{i-1j} & a_{i-11} & \cdots & a_{i-1j-1} & a_{i-1j+1} & \cdots & a_{i-1n} \\ a_{i+1j} & a_{i+11} & \cdots & a_{i+1j-1} & a_{i+1j+1} & \cdots & a_{i+1n} \\ \vdots & \vdots & & \vdots & \vdots & & \vdots \\ a_{nj} & a_{n1} & \cdots & a_{nj-1} & a_{nj+1} & \cdots & a_{nn} \end{vmatrix}.$$

由(1)的结果得

$$D=(-1)^{i+j-2}a_{ij}M_{ij}=(-1)^{i+j}a_{ij}M_{ij}=a_{ij}A_{ij}.$$

定理 2 **行列式 D 等于它的任一行(列)的所有元素与它们对应的代数余子式乘积的和，即**

$$D=a_{i1}A_{i1}+a_{i2}A_{i2}+\cdots+a_{in}A_{in}=\sum_{t=1}^{n}a_{it}A_{it}\ (i=1,2,\cdots,n), \tag{1}$$

或
$$D=a_{1j}A_{1j}+a_{2j}A_{2j}+\cdots+a_{nj}A_{nj}=\sum_{t=1}^{n}a_{tj}A_{tj}\ (j=1,2,\cdots,n). \tag{2}$$

证 $D=\begin{vmatrix} a_{11} & a_{12} & \cdots & a_{1n} \\ \vdots & \vdots & & \vdots \\ a_{i1} & a_{i2} & \cdots & a_{in} \\ \vdots & \vdots & & \vdots \\ a_{n1} & a_{n2} & \cdots & a_{nn} \end{vmatrix}$

$$=\begin{vmatrix} a_{11} & a_{12} & \cdots & a_{1n} \\ \vdots & \vdots & & \vdots \\ a_{i1}+0+\cdots+0 & 0+a_{i2}+\cdots+0 & \cdots & 0+\cdots+0+a_{in} \\ \vdots & \vdots & & \vdots \\ a_{n1} & a_{n2} & \cdots & a_{nn} \end{vmatrix}$$

$$=\begin{vmatrix} a_{11} & a_{12} & \cdots & a_{1n} \\ \vdots & \vdots & & \vdots \\ a_{i1} & 0 & \cdots & 0 \\ \vdots & \vdots & & \vdots \\ a_{n1} & a_{n2} & \cdots & a_{nn} \end{vmatrix}+\begin{vmatrix} a_{11} & a_{12} & \cdots & a_{1n} \\ \vdots & \vdots & & \vdots \\ 0 & a_{i2} & \cdots & 0 \\ \vdots & \vdots & & \vdots \\ a_{n1} & a_{n2} & \cdots & a_{nn} \end{vmatrix}+\cdots+\begin{vmatrix} a_{11} & a_{12} & \cdots & a_{1n} \\ \vdots & \vdots & & \vdots \\ 0 & 0 & \cdots & a_{in} \\ \vdots & \vdots & & \vdots \\ a_{n1} & a_{n2} & \cdots & a_{nn} \end{vmatrix},$$

由定理 1,$D=a_{i1}A_{i1}+a_{i2}A_{i2}+\cdots+a_{in}A_{in}(i=1,2,\cdots,n)$.

同理,若按列证明,可得 $D=a_{1j}A_{1j}+a_{2j}A_{2j}+\cdots+a_{nj}A_{nj}(j=1,2,\cdots,n)$.

定理 3 行列式 D 的任一行(列)的元素与另外一行(列)对应元素的代数余子式的乘积之和等于零,即

$$a_{i1}A_{j1}+a_{i2}A_{j2}+\cdots+a_{in}A_{jn}=0(i\neq j), \tag{3}$$

或

$$a_{1s}A_{1t}+a_{2s}A_{2t}+\cdots+a_{ns}A_{nt}=0(s\neq t). \tag{4}$$

综合定理 2 和定理 3,有

$$\sum_{t=1}^{n}a_{it}A_{jt}=\begin{cases}D, i=j,\\0, i\neq j.\end{cases} \tag{5}$$

或

$$\sum_{t=1}^{n}a_{ti}A_{tj}=\begin{cases}D, i=j,\\0, i\neq j.\end{cases} \tag{6}$$

定理 2 称为**行列式按行(列)展开法则**. 在计算上直接用定理 2 展开行列式,通常并不能减少计算量,除非行列式中某一行(列)含有较多的零元素. 因此在具体计算时,我们总是运用行列式的性质,先将某一行(列)元素尽可能多地化为零,然后再利用定理 2,由该行(列)展开.

例 2 计算行列式

$$D=\begin{vmatrix}1&0&-2&-1\\2&1&-1&0\\0&2&1&-1\\1&-1&0&-2\end{vmatrix}.$$

解 首先,按照行列式的性质 5,将第一行分别乘以 -2,-1 加到第二和第四行,将第一列的元素除 $a_{11}=1$ 以外都变为 0,得到

$$D=\begin{vmatrix}1&0&-2&-1\\0&1&3&2\\0&2&1&-1\\0&-1&2&-1\end{vmatrix}.$$

由定理 2,按第一列展开,有

$$D=(-1)^{1+1}\cdot 1\cdot\begin{vmatrix}1&3&2\\2&1&-1\\-1&2&-1\end{vmatrix}=20.$$

例 3 计算行列式

$$D_n=\begin{vmatrix} x & y & 0 & \cdots & 0 & 0 \\ 0 & x & y & \cdots & 0 & 0 \\ \vdots & \vdots & \vdots & & \vdots & \vdots \\ 0 & 0 & 0 & \cdots & x & y \\ y & 0 & 0 & \cdots & 0 & x \end{vmatrix}.$$

解 将行列式按第一列展开得

$$D_n=(-1)^{1+1}x\begin{vmatrix} x & y & 0 & \cdots & 0 & 0 \\ 0 & x & y & \cdots & 0 & 0 \\ \vdots & \vdots & \vdots & & \vdots & \vdots \\ 0 & 0 & 0 & \cdots & x & y \\ 0 & 0 & 0 & \cdots & 0 & x \end{vmatrix}+(-1)^{n+1}y\begin{vmatrix} y & 0 & 0 & \cdots & 0 & 0 \\ x & y & 0 & \cdots & 0 & 0 \\ \vdots & \vdots & \vdots & & \vdots & \vdots \\ 0 & 0 & 0 & \cdots & y & 0 \\ 0 & 0 & 0 & \cdots & x & y \end{vmatrix},$$

上面两个行列式分别为 $n-1$ 阶上三角行列式和 $n-1$ 阶下三角行列式，故

$$D_n=x\cdot x^{n-1}+(-1)^{n+1}y\cdot y^{n-1}=x^n+(-1)^{n+1}y^n.$$

例 4 计算 n 阶行列式(其中 $x_i\neq 0,i=1,2,\cdots,n$)

$$D_n=\begin{vmatrix} 1+x_1 & 1 & 1 & \cdots & 1 \\ 1 & 1+x_2 & 1 & \cdots & 1 \\ \vdots & \vdots & \vdots & & \vdots \\ 1 & 1 & 1 & \cdots & 1+x_n \end{vmatrix}.$$

解 将第一行的 -1 倍加到各行上，得

$$D_n=\begin{vmatrix} 1+x_1 & 1 & 1 & \cdots & 1 \\ -x_1 & x_2 & 0 & \cdots & 0 \\ -x_1 & 0 & x_3 & \cdots & 0 \\ \vdots & \vdots & \vdots & & \vdots \\ -x_1 & 0 & 0 & \cdots & x_n \end{vmatrix},$$

将第 i 列的 $\dfrac{x_1}{x_i}(i=2,3,\cdots,n)$ 倍加到第一列上，得上三角行列式

$$D_n=\begin{vmatrix} 1+x_1+\sum\limits_{i=2}^{n}\dfrac{x_1}{x_i} & 1 & 1 & \cdots & 1 \\ & x_2 & & & \\ & & x_3 & & \\ & & & \ddots & \\ & & & & x_n \end{vmatrix}$$

$$=(x_1x_2\cdots x_n)\left(1+\sum_{i=1}^{n}\frac{1}{x_i}\right).$$

例 5 计算行列式

$$D_n=\begin{vmatrix} a_1 & -1 & 0 & \cdots & 0 & 0 \\ a_2 & x & -1 & \cdots & 0 & 0 \\ a_3 & 0 & x & \cdots & 0 & 0 \\ \vdots & \vdots & \vdots & & \vdots & \vdots \\ a_{n-1} & 0 & 0 & \cdots & x & -1 \\ a_n & 0 & 0 & \cdots & 0 & x \end{vmatrix}.$$

解 将行列式按第 n 行展开，有

$$D_n=xD_{n-1}+(-1)^{n+1}\cdot a_n\cdot(-1)^{n-1}=xD_{n-1}+a_n,$$

递推得

$$D_{n-1}=xD_{n-2}+(-1)^n\cdot a_{n-1}\cdot(-1)^{n-2}=xD_{n-2}+a_{n-1},$$

$$D_{n-2}=xD_{n-3}+a_{n-2},$$

$$\cdots\cdots$$

$$D_2=a_1x+a_2.$$

从而

$$D_n=a_1x^{n-1}+a_2x^{n-2}+\cdots+a_{n-1}x+a_n.$$

例 6 证明 n 阶范德蒙(Vandermonde)行列式

$$D_n=\begin{vmatrix} 1 & 1 & 1 & \cdots & 1 \\ a_1 & a_2 & a_3 & \cdots & a_n \\ a_1^2 & a_2^2 & a_3^2 & \cdots & a_n^2 \\ \vdots & \vdots & \vdots & & \vdots \\ a_1^{n-1} & a_2^{n-1} & a_3^{n-1} & \cdots & a_n^{n-1} \end{vmatrix}=\prod_{1\leqslant j<i\leqslant n}(a_i-a_j).$$

其中，“$\prod$”是连乘积符号，$\prod\limits_{1\leqslant j<i\leqslant n}(a_i-a_j)$ 表示对所有满足 $1\leqslant j<i\leqslant n$ 的项 (a_i-a_j) 的连乘积，即

$$D_n=\prod_{1\leqslant j<i\leqslant n}(a_i-a_j)=(a_n-a_1)(a_{n-1}-a_1)\cdots(a_2-a_1)\cdot$$

$$(a_n-a_2)(a_{n-1}-a_2)\cdots(a_3-a_2)\cdot\cdots\cdot$$

$$(a_n-a_{n-2})(a_{n-1}-a_{n-2})(a_n-a_{n-1}).$$

证 用数学归纳法证明.

当 $n=2$ 时，$D_2=\begin{vmatrix} 1 & 1 \\ a_1 & a_2 \end{vmatrix}=a_2-a_1$，结论成立；

假设结论对 $n-1$ 阶行列式成立，下面证明对于 n 阶行列式也成立.

从 D_n 的最后一行开始，自下而上，依次将上一行的 $(-a_1)$ 倍加到下一行，得

$$D_n=\begin{vmatrix} 1 & 1 & 1 & \cdots & 1 \\ 0 & a_2-a_1 & (a_3-a_1) & \cdots & (a_n-a_1) \\ 0 & a_2(a_2-a_1) & a_3(a_3-a_1) & \cdots & a_n(a_n-a_1) \\ \vdots & \vdots & \vdots & & \vdots \\ 0 & a_2^{n-2}(a_2-a_1) & a_3^{n-2}(a_3-a_1) & \cdots & a_n^{n-2}(a_n-a_1) \end{vmatrix},$$

再按第一列展开，得

$$D_n=\begin{vmatrix} a_2-a_1 & (a_3-a_1) & \cdots & (a_n-a_1) \\ a_2(a_2-a_1) & a_3(a_3-a_1) & \cdots & a_n(a_n-a_1) \\ \vdots & \vdots & & \vdots \\ a_2^{n-2}(a_2-a_1) & a_3^{n-2}(a_3-a_1) & \cdots & a_n^{n-2}(a_n-a_1) \end{vmatrix}$$

$$=(a_2-a_1)(a_3-a_1)\cdots(a_n-a_1)\begin{vmatrix} 1 & 1 & \cdots & 1 \\ a_2 & a_3 & \cdots & a_n \\ \vdots & \vdots & & \vdots \\ a_2^{n-2} & a_3^{n-2} & \cdots & a_n^{n-2} \end{vmatrix}.$$

上式的右端是 $n-1$ 阶范德蒙行列式，由归纳假定，得

$$D_n=(a_n-a_1)(a_{n-1}-a_1)\cdots(a_2-a_1)\cdot\prod_{2\leqslant j<i\leqslant n}(a_i-a_j)=\prod_{1\leqslant j<i\leqslant n}(a_i-a_j).$$

1.5.2 拉普拉斯(LapLace)定理

定理 2 只是把行列式按一行(列)展开，下面把它推广到按 k 行(k 列)展开，首先把元素的余子式和代数余子式的概念加以推广.

定义 3 **在 n 阶行列式 D 中，任取 k 行($i_1<i_2<\cdots<i_k$)与 k 列($j_1<j_2<\cdots<j_k$)，将这些行与列相交处的元素按原来相对位置构成的 k 阶行列式**

$$\begin{vmatrix} a_{i_1j_1} & a_{i_1j_2} & \cdots & a_{i_1j_k} \\ a_{i_2j_1} & a_{i_2j_2} & \cdots & a_{i_2j_k} \\ \vdots & \vdots & & \vdots \\ a_{i_kj_1} & a_{i_kj_2} & \cdots & a_{i_kj_k} \end{vmatrix}$$

称为该行列式的一个 k 阶子式，记为 N. 划去这些行和列后所剩下的元素依次序构成的一个 $n-k$ 阶子式，称为 N 的余子式，记为 M. 称

$$A=(-1)^{i_1+\cdots+i_k+j_1+\cdots+j_k}M$$

为 N 的代数余式子.

例 7 在四阶行列式

$$D=\begin{vmatrix} 2 & 1 & -1 & 1 \\ -1 & 2 & 3 & 4 \\ 0 & 3 & 0 & 1 \\ 3 & 1 & -3 & 0 \end{vmatrix}$$

中选取第 3,第 4 行与第 2,第 3 列,得到一个二阶子式

$$N=\begin{vmatrix} 3 & 0 \\ 1 & -3 \end{vmatrix}=-9.$$

N 的余子式为

$$M=\begin{vmatrix} 2 & 1 \\ -1 & 4 \end{vmatrix}=9,$$

N 的代数余子式为

$$A=(-1)^{3+4+2+3}M=9.$$

定理 4(拉普拉斯定理) **在 n 阶行列式 D 中,任取 k 行(列),则由这 k 行(列)元素所有的 k 阶子式与其对应的代数余子式的乘积之和等于行列式 D.**

设取定的 k 行的所有子式为 $N_1,N_2,\cdots,N_t$,其所对应的代数余子式分别为 $A_1,A_2,\cdots,A_t(t=C_n^k)$,则

$$D=N_1A_1+N_2A_2+\cdots+N_tN_t.$$

例 8 用拉普拉斯定理计算

$$D=\begin{vmatrix} 2 & 3 & 0 & 0 & 0 \\ 1 & 5 & 1 & 0 & 0 \\ 1 & 2 & 1 & 3 & 4 \\ 3 & 4 & 2 & 1 & 5 \\ 5 & 6 & 0 & 2 & 1 \end{vmatrix}.$$

解 选取第 1,2 行,只有三个非零子式

$$N_1=\begin{vmatrix} 2 & 3 \\ 1 & 5 \end{vmatrix}=7,N_2=\begin{vmatrix} 2 & 0 \\ 1 & 1 \end{vmatrix}=2,N_3=\begin{vmatrix} 3 & 0 \\ 5 & 1 \end{vmatrix}=3,$$

其对应的代数余子式为

$$A_1=(-1)^{1+2+1+2}\begin{vmatrix} 1 & 3 & 4 \\ 2 & 1 & 5 \\ 0 & 2 & 1 \end{vmatrix}=1,$$

$$A_2=(-1)^{1+2+1+3}\begin{vmatrix}2&3&4\\4&1&5\\6&2&1\end{vmatrix}=68,$$

$$A_3=(-1)^{1+2+2+3}\begin{vmatrix}1&3&4\\3&1&5\\5&2&1\end{vmatrix}=61,$$

故

$$D=N_1A_1+N_2A_2+N_3A_3=7\times1+2\times68+3\times61=326.$$

例 9 计算如下的分块三角行列式

$$D_n=\begin{vmatrix}a_{11}&a_{12}&\cdots&a_{1k}&0&0&\cdots&0\\\vdots&\vdots&&\vdots&\vdots&\vdots&&\vdots\\a_{k1}&a_{k2}&\cdots&a_{kk}&0&0&\cdots&0\\c_{11}&c_{12}&\cdots&c_{1k}&b_{11}&b_{12}&\cdots&b_{1r}\\\vdots&\vdots&&\vdots&\vdots&\vdots&&\vdots\\c_{r1}&c_{r2}&\cdots&c_{rk}&b_{r1}&b_{r2}&\cdots&b_{rr}\end{vmatrix},r+k=n,$$

其中,设

$$D_1=\begin{vmatrix}a_{11}&a_{12}&\cdots&a_{1k}\\\vdots&\vdots&&\vdots\\a_{k1}&a_{k2}&\cdots&a_{kk}\end{vmatrix},\quad D_2=\begin{vmatrix}b_{11}&b_{12}&\cdots&b_{1r}\\\vdots&\vdots&&\vdots\\b_{r1}&b_{r2}&\cdots&b_{rr}\end{vmatrix}.$$

解 用定理 4,选取 D_n 的前 k 行展开

$$D_n=\begin{vmatrix}a_{11}&a_{12}&\cdots&a_{1k}\\\vdots&\vdots&&\vdots\\a_{k1}&a_{k2}&\cdots&a_{kk}\end{vmatrix}\cdot(-1)^{2(1+2+\cdots+k)}\begin{vmatrix}b_{11}&b_{12}&\cdots&b_{1r}\\\vdots&\vdots&&\vdots\\b_{r1}&b_{r2}&\cdots&b_{rr}\end{vmatrix}$$

$$=D_1\cdot D_2.$$

即分块三角行列式等于对角子块行列式的乘积.

为方便应用,最后给出两个 **n 阶行列式乘积公式.**

$$\begin{vmatrix}a_{11}&a_{12}&\cdots&a_{1n}\\a_{21}&a_{22}&\cdots&a_{2n}\\\vdots&\vdots&&\vdots\\a_{n1}&a_{n2}&\cdots&a_{nn}\end{vmatrix}\cdot\begin{vmatrix}b_{11}&b_{12}&\cdots&b_{1n}\\b_{21}&b_{22}&\cdots&b_{2n}\\\vdots&\vdots&&\vdots\\b_{n1}&b_{n2}&&b_{nn}\end{vmatrix}=\begin{vmatrix}c_{11}&c_{12}&\cdots&c_{1n}\\c_{21}&c_{22}&\cdots&c_{2n}\\\vdots&\vdots&&\vdots\\c_{n1}&c_{n2}&\cdots&c_{nn}\end{vmatrix}.$$

其中 $c_{ij}=a_{i1}b_{1j}+a_{i2}b_{2j}+\cdots+a_{in}b_{nj}=\sum\limits_{k=1}^{n}a_{ik}b_{kj}\ (i,j=1,2,\cdots,n)$,即乘积行列式的第 i 行第 j 列的元素等于左行列式的第 i 行元素与右行列式的第 j 列对应元素乘积之和.

§1.6 克莱姆(Cramer)法则

本节将利用 n 阶行列式的性质，给出求解 n 个未知量 n 个方程的线性方程组的克莱姆法则.

设 n 个未知量、n 个方程的线性方程组为

$$\begin{cases} a_{11}x_1+a_{12}x_2+\cdots+a_{1n}x_n=b_1, \\ a_{21}x_1+a_{22}x_2+\cdots+a_{2n}x_n=b_2, \\ \quad\vdots \qquad\quad \vdots \qquad\qquad\quad \vdots \qquad\quad \vdots \\ a_{n1}x_1+a_{n2}x_2+\cdots+a_{nn}x_n=b_n. \end{cases} \tag{1}$$

其系数行列式

$$D=\begin{vmatrix} a_{11} & a_{12} & \cdots & a_{1n} \\ a_{21} & a_{22} & \cdots & a_{2n} \\ \vdots & \vdots & & \vdots \\ a_{n1} & a_{n2} & \cdots & a_{nn} \end{vmatrix}.$$

下面讨论方程组(1)的求解问题.

为消去方程组(1)中的 $x_2,x_3,\cdots,x_n$ 解出 x_1，用 D 的第一列元素的代数余子式 A_{11}，$A_{21},\cdots,A_{n1}$ 分别乘以方程组(1)的第 1，第 2，…，第 n 个方程，得

$$\begin{cases} a_{11}A_{11}x_1+a_{12}A_{11}x_2+\cdots+a_{1n}A_{11}x_n=b_1A_{11}, \\ a_{21}A_{21}x_1+a_{22}A_{21}x_2+\cdots+a_{2n}A_{21}x_n=b_2A_{21}, \\ \quad\vdots \qquad\qquad\quad \vdots \qquad\qquad\qquad\quad \vdots \qquad\qquad \vdots \\ a_{n1}A_{n1}x_1+a_{n2}A_{n1}x_2+\cdots+a_{nn}A_{n1}x_n=b_nA_{n1}. \end{cases}$$

再将上面 n 个方程的左右两端分别相加，由第五节式(6)，有

$$\left(\sum_{i=1}^{n}a_{i1}A_{i1}\right)x_1=\sum_{i=1}^{n}b_iA_{i1},$$

即 $Dx_1=\sum\limits_{i=1}^{n}b_iA_{i1}$.

同理可用 D 的第 $j\,(j=2,3,\cdots,n)$ 列元素的代数余子式 $A_{1j},A_{2j}\cdots A_{nj}$ 依次乘方程组(1)的每一个方程，得

$$Dx_2=\sum_{i=1}^{n}b_iA_{i2},Dx_3=\sum_{i=1}^{n}b_iA_{i3}\cdots Dx_n=\sum_{i=1}^{n}b_iA_{in}.$$

记行列式

$$D_j=\sum_{i=1}^{n}b_iA_{ij}=\begin{vmatrix} a_{11} & \cdots & a_{1j-1} & b_1 & a_{1j+1} & \cdots & a_{1n} \\ a_{21} & \cdots & a_{2j-1} & b_2 & a_{2j+1} & \cdots & a_{2n} \\ \vdots & & \vdots & \vdots & \vdots & & \vdots \\ a_{n1} & \cdots & a_{nj-1} & b_n & a_{nj+1} & \cdots & a_{nn} \end{vmatrix}, \tag{2}$$

D_j 是把系数行列式 D 的第 $j\,(j=1,2,3,\cdots,n)$ 列换为方程组(1)的常数列 $b_1,b_2,\cdots,b_n$ 所得到的行列式.显然,当 $D\neq 0$ 时,方程组(1)有唯一解

$$x_1=\frac{D_1}{D},\quad x_2=\frac{D_2}{D}\quad \cdots\quad x_n=\frac{D_n}{D}.$$

定理 1(克莱姆(Cramer)法则)　含有 n 个未知量、n 个方程的线性方程组(1),当其系数行列式 $D\neq 0$ 时,有且仅有一个解

$$x_1=\frac{D_1}{D},\quad x_2=\frac{D_2}{D}\quad \cdots\quad x_n=\frac{D_n}{D}. \tag{3}$$

其中,D_j 是把系数行列式 D 的第 j 列换为方程组的常数列 $b_1,b_2,\cdots,b_n$ 所得到的 n 阶行列式($j=1,2,3,\cdots,n$).

例 1　解线性方程组

$$\begin{cases} x_1-x_2\qquad\quad +2x_4=-5,\\ 3x_1+2x_2-x_3-2x_4=6,\\ 4x_1+3x_2-x_3-\ x_4=0,\\ 2x_1\qquad -x_3\qquad\ \ =0. \end{cases}$$

解　方程组的系数行列式

$$D=\begin{vmatrix} 1 & -1 & 0 & 2\\ 3 & 2 & -1 & -2\\ 4 & 3 & -1 & -1\\ 2 & 0 & -1 & 0 \end{vmatrix}=5\neq 0,$$

故方程组有唯一解.而

$$D_1=\begin{vmatrix} -5 & -1 & 0 & 2\\ 6 & 2 & -1 & -2\\ 0 & 3 & -1 & -1\\ 0 & 0 & -1 & 0 \end{vmatrix}=10,\quad D_2=\begin{vmatrix} 1 & -5 & 0 & 2\\ 3 & 6 & -1 & -2\\ 4 & 0 & -1 & -1\\ 2 & 0 & -1 & 0 \end{vmatrix}=-15,$$

$$D_3=\begin{vmatrix} 1 & -1 & -5 & 2\\ 3 & 2 & 6 & -2\\ 4 & 3 & 0 & -1\\ 2 & 0 & 0 & 0 \end{vmatrix}=20,\quad D_4=\begin{vmatrix} 1 & -1 & 0 & -5\\ 3 & 2 & -1 & 6\\ 4 & 3 & -1 & 0\\ 2 & 0 & -1 & 0 \end{vmatrix}=-25,$$

所以方程组的解为

$$x_1=\frac{D_1}{D}=2,\quad x_2=\frac{D_2}{D}=-3,\quad x_3=\frac{D_3}{D}=4,\quad x_4=\frac{D_4}{D}=-5.$$

应当指出,用 Cramer 法则解线性方程组时必须具备两个条件:一是方程个数与未知量

个数相等；二是系数行列式 $D\neq 0$. Cramer 法则的优越之处主要在于利用系数及常数项组成的行列式把方程组的解简洁地表示出来，在系数行列式不等于零时，肯定了解的唯一性，这在理论分析上具有十分重要的意义. 但用 Cramer 法则解 n 元线性方程组要计算 $n+1$ 个行列式，当 n 很大时，计算量太大，因此在具体计算上它不是一个可行的方法. 在第 3 章，我们将用矩阵的工具来研究一般线性方程组的求解问题.

□ 习题一

1. 确定下列排列的逆序数，并确定排列的奇偶性

(1)1423；　(2)25143；

(3)6573412；　(4)$135\cdots(2n-1)246\cdots(2n)$.

2. 计算下列三阶行列式

(1) $\begin{vmatrix} 2 & 0 & 1 \\ 1 & -4 & -1 \\ -1 & 8 & 3 \end{vmatrix}$；　(2) $\begin{vmatrix} 3 & 2 & 1 \\ 2 & 3 & 2 \\ 1 & 2 & 3 \end{vmatrix}$；

(3) $\begin{vmatrix} 1+a & b & c \\ a & 1+b & c \\ a & b & 1+c \end{vmatrix}$；　(4) $\begin{vmatrix} a & b & a+b \\ b & a+b & a \\ a+b & a & b \end{vmatrix}$.

3. 证明等式

$$\begin{vmatrix} a_1 & b_1 & c_1 \\ a_2 & b_2 & c_2 \\ a_3 & b_3 & c_3 \end{vmatrix} = a_1\begin{vmatrix} b_2 & c_2 \\ b_3 & c_3 \end{vmatrix} - b_1\begin{vmatrix} a_2 & c_2 \\ a_3 & c_3 \end{vmatrix} + c_1\begin{vmatrix} a_2 & b_2 \\ a_3 & b_3 \end{vmatrix}.$$

4. 求解下列线性方程组

(1) $\begin{cases} x_1+2x_2=3, \\ 2x_1+3x_2=4. \end{cases}$　(2) $\begin{cases} x\cos\theta - y\sin\theta = a, \\ x\sin\theta + y\cos\theta = b. \end{cases}$

(3) $\begin{cases} x_1-2x_2+x_3=-2, \\ 2x_1+x_2-3x_3=1, \\ -x_1+x_2-x_3=0. \end{cases}$　(4) $\begin{cases} 2x_1 \qquad\quad - x_3=1, \\ 2x_1+4x_2-x_3=1, \\ -x_1+8x_2+3x_3=2. \end{cases}$

5. 下列乘积中，哪些可以构成相应阶数的行列式的项？

(1)$a_{34}a_{21}a_{43}a_{12}$；　(2)$a_{12}a_{23}a_{34}a_{14}$；

(3)$a_{41}a_{32}a_{23}a_{14}a_{55}$；　(4)$a_{41}a_{32}a_{23}a_{12}a_{55}$.

6. 确定下列五阶行列式的项所带的符号

(1)$a_{12}a_{23}a_{34}a_{41}a_{55}$；　(2)$a_{31}a_{42}a_{24}a_{13}a_{55}$.

7. 在函数 $f(x)=\begin{vmatrix} x & x & 1 & 0 \\ 1 & x & 2 & 3 \\ 2 & 3 & x & 2 \\ 1 & 1 & 2 & x \end{vmatrix}$ 中，x^3 的系数是什么？

8. 写出四阶行列式中含有 a_{23} 且带有正号的项

9. 用定义计算行列式

(1) $\begin{vmatrix} -1 & 2 & 3 & 3 \\ 1 & 0 & 0 & 0 \\ 6 & 0 & 0 & 0 \\ 9 & 2 & 6 & 5 \end{vmatrix}$；　(2) $\begin{vmatrix} & & & a_{1n} \\ & & a_{2n-1} & \\ & \iddots & & \\ a_{n1} & & & \end{vmatrix}$.

10. 利用行列式的性质证明

(1) $\begin{vmatrix} a-b & b-c & c-a \\ b-c & c-a & a-b \\ c-a & a-b & b-c \end{vmatrix}=0$；

(2) $\begin{vmatrix} c_1 & a_1+kc_1 & b_1+la_1 \\ c_2 & a_2+kc_2 & b_2+la_2 \\ c_3 & a_3+kc_3 & b_3+la_3 \end{vmatrix}=\begin{vmatrix} a_1 & b_1 & c_1 \\ a_2 & b_2 & c_2 \\ a_3 & b_3 & c_3 \end{vmatrix}$；

(3) $\begin{vmatrix} a^2 & b^2 & c^2 \\ (a+1)^2 & (b+1)^2 & (c+1)^2 \\ (a+2)^2 & (b+2)^2 & (c+2)^2 \end{vmatrix}=-4\begin{vmatrix} 1 & 1 & 1 \\ a & b & c \\ a^2 & b^2 & c^2 \end{vmatrix}$；

(4) $\begin{vmatrix} \sin^2\alpha & \cos^2\alpha & \cos2\alpha \\ \sin^2\beta & \cos^2\beta & \cos2\beta \\ \sin^2\gamma & \cos^2\gamma & \cos2\gamma \end{vmatrix}=0$.

11. 计算行列式

(1) $\begin{vmatrix} 1 & 1 & 1 & 1 \\ 1 & -1 & 1 & 1 \\ 1 & 1 & -1 & 1 \\ 1 & 1 & 1 & -1 \end{vmatrix}$；　(2) $\begin{vmatrix} 1 & 3 & 2 & 4 \\ 2 & 1 & 3 & 1 \\ 3 & 2 & 1 & 4 \\ 2 & 1 & 0 & 1 \end{vmatrix}$；

(3) $\begin{vmatrix} 1 & 2 & -3 & -4 \\ -1 & -2 & 5 & -8 \\ 0 & -1 & 2 & -1 \\ 1 & 3 & -5 & 10 \end{vmatrix}$；　(4) $\begin{vmatrix} a & b & c & d \\ a & d & c & b \\ c & d & a & b \\ c & b & a & d \end{vmatrix}$；

(5) $\begin{vmatrix} 1 & 2 & 2 & \cdots & 2 \\ 2 & 2 & 2 & \cdots & 2 \\ 2 & 2 & 3 & \cdots & 2 \\ \vdots & \vdots & \vdots & & \vdots \\ 2 & 2 & 2 & \cdots & n \end{vmatrix}$； (6) $\begin{vmatrix} 2 & 1 & 4 & 0 & 0 \\ 3 & 4 & 1 & 0 & 0 \\ 2 & 3 & 1 & 0 & 0 \\ 0 & 0 & 0 & 2 & 1 \\ 0 & 0 & 0 & 4 & 1 \end{vmatrix}$；

(7) $\begin{vmatrix} a_1+\lambda & a_2 & a_3 & \cdots & a_n \\ a_1 & a_2+\lambda & a_3 & \cdots & a_n \\ a_1 & a_2 & a_3+\lambda & \cdots & a_n \\ \vdots & \vdots & \vdots & & \vdots \\ a_1 & a_2 & a_3 & \cdots & a_n+\lambda \end{vmatrix}$.

12. 用克莱姆法则求解下列线性方程组

(1) $\begin{cases} x_1+2x_2+4x_3=31, \\ 5x_1+x_2+2x_3=29, \\ 3x_1-x_2+x_3=10. \end{cases}$ (2) $\begin{cases} 3x_1+2x_2+x_3=5, \\ 2x_1+3x_2+x_3=1, \\ 2x_1+x_2+3x_3=1. \end{cases}$

(3) $\begin{cases} x_1+4x_2-7x_3+6x_4=0, \\ 2x_2+x_3+x_4=-8, \\ x_2+x_3+3x_4=-2, \\ x_1+x_3-x_4=1. \end{cases}$

(4) $\begin{cases} x_1-x_2+3x_3+2x_4=2, \\ x_1+2x_2+6x_4=13, \\ x_2-2x_3+3x_4=8, \\ 4x_1-3x_2+5x_3+x_4=1. \end{cases}$

□ 综合练习题一

1. 填空题.

(1) 排列 $246\cdots(2n)135\cdots(2n-1)$ 的逆序数是________；

(2) 四阶行列式中，带负号且包含 a_{23} 和 a_{31} 的项是________；

(3) 如果 n 阶行列式中负项的个数为偶数，则 $n\geqslant$________；

(4) 如果 n 阶行列式中值为零的元素的个数大于 n^2-n，则行列式的值为________；

(5) 若 $a_{1i}a_{23}a_{35}a_{5j}a_{44}$ 是五阶行列式中带有正号的一项，则 $i=$________，$j=$________；

(6) n 阶行列式 D 中，副对角线上元素的乘积 $a_{1n}a_{2n-1}\cdots a_{n1}$ 在行列式中的符号为________；

(7) α,β,γ 是方程 $x^3+px+q=0$ 的三个根，则行列式 $\begin{vmatrix} \alpha & \beta & \gamma \\ \gamma & \alpha & \beta \\ \beta & \gamma & \alpha \end{vmatrix}=$________；

(8)如果 $D=\begin{vmatrix} a_{11} & a_{12} & a_{13} \\ a_{21} & a_{22} & a_{23} \\ a_{31} & a_{32} & a_{33} \end{vmatrix}=M$,则 $\begin{vmatrix} 3a_{11} & 4a_{11}-a_{12} & -a_{13} \\ 3a_{21} & 4a_{21}-a_{22} & -a_{23} \\ 3a_{31} & 4a_{31}-a_{32} & -a_{33} \end{vmatrix}=$________;

(9)行列式 $D_1=\begin{vmatrix} 1 & 2 & 1 \\ 2 & 3 & 1 \\ 1 & 4 & 3 \end{vmatrix}$,$D_2=\begin{vmatrix} \lambda & 0 & 1 \\ 0 & \lambda-1 & 0 \\ 1 & 0 & \lambda \end{vmatrix}$,若 $D_1=D_2$,则 λ 的值取为________;

(10)若 $D_n=|a_{ij}|=a$,则 $D=|-a_{ij}|=$________.

2.判断下列各式是否正确,并说明理由:

(1) $\begin{vmatrix} 2a & b & c \\ a_1 & 2b_1 & c_1 \\ a_2 & b_2 & 2c_2 \end{vmatrix}=2\begin{vmatrix} a & b & c \\ a_1 & b_1 & c_1 \\ a_2 & b_2 & c_2 \end{vmatrix}$;

(2) $\begin{vmatrix} a & b & c \\ a_1 & b_1 & c_1 \\ a_2 & b_2 & c_2 \end{vmatrix}=\begin{vmatrix} ak & bk & ck \\ a_1+ak & b_1+bk & c_1+ck \\ a_2 & b_2 & c_2 \end{vmatrix}$.

3.已知 $D=\begin{vmatrix} 1 & 0 & 1 & 2 \\ -1 & 1 & 0 & 3 \\ 1 & 1 & 1 & 0 \\ -1 & 2 & 5 & 4 \end{vmatrix}$,求:

(1)$A_{12}-A_{22}+A_{32}-A_{42}$;　　(2)$A_{41}+A_{42}+A_{43}+A_{44}$.

4.计算下列行列式:

(1) $\begin{vmatrix} 1 & b_1 & 0 & 0 \\ -1 & 1-b_1 & b_2 & 0 \\ 0 & -1 & 1-b_2 & b_3 \\ 0 & 0 & -1 & 1-b_3 \end{vmatrix}$;

(2) $\begin{vmatrix} a_1 & 1 & 1 & 1 \\ 1 & a_2 & 0 & 0 \\ 1 & 0 & a_3 & 0 \\ 1 & 0 & 0 & a_4 \end{vmatrix}$,其中 $a_i\neq0(i=1,2,3,4)$;

(3) $\begin{vmatrix} 1 & -1 & 1 & x-1 \\ 1 & -1 & x+1 & -1 \\ 1 & x-1 & 1 & -1 \\ x+1 & -1 & 1 & -1 \end{vmatrix}$;

$$(4)\begin{vmatrix} 0 & 0 & \cdots & 0 & 1 & 0 \\ 0 & 0 & \cdots & 2 & 0 & 0 \\ \vdots & \vdots & & \vdots & \vdots & \vdots \\ 0 & 2001 & \cdots & 0 & 0 & 0 \\ 2002 & 0 & \cdots & 0 & 0 & 0 \\ 0 & 0 & \cdots & 0 & 0 & 2003 \end{vmatrix};$$

$$(5)\begin{vmatrix} 2 & 2 & 2 & \cdots & 2 \\ 1 & 3 & 3 & \cdots & 3 \\ 1 & 1 & 4 & \cdots & 4 \\ \vdots & \vdots & \vdots & & \vdots \\ 1 & 1 & 1 & \cdots & n+1 \end{vmatrix};\qquad (6)D_n=\begin{vmatrix} x & -1 & 0 & \cdots & 0 & 0 \\ 0 & x & -1 & \cdots & 0 & 0 \\ \vdots & \vdots & \vdots & & \vdots & \vdots \\ 0 & 0 & 0 & \cdots & x & -1 \\ a_n & a_{n-1} & a_{n-2} & \cdots & a_2 & a_1 \end{vmatrix}.$$

5. 解方程

$$D_n=\begin{vmatrix} 1 & 1 & 1 & \cdots & 1 \\ 1 & 1-x & 1 & \cdots & 1 \\ 1 & 1 & 2-x & \cdots & 1 \\ \vdots & \vdots & \vdots & & \vdots \\ 1 & 1 & 1 & \cdots & (n-1)-x \end{vmatrix}=0.$$

6. 已知

$$f(x)=\begin{vmatrix} x & 1 & 2 & 4 \\ 1 & 2-x & 2 & 4 \\ 2 & 0 & 1 & 2-x \\ 1 & x & x+3 & x+6 \end{vmatrix},$$

证明 $f'(x)=0$ 有小于 1 的正根.

7. 求解下列方程组：

$$(1)\begin{cases} x_1+x_2+x_3+x_4=5, \\ x_1+2x_2-x_3+4x_4=-2, \\ 2x_1-3x_2-x_3-5x_4=-2, \\ 3x_1+x_2+2x_3+11x_4=0. \end{cases}\qquad (2)\begin{cases} 5x_1+6x_2=1, \\ x_1+5x_2+6x_3=0, \\ x_2+5x_3+6x_4=0, \\ x_3+5x_4+6x_5=0, \\ x_4+5x_5=1. \end{cases}$$

Chapter 2 第2章

矩 阵

Matrix

矩阵是线性代数最重要的概念之一，是求解线性方程组的一个有力的工具，在自然科学和工程技术的各个领域中都有广泛的应用. 本章讨论矩阵的加、减法，数乘，矩阵与矩阵的乘法，矩阵的求逆，矩阵的分块运算以及矩阵的初等变换和矩阵的秩等问题.

§2.1 矩阵的概念

例1 某地区三个现代化农业企业2008年在农作物种植、农副产品加工、农业机械产品开发销售及种子生产经营等四个方面的收入情况如下：

收入 / 企业	收入来源			
	农作物种植	农副产品加工	农机产品开发	种子生产经营
甲	a_{11}	a_{12}	a_{13}	a_{14}
乙	a_{21}	a_{22}	a_{23}	a_{24}
丙	a_{31}	a_{32}	a_{33}	a_{34}

预计2009年各企业各类产品的产量将比2008年增加20%，则企业2008年、2009年的产品收入可分别用数表简洁地表示为

$$\begin{bmatrix} a_{11} & a_{12} & a_{13} & a_{14} \\ a_{21} & a_{22} & a_{23} & a_{24} \\ a_{31} & a_{32} & a_{33} & a_{34} \end{bmatrix}, \quad \begin{bmatrix} 1.2a_{11} & 1.2a_{12} & 1.2a_{13} & 1.2a_{14} \\ 1.2a_{21} & 1.2a_{22} & 1.2a_{23} & 1.2a_{24} \\ 1.2a_{31} & 1.2a_{32} & 1.2a_{33} & 1.2a_{34} \end{bmatrix}.$$

例2 在平面解析几何中，直角坐标系 Oxy 逆时针绕 O 点旋转 θ 角变为新的坐标系

$Ox'y'$，则平面上任一点 P 的新旧坐标变换关系为

$$\begin{cases} x' = \cos\theta x + \sin\theta y, \\ y' = -\sin\theta x + \cos\theta y. \end{cases}$$

可见，坐标 (x,y) 到 (x',y') 的变换由数表

$$\begin{bmatrix} \cos\theta & \sin\theta \\ -\sin\theta & \cos\theta \end{bmatrix}$$

完全确定.

一般地，若一组变量 $x_1, x_2, \cdots, x_n$ 通过关系式

$$\begin{cases} y_1 = a_{11}x_1 + a_{12}x_2 + \cdots + a_{1n}x_n, \\ y_2 = a_{21}x_1 + a_{22}x_2 + \cdots + a_{2n}x_n, \\ \quad\vdots \qquad \vdots \qquad \vdots \qquad\qquad \vdots \\ y_m = a_{m1}x_1 + a_{m2}x_2 + \cdots + a_{mn}x_n. \end{cases} \tag{1}$$

得到另一组变量 $y_1, y_2, \cdots, y_m$，这样的变换称为**从变量** $x_1, x_2, \cdots, x_n$ **到变量** $y_1, y_2, \cdots, y_m$ **的线性变换**，其中 $a_{ij}(i=1,2,\cdots,m; j=1,2,\cdots,n)$ 为常数.

线性变换(1)的系数可以排成一个 m 行 n 列的矩形数表

$$\begin{bmatrix} a_{11} & a_{12} & \cdots & a_{1n} \\ a_{21} & a_{22} & \cdots & a_{2n} \\ \vdots & \vdots & & \vdots \\ a_{m1} & a_{m2} & \cdots & a_{mn} \end{bmatrix}.$$

显然，线性变换(1)由其系数排成的矩形数表完全确定.

由 n 个未知数 m 个方程所组成的 n 元线性方程组为

$$\begin{cases} a_{11}x_1 + a_{12}x_2 + \cdots + a_{1n}x_n = b_1, \\ a_{21}x_1 + a_{22}x_2 + \cdots + a_{2n}x_n = b_2, \\ \quad\vdots \qquad\quad \vdots \qquad\qquad\quad \vdots \qquad \vdots \\ a_{m1}x_1 + a_{m2}x_2 + \cdots + a_{mn}x_n = b_m. \end{cases} \tag{2}$$

而方程组中未知数的系数与常数项合在一起，可以组成一个 m 行 $n+1$ 列的矩形数表

$$\begin{bmatrix} a_{11} & a_{12} & \cdots & a_{1n} & b_1 \\ a_{21} & a_{22} & \cdots & a_{2n} & b_2 \\ \vdots & \vdots & & \vdots & \vdots \\ a_{m1} & a_{m2} & \cdots & a_{mn} & b_m \end{bmatrix}.$$

线性方程组(2)由这个矩形数表完全确定.

定义1 $m\times n$ 个数 a_{ij} $(i=1,2,\cdots,m;j=1,2,\cdots,n)$ 按照一定的次序排成的 m 行 n 列的矩形数表

$$\begin{bmatrix} a_{11} & a_{12} & \cdots & a_{1n} \\ a_{21} & a_{22} & \cdots & a_{2n} \\ \vdots & \vdots & & \vdots \\ a_{m1} & a_{m2} & \cdots & a_{mn} \end{bmatrix}$$

称为 m 行 n 列矩阵，简称 $m\times n$ 矩阵，记作 $A_{m\times n}$ 或 $(a_{ij})_{m\times n}$. 其中 a_{ij} 称为矩阵 A 的第 i 行第 j 列元素.

如果矩阵 $\boldsymbol{A}$ 的元素全是实数，则 $\boldsymbol{A}$ 称为**实矩阵**；如果矩阵 $\boldsymbol{A}$ 的元素有复数，则 $\boldsymbol{A}$ 称为**复矩阵.**

需要指出的是，矩阵与行列式在形式上有些类似，但在意义上完全不同. 一个行列式是一个正方形表，表示按一定运算规律所确定的一个数，而矩阵仅是 $\boldsymbol{m}$ 行 $\boldsymbol{n}$ 列的一个矩形表.

若两矩阵的行数，列数分别相等，则称它们是**同型矩阵.**

设 $\boldsymbol{A}$ 和 $\boldsymbol{B}$ 为两个 $m\times n$ 矩阵：

$$\boldsymbol{A}=\begin{bmatrix} a_{11} & a_{12} & \cdots & a_{1n} \\ a_{21} & a_{22} & \cdots & a_{2n} \\ \vdots & \vdots & & \vdots \\ a_{m1} & a_{m2} & \cdots & a_{mn} \end{bmatrix},\quad \boldsymbol{B}=\begin{bmatrix} b_{11} & b_{12} & \cdots & b_{1n} \\ b_{21} & b_{22} & \cdots & b_{2n} \\ \vdots & \vdots & & \vdots \\ b_{m1} & b_{m2} & \cdots & b_{mn} \end{bmatrix}.$$

矩阵 $\boldsymbol{A}$ 与 $\boldsymbol{B}$ 相等是指 $\boldsymbol{A}=\boldsymbol{B}\Leftrightarrow a_{ij}=b_{ij},i=1,2,\cdots,m;j=1,2,\cdots,n.$

例 3 设 $\boldsymbol{A}=\begin{bmatrix} 3 & 2 & -5 \\ 2 & x-y & 0 \end{bmatrix}$，$\boldsymbol{B}=\begin{bmatrix} x+y & 2 & z \\ 2 & 1 & 0 \end{bmatrix}$，已知 $\boldsymbol{A}=\boldsymbol{B}$，求 x,y,z.

解 由矩阵相等的定义，得 $\begin{cases} x+y=3 \\ x-y=1 \\ z=-5 \end{cases}$，解之得 $\begin{cases} x=2 \\ y=1 \\ z=-5 \end{cases}$.

元素全为零的矩阵，称为**零矩阵**，记作 $\boldsymbol{O}$ 或 $\boldsymbol{O}_{m\times n}$.

只有一行的矩阵 $(a_1,a_2,\cdots,a_n)$ 称为**行矩阵**；只有一列的矩阵

$$\begin{bmatrix} a_1 \\ a_2 \\ \vdots \\ a_m \end{bmatrix}$$

称为**列矩阵.**

当矩阵的行数和列数相等,即 $m=n$ 时,矩阵

$$\begin{bmatrix} a_{11} & a_{12} & \cdots & a_{1n} \\ a_{21} & a_{22} & \cdots & a_{2n} \\ \vdots & \vdots & \ddots & \vdots \\ a_{n1} & a_{n2} & \cdots & a_{nn} \end{bmatrix}$$

称为 n **阶矩阵**或 n **阶方阵**. 特别地,只有一个元素 a 的一阶方阵记为 (a).

在 n 阶方阵 $\boldsymbol{A}$ 中,元素 $a_{11},a_{22},\cdots,a_{nn}$ 所形成的线,叫做矩阵的**主对角线**,主对角线以外其他位置的元素全为零的 n 阶方阵

$$\begin{bmatrix} a_{11} & 0 & \cdots & 0 \\ 0 & a_{22} & \cdots & 0 \\ \vdots & \vdots & \ddots & \vdots \\ 0 & 0 & \cdots & a_{nn} \end{bmatrix}$$

称为 n **阶对角矩阵**,记作 $\boldsymbol{\Lambda}=\mathrm{diag}(a_{11},a_{22},\cdots,a_{nn})$;特别地,主对角线上的元素全等于 1 的 n 阶对角矩阵

$$\begin{bmatrix} 1 & & & \\ & 1 & & \\ & & \ddots & \\ & & & 1 \end{bmatrix}$$

称为 n **阶单位矩阵**,记作 $\boldsymbol{E}$ 或 $\boldsymbol{E}_n$.

主对角线上的元素全为非零常数 k 的 n 阶对角矩阵称为 n **阶数量矩阵**,记作 $k\boldsymbol{E}$ 或 $k\boldsymbol{E}_n$,即

$$k\boldsymbol{E}=\begin{bmatrix} k & & & \\ & k & & \\ & & \ddots & \\ & & & k \end{bmatrix}.$$

主对角线下(上)方的元素全为零的方阵

$$\boldsymbol{A}=\begin{bmatrix} a_{11} & a_{12} & \cdots & a_{1n} \\ & a_{22} & \cdots & a_{2n} \\ & & \ddots & \vdots \\ \boldsymbol{O} & & & a_{nn} \end{bmatrix},\quad \boldsymbol{B}=\begin{bmatrix} a_{11} & & & \boldsymbol{O} \\ a_{21} & a_{22} & & \\ \vdots & \vdots & \ddots & \\ a_{n1} & a_{n2} & \cdots & a_{nn} \end{bmatrix}$$

称为**上(下)三角矩阵**.

§2.2 矩阵的线性运算、乘法和转置运算

2.2.1 矩阵的加法

定义1 设矩阵 $\boldsymbol{A}=(a_{ij})$ 与 $\boldsymbol{B}=(b_{ij})$ 都是 $m\times n$ 矩阵. $\boldsymbol{A}$ 与 $\boldsymbol{B}$ 对应位置的元素相加,所得的矩阵 $\boldsymbol{C}=(a_{ij}+b_{ij})_{m\times n}$ 称为矩阵 $\boldsymbol{A}$ 与 $\boldsymbol{B}$ 的和,记为 $\boldsymbol{A}+\boldsymbol{B}$,即 $\boldsymbol{C}=\boldsymbol{A}+\boldsymbol{B}$.

$$\boldsymbol{A}+\boldsymbol{B}=\begin{bmatrix} a_{11}+b_{11} & a_{12}+b_{12} & \cdots & a_{1n}+b_{1n} \\ a_{21}+b_{21} & a_{22}+b_{22} & \cdots & a_{2n}+b_{2n} \\ \vdots & \vdots & & \vdots \\ a_{m1}+b_{m1} & a_{m2}+b_{m2} & \cdots & a_{mn}+b_{mn} \end{bmatrix}.$$

例1 设矩阵 $\boldsymbol{A}=\begin{bmatrix} -1 & 1 & 2 \\ 2 & 1 & 3 \end{bmatrix}$,$\boldsymbol{B}=\begin{bmatrix} 3 & 2 & -1 \\ 2 & 2 & 3 \end{bmatrix}$,那么

$$\boldsymbol{A}+\boldsymbol{B}=\begin{bmatrix} -1+3 & 1+2 & 2-1 \\ 2+2 & 1+2 & 3+3 \end{bmatrix}=\begin{bmatrix} 2 & 3 & 1 \\ 4 & 3 & 6 \end{bmatrix}.$$

设 $\boldsymbol{A},\boldsymbol{B},\boldsymbol{C}$ 都是 $m\times n$ 矩阵,容易证明矩阵的加法满足如下运算规律:

(1)交换律:$\boldsymbol{A}+\boldsymbol{B}=\boldsymbol{B}+\boldsymbol{A}$;

(2)结合律:$(\boldsymbol{A}+\boldsymbol{B})+\boldsymbol{C}=\boldsymbol{A}+(\boldsymbol{B}+\boldsymbol{C})$;

(3)$\boldsymbol{A}+\boldsymbol{O}=\boldsymbol{O}+\boldsymbol{A}=\boldsymbol{A}$,其中 $\boldsymbol{O}$ 是与 $\boldsymbol{A}$ 同型的零矩阵.

矩阵 $\boldsymbol{A}=(a_{ij})_{m\times n}$ 的全部元素改变符号后得到的新矩阵 $(-a_{ij})_{m\times n}$,称为矩阵 $\boldsymbol{A}$ 的**负矩阵**,记作 $-\boldsymbol{A}$,即

$$-\boldsymbol{A}=(-a_{ij})_{m\times n}.$$

由矩阵加法和负矩阵的概念,矩阵的**减法**可定义为:

$$\boldsymbol{A}-\boldsymbol{B}=\boldsymbol{A}+(-\boldsymbol{B})=(a_{ij}-b_{ij})_{m\times n}.$$

显然 $\boldsymbol{A}+(-\boldsymbol{A})=\boldsymbol{O}$.

由矩阵加法的运算规则,容易得到以下结论:

(1)在一个矩阵等式的两端同时加上或减去某一个矩阵,等式仍然成立. 即若 $\boldsymbol{A}=\boldsymbol{B}$,则

$$\boldsymbol{A}+\boldsymbol{C}=\boldsymbol{B}+\boldsymbol{C},\quad \boldsymbol{A}-\boldsymbol{C}=\boldsymbol{B}-\boldsymbol{C};$$

(2)如果 $\boldsymbol{A}+\boldsymbol{C}=\boldsymbol{B}+\boldsymbol{C}$,则 $\boldsymbol{A}=\boldsymbol{B}$.

2.2.2 数与矩阵的乘法

定义2 设 $\boldsymbol{A}=(a_{ij})_{m\times n}$,$k$ 为常数,数 k 乘以矩阵 $\boldsymbol{A}$ 的每一个元素,所得的矩阵 $(ka_{ij})_{m\times n}$

称为数 k 与矩阵 $\boldsymbol{A}$ 的乘积，记作 $k\boldsymbol{A}$ 或 $\boldsymbol{A}k$，即

$$k\boldsymbol{A}=\boldsymbol{A}k=\begin{bmatrix} ka_{11} & ka_{12} & \cdots & ka_{1n} \\ ka_{21} & ka_{22} & \cdots & ka_{2n} \\ \vdots & \vdots & & \vdots \\ ka_{m1} & ka_{m2} & \cdots & ka_{mn} \end{bmatrix}.$$

显然，当 $k=-1$ 时，$(-1)\boldsymbol{A}=-\boldsymbol{A}$.

矩阵的加法与数乘称为矩阵的线性运算.

设 $\boldsymbol{A},\boldsymbol{B}$ 都是 $m\times n$ 矩阵，k,l 为任意常数，数与矩阵的乘法满足如下运算规律.

(1)结合律：$k(\boldsymbol{A}+\boldsymbol{B})=k\boldsymbol{A}+k\boldsymbol{B}$；

(2)分配律：$(k+l)\boldsymbol{A}=k\boldsymbol{A}+l\boldsymbol{A}$；

(3)$(kl)\boldsymbol{A}=k(l\boldsymbol{A})$；

(4)$1\cdot\boldsymbol{A}=\boldsymbol{A}$；

(5)$0\cdot\boldsymbol{A}=\boldsymbol{O}$.

例 2 设矩阵 $\boldsymbol{A}=\begin{bmatrix} -1 & 0 & 2 \\ -1 & 1 & 1 \end{bmatrix}$，$\boldsymbol{B}=\begin{bmatrix} 1 & 0 & -1 \\ 2 & 2 & 1 \end{bmatrix}$，求 $2\boldsymbol{A}-5\boldsymbol{B}$.

解 $$2\boldsymbol{A}-5\boldsymbol{B}=2\begin{bmatrix} -1 & 0 & 2 \\ -1 & 1 & 1 \end{bmatrix}-5\begin{bmatrix} 1 & 0 & -1 \\ 2 & 2 & 1 \end{bmatrix}$$

$$=\begin{bmatrix} -2 & 0 & 4 \\ -2 & 2 & 2 \end{bmatrix}-\begin{bmatrix} 5 & 0 & -5 \\ 10 & 10 & 5 \end{bmatrix}=\begin{bmatrix} -7 & 0 & 9 \\ -12 & -8 & -3 \end{bmatrix}.$$

例 3 已知 $\boldsymbol{A}=\begin{bmatrix} 1 & -1 & 2 \\ -1 & 2 & 0 \\ 2 & 0 & -3 \end{bmatrix}$，$\boldsymbol{B}=\begin{bmatrix} 0 & 1 & -2 \\ -1 & 0 & 3 \\ 2 & -3 & 0 \end{bmatrix}$，且 $2\boldsymbol{A}-3\boldsymbol{X}=\boldsymbol{B}$，求矩阵 $\boldsymbol{X}$

解 $$\boldsymbol{X}=\frac{1}{3}(2\boldsymbol{A}-\boldsymbol{B})=\frac{1}{3}\left[2\begin{bmatrix} 1 & -1 & 2 \\ -1 & 2 & 0 \\ 2 & 0 & -3 \end{bmatrix}-\begin{bmatrix} 0 & 1 & -2 \\ -1 & 0 & 3 \\ 2 & -3 & 0 \end{bmatrix}\right]$$

$$=\begin{bmatrix} \frac{2}{3} & -\frac{2}{3} & \frac{4}{3} \\ -\frac{2}{3} & \frac{4}{3} & 0 \\ \frac{4}{3} & 0 & -2 \end{bmatrix}-\begin{bmatrix} 0 & \frac{1}{3} & -\frac{2}{3} \\ -\frac{1}{3} & 0 & 1 \\ \frac{2}{3} & -1 & 0 \end{bmatrix}=\begin{bmatrix} \frac{2}{3} & -1 & 2 \\ -\frac{1}{3} & \frac{4}{3} & -1 \\ \frac{2}{3} & 1 & -2 \end{bmatrix}.$$

2.2.3 矩阵的乘法

设有线性变换

$$(\text{Ⅰ})\begin{cases} z_1 = a_{11}y_1 + a_{12}y_2 + a_{13}y_3, \\ z_2 = a_{21}y_1 + a_{22}y_2 + a_{23}y_3. \end{cases} \quad \text{和} \quad (\text{Ⅱ})\begin{cases} y_1 = b_{11}x_1 + b_{12}x_2, \\ y_2 = b_{21}x_1 + b_{22}x_2, \\ y_3 = b_{31}x_1 + b_{32}x_2. \end{cases}$$

其中线性变换(Ⅰ)是变量 y_1, y_2, y_3 到变量 z_1, z_2 的线性变换;线性变换(Ⅱ)是变量 x_1, x_2 到变量 y_1, y_2, y_3 的线性变换.

若要得到变量 x_1, x_2 到变量 z_1, z_2 的线性变换,仅需将(Ⅱ)代入(Ⅰ),便有变量 x_1, x_2 到 z_1, z_2 的线性变换

$$(\text{Ⅲ})\begin{cases} z_1 = (a_{11}b_{11} + a_{12}b_{21} + a_{13}b_{31})x_1 + (a_{11}b_{12} + a_{12}b_{22} + a_{13}b_{32})x_2, \\ z_2 = (a_{21}b_{11} + a_{22}b_{21} + a_{23}b_{31})x_1 + (a_{21}b_{12} + a_{22}b_{22} + a_{23}b_{32})x_2. \end{cases}$$

称线性变换(Ⅲ)为线性变换(Ⅰ)、(Ⅱ)的**乘积**.

(Ⅰ)和(Ⅱ)的系数矩阵分别为

$$\boldsymbol{A} = \begin{bmatrix} a_{11} & a_{12} & a_{13} \\ a_{21} & a_{22} & a_{23} \end{bmatrix}, \quad \boldsymbol{B} = \begin{bmatrix} b_{11} & b_{12} \\ b_{21} & b_{22} \\ b_{32} & b_{33} \end{bmatrix},$$

(Ⅲ)的系数数矩阵为

$$\boldsymbol{C} = \begin{bmatrix} a_{11}b_{11} + a_{12}b_{21} + a_{13}b_{31} & a_{11}b_{12} + a_{12}b_{22} + a_{13}b_{32} \\ a_{21}b_{11} + a_{22}b_{21} + a_{23}b_{31} & a_{21}b_{12} + a_{22}b_{22} + a_{23}b_{32} \end{bmatrix},$$

其中,$c_{ij} = \sum_{t=1}^{3} a_{it}b_{tj} (i, j = 1, 2)$. 可把矩阵 $\boldsymbol{C}$ 看做矩阵 $\boldsymbol{A}$ 与 $\boldsymbol{B}$ 之乘积,即 $\boldsymbol{C} = \boldsymbol{AB}$.

定义3 设 $\boldsymbol{A}$ 是 $m \times s$ 矩阵,$\boldsymbol{B}$ 是 $s \times n$,即

$$\boldsymbol{A} = \begin{bmatrix} a_{11} & a_{12} & \cdots & a_{1s} \\ a_{21} & a_{22} & \cdots & a_{2s} \\ \vdots & \vdots & & \vdots \\ a_{m1} & a_{m2} & \cdots & a_{ms} \end{bmatrix}, \quad \boldsymbol{B} = \begin{bmatrix} b_{11} & b_{12} & \cdots & b_{1n} \\ b_{21} & b_{22} & \cdots & b_{2n} \\ \vdots & \vdots & & \vdots \\ b_{s1} & b_{s2} & \cdots & b_{sn} \end{bmatrix},$$

定义 $\boldsymbol{A}$ 与 $\boldsymbol{B}$ 的乘积为

$$\boldsymbol{C} = \begin{bmatrix} c_{11} & c_{12} & \cdots & c_{1n} \\ c_{21} & c_{22} & \cdots & c_{2n} \\ \vdots & \vdots & & \vdots \\ c_{m1} & c_{m2} & \cdots & c_{mn} \end{bmatrix},$$

其中 $c_{ij} = a_{i1}b_{1j} + a_{i2}b_{2j} + \cdots + a_{is}b_{sj} = \sum_{k=1}^{s} a_{ik}b_{kj}$,**即乘积矩阵 $\boldsymbol{C}$** 的第 i 行,第 j 列的元素 c_{ij} 等于左边矩阵 $\boldsymbol{A}$ 的第 i 行元素与右边矩阵 $\boldsymbol{B}$ 的第 j 列对应元素乘积之和,即

$$
i\text{ 行}\begin{bmatrix} \vdots & \vdots & \vdots & \vdots \\ a_{i1} & a_{i2} & \cdots & a_{is} \\ \vdots & \vdots & \vdots & \vdots \end{bmatrix}\begin{bmatrix} \vdots & b_{1j} & \vdots \\ \vdots & b_{2j} & \vdots \\ \vdots & \vdots & \vdots \\ \vdots & b_{sj} & \vdots \end{bmatrix} = \begin{bmatrix} & \vdots & \\ \cdots & c_{ij} & \cdots \\ & \vdots & \end{bmatrix} i\text{ 行}
$$

j 列　　　　　j 列

由此可见，

(1)只有左边矩阵 $\boldsymbol{A}$ 的列数等于右边矩阵 $\boldsymbol{B}$ 的行数时，$\boldsymbol{AB}$ 才有意义；

(2)乘积矩阵 $\boldsymbol{C}$ 的行数等于左边矩阵 $\boldsymbol{A}$ 的行数，列数等于右边矩阵 $\boldsymbol{B}$ 的列数.

例 4　设矩阵

$$
\boldsymbol{A}=\begin{bmatrix} 1 & -1 & 2 \\ 0 & 2 & -1 \end{bmatrix},\quad \boldsymbol{B}=\begin{bmatrix} 1 & 2 \\ 0 & 1 \\ -1 & 1 \end{bmatrix},
$$

求矩阵 $\boldsymbol{AB}$ 和 $\boldsymbol{BA}$.

解　$$
\boldsymbol{AB}=\begin{bmatrix} 1 & -1 & 2 \\ 0 & 2 & -1 \end{bmatrix}\begin{bmatrix} 1 & 2 \\ 0 & 1 \\ -1 & 1 \end{bmatrix}
$$

$$
=\begin{bmatrix} 1\times1+(-1)\times0+2\times(-1) & 1\times2+(-1)\times1+2\times1 \\ 0\times1+2\times0+(-1)\times(-1) & 0\times2+2\times1+(-1)\times1 \end{bmatrix}
$$

$$
=\begin{bmatrix} -1 & 3 \\ 1 & 1 \end{bmatrix};
$$

$$
\boldsymbol{BA}=\begin{bmatrix} 1 & 2 \\ 0 & 1 \\ -1 & 1 \end{bmatrix}\begin{bmatrix} 1 & -1 & 2 \\ 0 & 2 & -1 \end{bmatrix}
$$

$$
=\begin{bmatrix} 1\times1+2\times0 & 1\times(-1)+2\times2 & 1\times2+2\times(-1) \\ 0\times1+1\times0 & 0\times(-1)+1\times2 & 0\times2+1\times(-1) \\ (-1)\times1+1\times0 & (-1)\times(-1)+1\times2 & (-1)\times2+1\times(-1) \end{bmatrix}
$$

$$
=\begin{bmatrix} 1 & 3 & 0 \\ 0 & 2 & -1 \\ -1 & 3 & -3 \end{bmatrix}.
$$

显然 $\boldsymbol{AB}\neq\boldsymbol{BA}$.

一般地，矩阵的乘法与数的乘法主要有以下区别：

(1)矩阵的乘法不满足交换律，即一般地，$\boldsymbol{AB}\neq\boldsymbol{BA}$. 特殊地，如果 $\boldsymbol{AB}=\boldsymbol{BA}$，则称矩阵 $\boldsymbol{A}$

与 $\boldsymbol{B}$ 可交换.

例如

$$\boldsymbol{A}=\begin{bmatrix}1 & 2\\ -2 & 0\end{bmatrix},\quad \boldsymbol{B}=\begin{bmatrix}-3 & 2\\ -2 & -4\end{bmatrix}$$

是可交换的.因为

$$\boldsymbol{AB}=\boldsymbol{BA}=\begin{bmatrix}-7 & -6\\ 6 & -4\end{bmatrix}.$$

(2)两个非零矩阵的乘积可以是零矩阵,即 $\boldsymbol{A}\neq\boldsymbol{O},\boldsymbol{B}\neq\boldsymbol{O}$,但有可能 $\boldsymbol{AB}=\boldsymbol{O}$.

例如,$\boldsymbol{A}=\begin{bmatrix}0 & 0\\ 0 & 1\end{bmatrix}\neq\boldsymbol{O},\boldsymbol{B}=\begin{bmatrix}0 & 1\\ 0 & 0\end{bmatrix}\neq\boldsymbol{O}$,但

$$\boldsymbol{AB}=\begin{bmatrix}0 & 0\\ 0 & 1\end{bmatrix}\begin{bmatrix}0 & 1\\ 0 & 0\end{bmatrix}=\begin{bmatrix}0 & 0\\ 0 & 0\end{bmatrix}=\boldsymbol{O}.$$

(3)$\boldsymbol{A}\neq\boldsymbol{O},\boldsymbol{AB}=\boldsymbol{AC}$,未必有 $\boldsymbol{B}=\boldsymbol{C}$,即矩阵乘法一般不满足消去律.

例如,

$$\boldsymbol{A}=\begin{bmatrix}1 & 0\\ 0 & 0\end{bmatrix}\neq\boldsymbol{O},\quad \boldsymbol{B}=\begin{bmatrix}2 & 0\\ 0 & 0\end{bmatrix},\quad \boldsymbol{C}=\begin{bmatrix}2 & 0\\ 0 & -3\end{bmatrix},$$

有 $\boldsymbol{AB}=\boldsymbol{AC}=\begin{bmatrix}2 & 0\\ 0 & 0\end{bmatrix}$,但 $\boldsymbol{B}\neq\boldsymbol{C}$.

容易证明,矩阵的乘法满足以下运算规律.

(1)结合律:$(\boldsymbol{AB})\boldsymbol{C}=\boldsymbol{A}(\boldsymbol{BC})$,

$$(k\boldsymbol{A})\boldsymbol{B}=\boldsymbol{A}(k\boldsymbol{B})=k(\boldsymbol{AB})\quad (k\text{ 为常数});$$

(2)左乘分配律:$\boldsymbol{A}(\boldsymbol{B}+\boldsymbol{C})=\boldsymbol{AB}+\boldsymbol{AC}$,

右乘分配律:$(\boldsymbol{B}+\boldsymbol{C})\boldsymbol{A}=\boldsymbol{BA}+\boldsymbol{CA}$;

(3)设 $\boldsymbol{A}$ 是 $m\times s$ 矩阵,$\boldsymbol{B}$ 是 $s\times n$ 矩阵,则

$$\boldsymbol{E}_m\boldsymbol{A}=\boldsymbol{A},\boldsymbol{AE}_s=\boldsymbol{A},\boldsymbol{AE}_s\boldsymbol{B}=\boldsymbol{AB}.$$

例 5 设矩阵

$$\boldsymbol{A}=\begin{bmatrix}-2 & 2 & -1\\ 2 & 1 & 2\end{bmatrix},\quad \boldsymbol{B}=\begin{bmatrix}1 & 0 & 1\\ -1 & -1 & 1\end{bmatrix},\quad \boldsymbol{C}=\begin{bmatrix}3 & 1\\ 0 & -1\\ 1 & 0\end{bmatrix},$$

验证 $(\boldsymbol{A}+\boldsymbol{B})\boldsymbol{C}=\boldsymbol{AC}+\boldsymbol{BC}$.

解
$$(\boldsymbol{A}+\boldsymbol{B})\boldsymbol{C}=\left[\begin{bmatrix}-2 & 2 & -1\\ 2 & 1 & 2\end{bmatrix}+\begin{bmatrix}1 & 0 & 1\\ -1 & -1 & 1\end{bmatrix}\right]\begin{bmatrix}3 & 1\\ 0 & -1\\ 1 & 0\end{bmatrix}$$

$$=\begin{bmatrix}-1 & 2 & 0\\ 1 & 0 & 3\end{bmatrix}\begin{bmatrix}3 & 1\\ 0 & -1\\ 1 & 0\end{bmatrix}=\begin{bmatrix}-3 & -3\\ 6 & 1\end{bmatrix},$$

而

$$AC+BC=\begin{bmatrix}-2&2&-1\\2&1&2\end{bmatrix}\begin{bmatrix}3&1\\0&-1\\1&0\end{bmatrix}+\begin{bmatrix}1&0&1\\-1&-1&1\end{bmatrix}\begin{bmatrix}3&1\\0&-1\\1&0\end{bmatrix}$$

$$=\begin{bmatrix}-7&-4\\8&1\end{bmatrix}+\begin{bmatrix}4&1\\-2&0\end{bmatrix}=\begin{bmatrix}-3&-3\\6&1\end{bmatrix},$$

因此，$(\boldsymbol{A}+\boldsymbol{B})\boldsymbol{C}=\boldsymbol{AC}+\boldsymbol{BC}$.

设 $\boldsymbol{A}$ 为 n 阶方阵，方阵 $\boldsymbol{A}$ 的**正整数幂**定义为：

$$\boldsymbol{A}^1=\boldsymbol{A},\boldsymbol{A}^2=\boldsymbol{A}\cdot\boldsymbol{A},\cdots,\boldsymbol{A}^{k+1}=\boldsymbol{A}^k\cdot\boldsymbol{A},$$

其中 k 是正整数，即 $\boldsymbol{A}^k$ 就是 k 个 $\boldsymbol{A}$ 相乘.

由于矩阵乘法满足结合律，所以方阵幂的运算满足以下运算规律：

$$\boldsymbol{A}^k\boldsymbol{A}^l=\boldsymbol{A}^{k+l},\quad (\boldsymbol{A}^k)^l=\boldsymbol{A}^{kl},$$

其中 k,l 是正整数.

因为矩阵乘法不满足交换律，所以对于矩阵 $\boldsymbol{A},\boldsymbol{B}$ 来说，一般情况下，$(\boldsymbol{AB})^k\neq\boldsymbol{A}^k\boldsymbol{B}^k$. 只有当 $\boldsymbol{A},\boldsymbol{B}$ 可交换时，才有 $(\boldsymbol{AB})^k=\boldsymbol{A}^k\boldsymbol{B}^k$.

例 6 设 $\boldsymbol{A},\boldsymbol{B}$ 均为 n 阶方阵，则等式 $(\boldsymbol{A}+\boldsymbol{B})^2=\boldsymbol{A}^2+2\boldsymbol{AB}+\boldsymbol{B}^2$ 成立的充要条件是 $\boldsymbol{A},\boldsymbol{B}$ 可交换.

证明（必要性）因为 $(\boldsymbol{A}+\boldsymbol{B})^2=\boldsymbol{A}^2+2\boldsymbol{AB}+\boldsymbol{B}^2$，而

$$(\boldsymbol{A}+\boldsymbol{B})^2=(\boldsymbol{A}+\boldsymbol{B})(\boldsymbol{A}+\boldsymbol{B})=\boldsymbol{A}^2+\boldsymbol{AB}+\boldsymbol{BA}+\boldsymbol{B}^2,$$

则 $\boldsymbol{AB}+\boldsymbol{BA}=2\boldsymbol{AB}$，即 $\boldsymbol{AB}=\boldsymbol{BA}$.

（充分性）因为 $\boldsymbol{AB}=\boldsymbol{BA}$，$(\boldsymbol{A}+\boldsymbol{B})^2=\boldsymbol{A}^2+\boldsymbol{AB}+\boldsymbol{BA}+\boldsymbol{B}^2$，故有

$$(\boldsymbol{A}+\boldsymbol{B})^2=\boldsymbol{A}^2+2\boldsymbol{AB}+\boldsymbol{B}^2.$$

利用矩阵的乘法，第一节中的线性变换(1)可以写成矩阵形式

$$\boldsymbol{y}=\boldsymbol{Ax},$$

其中

$$\boldsymbol{A}=\begin{bmatrix}a_{11}&a_{12}&\cdots&a_{1n}\\a_{21}&a_{22}&\cdots&a_{2n}\\\vdots&\vdots&&\vdots\\a_{m1}&a_{m2}&\cdots&a_{mn}\end{bmatrix},\quad \boldsymbol{x}=\begin{bmatrix}x_1\\x_2\\\vdots\\x_n\end{bmatrix},\quad \boldsymbol{y}=\begin{bmatrix}y_1\\y_2\\\vdots\\y_m\end{bmatrix}.$$

$\boldsymbol{A}$ 称为线性变换(1)的**系数矩阵**.

同样，第一节中的线性方程组(2)的矩阵形式为

$$\boldsymbol{A}\boldsymbol{x}=\boldsymbol{b},$$

其中

$$\boldsymbol{A}=\begin{bmatrix} a_{11} & a_{12} & \cdots & a_{1n} \\ a_{21} & a_{22} & \cdots & a_{2n} \\ \vdots & \vdots & & \vdots \\ a_{m1} & a_{m2} & \cdots & a_{mn} \end{bmatrix},\quad \boldsymbol{x}=\begin{bmatrix} x_1 \\ x_2 \\ \vdots \\ x_n \end{bmatrix},\boldsymbol{b}=\begin{bmatrix} b_1 \\ b_2 \\ \vdots \\ b_m \end{bmatrix}.$$

$\boldsymbol{A}$ 称为线性方程组(2)的**系数矩阵**.

2.2.4 转置矩阵与对称方阵

定义 4 设 $m\times n$ 矩阵

$$\boldsymbol{A}=\begin{bmatrix} a_{11} & a_{12} & \cdots & a_{1n} \\ a_{21} & a_{22} & \cdots & a_{2n} \\ \vdots & \vdots & & \vdots \\ a_{m1} & a_{m2} & \cdots & a_{mn} \end{bmatrix},$$

把矩阵 $\boldsymbol{A}$ 的行与列互换，且不改变原来各元素的顺序而所得到的 $n\times m$ 矩阵

$$\begin{bmatrix} a_{11} & a_{21} & \cdots & a_{m1} \\ a_{12} & a_{22} & \cdots & a_{m2} \\ \vdots & \vdots & & \vdots \\ a_{1n} & a_{2n} & \cdots & a_{mn} \end{bmatrix}$$

称为矩阵 $\boldsymbol{A}$ 的转置矩阵，记作 $\boldsymbol{A}^{\mathrm{T}}$.

显然，$\boldsymbol{A}^{\mathrm{T}}$ 的第 i 行第 j 列元素等于 $\boldsymbol{A}$ 的第 j 行第 i 列元素.

与行列式不同，一个矩阵经转置后一般来说与原来的矩阵不会相等.

矩阵的转置有如下运算规律：

(1) $(\boldsymbol{A}^{\mathrm{T}})^{\mathrm{T}}=\boldsymbol{A}$；

(2) $(\boldsymbol{A}+\boldsymbol{B})^{\mathrm{T}}=\boldsymbol{A}^{\mathrm{T}}+\boldsymbol{B}^{\mathrm{T}}$；

(3) $(k\boldsymbol{A})^{\mathrm{T}}=k\boldsymbol{A}^{\mathrm{T}}$；

(4) $(\boldsymbol{A}\boldsymbol{B})^{\mathrm{T}}=\boldsymbol{B}^{\mathrm{T}}\boldsymbol{A}^{\mathrm{T}}$.

按照矩阵相等的定义，上述运算规律容易得到证明，这里只证明(4).

设矩阵 $\boldsymbol{A}=(a_{ij})_{m\times s}$，$\boldsymbol{B}=(b_{ij})_{s\times n}$，记 $\boldsymbol{A}\boldsymbol{B}=\boldsymbol{C}=(c_{ij})_{m\times n}$，$\boldsymbol{B}^{\mathrm{T}}\boldsymbol{A}^{\mathrm{T}}=\boldsymbol{D}=(d_{ij})_{n\times m}$，显然 $(\boldsymbol{A}\boldsymbol{B})^{\mathrm{T}}$ 和 $\boldsymbol{B}^{\mathrm{T}}\boldsymbol{A}^{\mathrm{T}}$ 都是 $n\times m$ 矩阵. 下面仅需证明 $(\boldsymbol{A}\boldsymbol{B})^{\mathrm{T}}$ 和 $\boldsymbol{B}^{\mathrm{T}}\boldsymbol{A}^{\mathrm{T}}$ 对应元素相等.

由矩阵乘法的定义，$\boldsymbol{C}$ 的第 j 行第 i 列元素为

$$c_{ji}=\sum_{k=1}^{s}a_{jk}b_{ki},$$

而 $\boldsymbol{B}^{\mathrm{T}}$ 的第 i 行为 $(b_{1i},b_{2i},\cdots,b_{si})$，$\boldsymbol{A}^{\mathrm{T}}$ 的第 j 列为 $(a_{j1},a_{j2},\cdots,a_{js})^{\mathrm{T}}$，所以 $\boldsymbol{D}$ 的第 i 行第 j 列元素为

$$d_{ij}=\sum_{k=1}^{s}b_{ki}a_{jk}=\sum_{k=1}^{s}a_{jk}b_{ki}=c_{ji}(i=1,2,\cdots,n;j=1,2,\cdots,m).$$

由此可知，式(4)成立.

式(4)可以推广到有限多个矩阵的情形：

$$(\boldsymbol{A}_1\boldsymbol{A}_2\cdots\boldsymbol{A}_k)^{\mathrm{T}}=\boldsymbol{A}_k^{\mathrm{T}}\boldsymbol{A}_{k-1}^{\mathrm{T}}\cdots\boldsymbol{A}_1^{\mathrm{T}}.$$

定义 5　设 $\boldsymbol{A}$ 为 n 阶方阵，若 $\boldsymbol{A}^{\mathrm{T}}=\boldsymbol{A}$，则称 $\boldsymbol{A}$ 为对称矩阵；若 $\boldsymbol{A}^{\mathrm{T}}=-\boldsymbol{A}$，则称 $\boldsymbol{A}$ 为反对称矩阵.

设 $\boldsymbol{A}=(a_{ij})_{n\times n}$，显然

(1)$\boldsymbol{A}$ 为对称矩阵的充分必要条件是 $a_{ij}=a_{ji}(i,j=1,2,\cdots,n)$. 即 $\boldsymbol{A}$ 的元素关于主对角线对称相等；

(2)$\boldsymbol{A}$ 为反对称矩阵的充分必要条件是 $a_{ij}=-a_{ji}(i,j=1,2,\cdots,n)$. 即 $\boldsymbol{A}$ 的关于主对角线对称的元素绝对值相等，符号相反，且主对角线上的元素等于零.

例如，矩阵

$$\boldsymbol{A}=\begin{bmatrix}1&-1&2\\-1&3&4\\2&4&-2\end{bmatrix},\quad \boldsymbol{B}=\begin{bmatrix}0&1&-2\\-1&0&-4\\2&4&0\end{bmatrix}$$

分别是三阶对称矩阵和三阶反对称矩阵.

若 $\boldsymbol{A},\boldsymbol{B}$ 均为对称矩阵，则对任意的常数 k，矩阵 $k\boldsymbol{A}$，$\boldsymbol{A}+\boldsymbol{B}$ 皆是对称矩阵，但 $\boldsymbol{AB}$ 未必是对称矩阵. 这是因为 $(\boldsymbol{AB})^{\mathrm{T}}=\boldsymbol{B}^{\mathrm{T}}\boldsymbol{A}^{\mathrm{T}}=\boldsymbol{BA}$，一般地，$\boldsymbol{AB}\neq\boldsymbol{BA}$.

例 7　设 $\boldsymbol{A}$ 为对称矩阵，$\boldsymbol{B}$ 为反对称矩阵，证明：

(1)$\boldsymbol{B}^2$ 为对称矩阵；

(2)$\boldsymbol{AB}-\boldsymbol{BA}$ 为对称矩阵.

证　(1)由 $\boldsymbol{B}^{\mathrm{T}}=-\boldsymbol{B}$，则 $(\boldsymbol{B}^2)^{\mathrm{T}}=(\boldsymbol{BB})^{\mathrm{T}}=\boldsymbol{B}^{\mathrm{T}}\boldsymbol{B}^{\mathrm{T}}=(-\boldsymbol{B})(-\boldsymbol{B})=\boldsymbol{B}^2$；

(2)$(\boldsymbol{AB}-\boldsymbol{BA})^{\mathrm{T}}=(\boldsymbol{AB})^{\mathrm{T}}-(\boldsymbol{BA})^{\mathrm{T}}=\boldsymbol{B}^{\mathrm{T}}\boldsymbol{A}^{\mathrm{T}}-\boldsymbol{A}^{\mathrm{T}}\boldsymbol{B}^{\mathrm{T}}.$

$$=-\boldsymbol{BA}-\boldsymbol{A}(-\boldsymbol{B})=\boldsymbol{AB}-\boldsymbol{BA}.$$

2.2.5　方阵的行列式

定义 6　设 $\boldsymbol{A}$ 是 n 阶方阵，由 $\boldsymbol{A}$ 的元素按其在矩阵中的位置构成的 n 阶行列式，称为方阵 $\boldsymbol{A}$ 的行列式，记作 $|\boldsymbol{A}|$ 或 $\det\boldsymbol{A}$.

设 $\boldsymbol{A},\boldsymbol{B}$ 是 n 阶方阵，k 是任意常数，方阵的行列式满足如下的运算规律：

(1)$|\boldsymbol{A}^{\mathrm{T}}|=|\boldsymbol{A}|^{\mathrm{T}}=|\boldsymbol{A}|$；

(2)$|k\boldsymbol{A}|=k^n|\boldsymbol{A}|$；

(3)$|\boldsymbol{AB}|=|\boldsymbol{A}||\boldsymbol{B}|$.

一般地，若 $\boldsymbol{A}_1,\boldsymbol{A}_2,\cdots,\boldsymbol{A}_k$ 都是 n 阶方阵，则

$$|A_1A_2\cdots A_k|=|A_1||A_2|\cdots|A_k|.$$

显然，$|A^k|=|A|^k$.

例 8 设

$$A=\begin{bmatrix}1&0&-1\\2&1&0\\3&2&-1\end{bmatrix},\quad B=\begin{bmatrix}-2&1&0\\0&3&1\\0&0&2\end{bmatrix},$$

求$|A||B|$.

解 因为

$$AB=\begin{bmatrix}-2&1&-2\\-4&5&1\\-6&9&0\end{bmatrix},\quad |AB|=\begin{vmatrix}-2&1&-2\\-4&5&1\\-6&9&0\end{vmatrix}=24,$$

由公式$|AB|=|A||B|$，则$|A||B|=24$.

若先求得

$$|A|=\begin{vmatrix}1&0&-1\\2&1&0\\3&2&-1\end{vmatrix}=-2,\quad |B|=\begin{vmatrix}-2&1&0\\0&3&1\\0&0&2\end{vmatrix}=-12.$$

同样$|A||B|=24$.

例 9 设A,B均为四阶方阵，且$|A|=-2$，$|B|=1$，计算$|-2A^{T}(B^{T}A)^2|$.

解 由方阵的行列式的运算规律，

$$\begin{aligned}|-2A^{T}(B^{T}A)^2|&=(-2)^4|A^{T}||(B^{T}A)^2|=16|A||(B^{T}A)|^2\\&=16|A||B|^2|A|^2=-128.\end{aligned}$$

§2.3 逆矩阵

由矩阵的运算可知，零矩阵与任一同型矩阵相加，结果是原矩阵；单位矩阵与任一矩阵相乘（只要乘法可行），结果还是原矩阵. 可以说零矩阵类似于数的运算中零的作用，而单位矩阵类似于数的运算中数 1 的作用.

在数的运算中，若数$a\neq0$，则存在a的唯一的逆元$a^{-1}=\frac{1}{a}$，使$aa^{-1}=a^{-1}a=1$. 那么，在矩阵运算中，对于给定的矩阵A是否也存在一个逆元A^{-1}（逆矩阵），使$AA^{-1}=A^{-1}A=E$呢？下面讨论这个问题.

2.3.1 逆矩阵的定义

设
$$A=\begin{bmatrix}1&2\\0&1\end{bmatrix},\quad B=\begin{bmatrix}1&-2\\0&1\end{bmatrix},$$

则 $\boldsymbol{AB}=\begin{bmatrix}1&2\\0&1\end{bmatrix}\begin{bmatrix}1&-2\\0&1\end{bmatrix}=\begin{bmatrix}1&0\\0&1\end{bmatrix}=\boldsymbol{E},\boldsymbol{BA}=\begin{bmatrix}1&-2\\0&1\end{bmatrix}\begin{bmatrix}1&2\\0&1\end{bmatrix}=\begin{bmatrix}1&0\\0&1\end{bmatrix}=\boldsymbol{E}.$

即 $\boldsymbol{AB}=\boldsymbol{BA}=\boldsymbol{E}$，记 $\boldsymbol{B}=\boldsymbol{A}^{-1}$，称矩阵 $\boldsymbol{B}=\boldsymbol{A}^{-1}$ 是 $\boldsymbol{A}$ 的逆矩阵.

下面引入逆矩阵的概念.

定义 1 设 $\boldsymbol{A}$ 是 n 阶方阵，如果存在一个 n 阶方阵 $\boldsymbol{B}$，使得

$$\boldsymbol{AB}=\boldsymbol{BA}=\boldsymbol{E},\tag{1}$$

则称矩阵 $\boldsymbol{A}$ 可逆，并称矩阵 $\boldsymbol{B}$ 是 $\boldsymbol{A}$ 的逆矩阵，记为 $\boldsymbol{B}=\boldsymbol{A}^{-1}$. 即

$$\boldsymbol{AA}^{-1}=\boldsymbol{A}^{-1}\boldsymbol{A}=\boldsymbol{E}.\tag{2}$$

由定义知：

(1)由于 $\boldsymbol{A},\boldsymbol{B}$ 位置对称，故若 $\boldsymbol{B}=\boldsymbol{A}^{-1}$，则 $\boldsymbol{A}=\boldsymbol{B}^{-1}$，即 $\boldsymbol{A},\boldsymbol{B}$ 互为逆矩阵. 例如，设

$$\boldsymbol{A}=\begin{bmatrix}1&-1&3\\2&-1&4\\-1&2&-4\end{bmatrix},\quad \boldsymbol{B}=\begin{bmatrix}-4&2&-1\\4&-1&2\\3&-1&1\end{bmatrix},$$

可以验证，$\boldsymbol{AB}=\boldsymbol{BA}=\boldsymbol{E}$，所以 $\boldsymbol{B}=\boldsymbol{A}^{-1}$，$\boldsymbol{A}=\boldsymbol{B}^{-1}$.

(2)单位矩阵的逆矩阵是自己本身.

定理 1 **如果 $\boldsymbol{A}$ 可逆，则 $\boldsymbol{A}$ 的逆矩阵是唯一的.**

证 设 $\boldsymbol{B},\boldsymbol{C}$ 都是 $\boldsymbol{A}$ 的逆矩阵，则有 $\boldsymbol{AB}=\boldsymbol{BA}=\boldsymbol{E},\boldsymbol{AC}=\boldsymbol{CA}=\boldsymbol{E}$，从而

$$\boldsymbol{B}=\boldsymbol{BE}=\boldsymbol{B}(\boldsymbol{AC})=(\boldsymbol{BA})\boldsymbol{C}=\boldsymbol{EC}=\boldsymbol{C}.$$

2.3.2 方阵可逆的充分必要条件

为了给出矩阵可逆的充分必要条件，首先介绍伴随矩阵的概念.

定义 2 **设 $\boldsymbol{A}=(a_{ij})_{n\times n}$，$\boldsymbol{A}_{ij}$ 是方阵 $\boldsymbol{A}$ 的行列式 $|\boldsymbol{A}|$ 中元素 a_{ij} 的代数余子式，以 $\boldsymbol{A}_{ij}$ 为元素组成的 n 阶方阵**

$$\boldsymbol{A}^*=\begin{bmatrix}A_{11}&A_{21}&\cdots&A_{n1}\\A_{12}&A_{22}&\cdots&A_{n2}\\\vdots&\vdots&\ddots&\vdots\\A_{1n}&A_{2n}&\cdots&A_{nn}\end{bmatrix}\tag{3}$$

称为 $\boldsymbol{A}$ 的伴随矩阵.

例 1 求 $\boldsymbol{A}=\begin{bmatrix}1&1&-1\\1&2&-3\\0&1&1\end{bmatrix}$ 的伴随矩阵，并计算 $\boldsymbol{AA}^*$ 和 $\boldsymbol{A}^*\boldsymbol{A}$.

解 $|\boldsymbol{A}|=\begin{vmatrix}1&1&-1\\1&2&-3\\0&1&1\end{vmatrix}=3$，且

$$A_{11}=(-1)^{1+1}\begin{vmatrix}2 & -3\\ 1 & 1\end{vmatrix}=5,\quad A_{12}=(-1)^{1+2}\begin{vmatrix}1 & -3\\ 0 & 1\end{vmatrix}=-1,$$

$$A_{13}=(-1)^{1+3}\begin{vmatrix}1 & 2\\ 0 & 1\end{vmatrix}=1;$$

$$A_{21}=(-1)^{2+1}\begin{vmatrix}1 & -1\\ 1 & 1\end{vmatrix}=-2,\quad A_{22}=(-1)^{2+2}\begin{vmatrix}1 & -1\\ 0 & 1\end{vmatrix}=1,$$

$$A_{23}=(-1)^{2+3}\begin{vmatrix}1 & 1\\ 0 & 1\end{vmatrix}=-1;$$

$$A_{31}=(-1)^{3+1}\begin{vmatrix}1 & -1\\ 2 & -3\end{vmatrix}=-1,\quad A_{32}=(-1)^{3+2}\begin{vmatrix}1 & -1\\ 1 & -3\end{vmatrix}=2,$$

$$A_{33}=(-1)^{3+3}\begin{vmatrix}1 & 1\\ 1 & 2\end{vmatrix}=1.$$

因此 $\boldsymbol{A}$ 的伴随矩阵

$$\boldsymbol{A}^*=\begin{bmatrix}5 & -2 & -1\\ -1 & 1 & 2\\ 1 & -1 & 1\end{bmatrix}.$$

由矩阵的乘法可得

$$\boldsymbol{AA}^*=\begin{bmatrix}1 & 1 & -1\\ 1 & 2 & -3\\ 0 & 1 & 1\end{bmatrix}\begin{bmatrix}5 & -2 & -1\\ -1 & 1 & 2\\ 1 & -1 & 1\end{bmatrix}=3\begin{bmatrix}1 & 0 & 0\\ 0 & 1 & 0\\ 0 & 0 & 1\end{bmatrix}=|\boldsymbol{A}|\boldsymbol{E},$$

$$\boldsymbol{A}^*\boldsymbol{A}=\begin{bmatrix}5 & -2 & -1\\ -1 & 1 & 2\\ 1 & -1 & 1\end{bmatrix}\begin{bmatrix}1 & 1 & -1\\ 1 & 2 & -3\\ 0 & 1 & 1\end{bmatrix}=3\begin{bmatrix}1 & 0 & 0\\ 0 & 1 & 0\\ 0 & 0 & 1\end{bmatrix}=|\boldsymbol{A}|\boldsymbol{E}.$$

定理 2 **设 $\boldsymbol{A}$ 是 n 阶方阵,$\boldsymbol{A}^*$ 是 $\boldsymbol{A}$ 的伴随矩阵,则**

$$\boldsymbol{AA}^*=\boldsymbol{A}^*\boldsymbol{A}=|\boldsymbol{A}|\boldsymbol{E}. \tag{4}$$

证
$$\boldsymbol{AA}^*=\begin{bmatrix}a_{11} & a_{12} & \cdots & a_{1n}\\ a_{21} & a_{22} & \cdots & a_{2n}\\ \vdots & \vdots & \ddots & \vdots\\ a_{n1} & a_{n2} & \cdots & a_{nn}\end{bmatrix}\begin{bmatrix}A_{11} & A_{21} & \cdots & A_{n1}\\ A_{12} & A_{22} & \cdots & A_{n2}\\ \vdots & \vdots & \ddots & \vdots\\ A_{1n} & A_{2n} & \cdots & A_{nn}\end{bmatrix}$$

$$=\begin{bmatrix}\sum_{k=1}^{n}a_{1k}A_{1k} & \sum_{k=1}^{n}a_{1k}A_{2k} & \cdots & \sum_{k=1}^{n}a_{1k}A_{nk}\\ \sum_{k=1}^{n}a_{2k}A_{1k} & \sum_{k=1}^{n}a_{2k}A_{2k} & \cdots & \sum_{k=1}^{n}a_{2k}A_{nk}\\ \vdots & \vdots & \ddots & \vdots\\ \sum_{k=1}^{n}a_{nk}A_{1k} & \sum_{k=1}^{n}a_{nk}A_{2k} & \cdots & \sum_{k=1}^{n}a_{nk}A_{nk}\end{bmatrix}.$$

其中每个和号 $\sum$ 均对 k 从 1 到 n 求和. 根据行列式的性质

$$\sum_{k=1}^{n} a_{ik}A_{jk}=\begin{cases}|\boldsymbol{A}|, & i=j,\\ 0, & i\neq j.\end{cases}$$

从而

$$\boldsymbol{A}\boldsymbol{A}^{*}=\begin{bmatrix}|\boldsymbol{A}| & & & \\ & |\boldsymbol{A}| & & \\ & & \ddots & \\ & & & |\boldsymbol{A}|\end{bmatrix}=|\boldsymbol{A}|\boldsymbol{E}.$$

同理 $\boldsymbol{A}^{*}\boldsymbol{A}=|\boldsymbol{A}|\boldsymbol{E}$.

定理 3 **n 阶方阵 $\boldsymbol{A}$ 可逆的充分必要条件为 $|\boldsymbol{A}|\neq 0$,且**

$$\boldsymbol{A}^{-1}=\frac{\boldsymbol{A}^{*}}{|\boldsymbol{A}|}. \tag{5}$$

证 (必要性)因为矩阵 $\boldsymbol{A}$ 可逆,故存在矩阵 $\boldsymbol{B}$,使得 $\boldsymbol{AB}=\boldsymbol{BA}=\boldsymbol{E}$,于是有 $|\boldsymbol{AB}|=|\boldsymbol{BA}|=|\boldsymbol{A}||\boldsymbol{B}|=|\boldsymbol{B}||\boldsymbol{A}|=|\boldsymbol{E}|=1$,所以 $|\boldsymbol{A}|\neq 0$. 又由(4)式

$\boldsymbol{A}\boldsymbol{A}^{*}=\boldsymbol{A}^{*}\boldsymbol{A}=|\boldsymbol{A}|\boldsymbol{E}$ 及 $|\boldsymbol{A}|\neq 0$,得

$$\boldsymbol{A}\left(\frac{\boldsymbol{A}^{*}}{|\boldsymbol{A}|}\right)=\left(\frac{\boldsymbol{A}^{*}}{|\boldsymbol{A}|}\right)\boldsymbol{A}=\boldsymbol{E},\text{故 }\boldsymbol{A}^{-1}=\frac{\boldsymbol{A}^{*}}{|\boldsymbol{A}|}.$$

(充分性)因为 $|\boldsymbol{A}|\neq 0$,由(4)式得

$\boldsymbol{A}\left(\frac{\boldsymbol{A}^{*}}{|\boldsymbol{A}|}\right)=\left(\frac{\boldsymbol{A}^{*}}{|\boldsymbol{A}|}\right)\boldsymbol{A}=\boldsymbol{E}$. 由逆矩阵的定义知 $\boldsymbol{A}$ 可逆,且 $\boldsymbol{A}^{-1}=\frac{\boldsymbol{A}^{*}}{|\boldsymbol{A}|}$.

推论 **设 $\boldsymbol{A},\boldsymbol{B}$ 是 n 阶方阵,若 $\boldsymbol{AB}=\boldsymbol{E}$,则必有 $\boldsymbol{BA}=\boldsymbol{E}$.**

证 由 $\boldsymbol{AB}=\boldsymbol{E}$,得 $|\boldsymbol{AB}|=|\boldsymbol{A}||\boldsymbol{B}|=|\boldsymbol{E}|=1\neq 0$,所以 $|\boldsymbol{A}|\neq 0$, $|\boldsymbol{B}|\neq 0$. 由定理 3, $\boldsymbol{A},\boldsymbol{B}$ 都可逆,且

$$\boldsymbol{BA}=(\boldsymbol{A}^{-1}\boldsymbol{A})\boldsymbol{BA}=\boldsymbol{A}^{-1}(\boldsymbol{AB})\boldsymbol{A}=\boldsymbol{A}^{-1}\boldsymbol{EA}=\boldsymbol{E}.$$

此推论说明,**若 $\boldsymbol{AB}=\boldsymbol{E}$,则 $\boldsymbol{A},\boldsymbol{B}$ 互逆**. 因此,判断 $\boldsymbol{B}$ 是否为 $\boldsymbol{A}$ 的逆矩阵(或 $\boldsymbol{A}$ 是否为 $\boldsymbol{B}$ 的逆矩阵),只要验证 $\boldsymbol{AB}=\boldsymbol{E}$ 即可.

显然,若 $a_{11},a_{22},\cdots,a_{nn}\neq 0$,则 n 阶对角矩阵

$$\boldsymbol{\Lambda}=\begin{bmatrix}a_{11} & & & \\ & a_{22} & & \\ & & \ddots & \\ & & & a_{nn}\end{bmatrix},$$

可逆,且

$$\begin{bmatrix} a_{11} & & & \\ & a_{22} & & \\ & & \ddots & \\ & & & a_{nn} \end{bmatrix}^{-1} = \begin{bmatrix} a_{11}^{-1} & & & \\ & a_{22}^{-1} & & \\ & & \ddots & \\ & & & a_{nn}^{-1} \end{bmatrix}.$$

例 2 求 $\boldsymbol{A}=\begin{bmatrix} 1 & 1 & -1 \\ 1 & 2 & -3 \\ 0 & 1 & 1 \end{bmatrix}$ 的逆矩阵.

解 由于 $|\boldsymbol{A}|=\begin{vmatrix} 1 & 1 & -1 \\ 1 & 2 & -3 \\ 0 & 1 & 1 \end{vmatrix}=3\neq 0$，故 $\boldsymbol{A}$ 可逆. 由例 1，$\boldsymbol{A}$ 的伴随矩阵

$$\boldsymbol{A}^*=\begin{bmatrix} 5 & -2 & -1 \\ -1 & 1 & 2 \\ 1 & -1 & 1 \end{bmatrix},$$

故 $\boldsymbol{A}$ 的逆矩阵为

$$\boldsymbol{A}^{-1}=\frac{1}{|\boldsymbol{A}|}\boldsymbol{A}^*=\frac{1}{3}\begin{bmatrix} 5 & -2 & -1 \\ -1 & 1 & 2 \\ 1 & -1 & 1 \end{bmatrix}=\begin{bmatrix} \frac{5}{3} & -\frac{2}{3} & -\frac{1}{3} \\ -\frac{1}{3} & \frac{1}{3} & \frac{2}{3} \\ \frac{1}{3} & -\frac{1}{3} & \frac{1}{3} \end{bmatrix}.$$

例 3 已知 n 阶方阵 $\boldsymbol{A}$ 满足 $\boldsymbol{A}^2+3\boldsymbol{A}-2\boldsymbol{E}=\boldsymbol{O}$，

(1) 证明 $\boldsymbol{A}$ 可逆，并求 $\boldsymbol{A}^{-1}$；

(2) 证明 $\boldsymbol{A}+2\boldsymbol{E}$ 可逆，并求 $(\boldsymbol{A}+2\boldsymbol{E})^{-1}$.

证 (1) 由 $\boldsymbol{A}^2+3\boldsymbol{A}-2\boldsymbol{E}=\boldsymbol{O}$，得 $\boldsymbol{A}(\boldsymbol{A}+3\boldsymbol{E})=2\boldsymbol{E}$，即 $\boldsymbol{A}\left(\frac{\boldsymbol{A}+3\boldsymbol{E}}{2}\right)=\boldsymbol{E}$. 由定理 3 之推论，$\boldsymbol{A}$ 可逆，且 $\boldsymbol{A}^{-1}=\frac{1}{2}(\boldsymbol{A}+3\boldsymbol{E})$.

(2) 由 $\boldsymbol{A}^2+3\boldsymbol{A}-2\boldsymbol{E}=\boldsymbol{O}$，得 $\boldsymbol{A}^2+3\boldsymbol{A}+2\boldsymbol{E}=4\boldsymbol{E}$. 于是有 $\boldsymbol{A}^2+2\boldsymbol{A}+\boldsymbol{A}+2\boldsymbol{E}=4\boldsymbol{E}$，$(\boldsymbol{A}+2\boldsymbol{E})\boldsymbol{A}+(\boldsymbol{A}+2\boldsymbol{E})=4\boldsymbol{E}$，$(\boldsymbol{A}+2\boldsymbol{E})(\boldsymbol{A}+\boldsymbol{E})=4\boldsymbol{E}$. 由定理 3 之推论，$\boldsymbol{A}+2\boldsymbol{E}$ 可逆，且 $(\boldsymbol{A}+2\boldsymbol{E})^{-1}=\frac{1}{4}(\boldsymbol{A}+\boldsymbol{E})$.

例 4 已知 n 阶方阵 $\boldsymbol{A}$ 满足多项式方程

$\boldsymbol{A}^m+a_1\boldsymbol{A}^{m-1}+\cdots+a_{m-1}\boldsymbol{A}+a_m\boldsymbol{E}=\boldsymbol{O}$，

$a_m\neq 0$，证明 $\boldsymbol{A}$ 可逆，并求 $\boldsymbol{A}$ 的逆.

证 因为 $a_m\neq 0$，所以

$$-\frac{1}{a_m}(\boldsymbol{A}^m+a_1\boldsymbol{A}^{m-1}+\cdots+a_{m-1}\boldsymbol{A})=\boldsymbol{E},$$

即 $$A\left[-\frac{1}{a_m}(A^{m-1}+a_1A^{m-2}+\cdots+a_{m-1}E)\right]=E.$$

由定理 3 之推论知 A 可逆，且

$$A^{-1}=-\frac{1}{a_m}(A^{m-1}+a_1A^{m-2}+\cdots+a_{m-1}E).$$

---

n 阶方阵 A 可按 $|A|\neq 0$，$|A|=0$ 分为两类：

定义 3　若 $|A|\neq 0$，则称 A 为非奇异矩阵（或满秩矩阵）；若 $|A|=0$，则称 A 为奇异矩阵（或降秩矩阵）.

例 5　设 A,B 均为 n 阶方阵，证明：

(1) AB 可逆的充分必要条件是 A,B 都可逆；

(2) 若 A 是非奇异矩阵，且 $AB=AC$，则 $B=C$.

证　(1) AB 可逆 $\Leftrightarrow |AB|=|A||B|\neq 0 \Leftrightarrow |A|\neq 0$ 且 $|B|\neq 0 \Leftrightarrow A,B$ 都可逆.

(2) 因为 A 是非奇异矩阵，故有 A^{-1} 存在. 因为 $AB=AC$，等式两端左乘 A^{-1}，则 $A^{-1}(AB)=A^{-1}(AC)$，即 $B=C$.

同理，当 A 是非奇异矩阵时，从 $BA=CA$ 也可推出 $B=C$. 由此可见，在 $AB=AC$ 或 $BA=CA$ 中，如果 A 可逆，则消去律成立.

2.3.3　可逆矩阵的性质

设 A,B 是 n 阶可逆矩阵，数 $k\neq 0$，则 A,B 具有如下性质：

(1) $(A^{-1})^{-1}=A$；

(2) $(kA)^{-1}=\frac{1}{k}A^{-1}$；

(3) $(A^{\mathrm{T}})^{-1}=(A^{-1})^{\mathrm{T}}$；

(4) $(AB)^{-1}=B^{-1}A^{-1}$；

(5) $|A^{-1}|=\frac{1}{|A|}=|A|^{-1}$.

证　只证明(3)式和(4)式.

(3) 因为 A 是 n 阶可逆矩阵，所以 $AA^{-1}=A^{-1}A=E$. 由 $A^{\mathrm{T}}(A^{-1})^{\mathrm{T}}=(A^{-1}A)^{\mathrm{T}}=E^{\mathrm{T}}=E$，故矩阵 A^{T} 也可逆，且 $(A^{\mathrm{T}})^{-1}=(A^{-1})^{\mathrm{T}}$.

(4) 因为 A,B 都是 n 阶可逆矩阵，所以 $AA^{-1}=A^{-1}A=E$，$BB^{-1}=B^{-1}B=E$. 故

$$(AB)(B^{-1}A^{-1})=A(BB^{-1})A=AEA^{-1}=AA^{-1}=E.$$

所以 AB 可逆，$(AB)^{-1}=B^{-1}A^{-1}$.

性质(4)可以推广到有限个 n 阶可逆矩阵的情形.

若 $A_1,A_2,\cdots,A_k$ 是 n 阶可逆矩阵，则乘积 $A_1A_2\cdots A_k$ 可逆，且

$$(A_1A_2\cdots A_k)^{-1}=A_k^{-1}A_{k-1}^{-1}\cdots A_1^{-1}.$$

特别地，$(A^k)^{-1}=(A^{-1})^k$（k 为正整数）.

例 6 设 A 为 n 阶可逆矩阵，证明 $(A^*)^*=|A|^{n-2}A$.

证 由定理 3，$A^{-1}=\dfrac{A^*}{|A|}$，则 $A^*=|A|A^{-1}$，从而 $(A^*)^*=|A^*|(A^*)^{-1}$. 而

$$|A^*|=||A|A^{-1}|=|A|^n|A^{-1}|=|A|^n|A|^{-1}=|A|^{n-1},$$

$$(A^*)^{-1}=(|A|A^{-1})^{-1}=|A|^{-1}A,$$

故 $(A^*)^*=|A^*|(A^*)^{-1}=|A|^{n-1}|A|^{-1}A=|A|^{n-2}A.$

注：设 A,B 为 n 阶可逆矩阵，$k\neq0$，除了定理 2 和例 6 外，伴随矩阵的运算规律还有：

(1) $(AB)^*=B^*A^*$； (2) $(kA)^*=k^{n-1}A^*$； (3) $(A^*)^{\mathrm{T}}=(A^{\mathrm{T}})^*$；

(4) $(A^*)^{-1}=(A^{-1})^*$； (5) $|A^*|=|A|^{n-1}$.

应当指出，A,B 可逆，$A+B$ 未必可逆. 即使 $A+B$ 可逆，但一般地 $(A+B)^{-1}\neq A^{-1}+B^{-1}$. 例如：

$$A=\begin{bmatrix}1&0&0\\0&2&0\\0&0&3\end{bmatrix},\quad B=\begin{bmatrix}1&0&0\\0&-2&0\\0&0&3\end{bmatrix},\quad A+B=\begin{bmatrix}2&0&0\\0&0&0\\0&0&6\end{bmatrix},$$

显然 A,B 可逆. 但因为 $|A+B|=0$，故 $A+B$ 不可逆.

当 $A=B$ 时，$(A+B)^{-1}=(2A)^{-1}=\dfrac{1}{2}A^{-1}$，而不是 $A^{-1}+A^{-1}=2A^{-1}$.

2.3.4 用逆矩阵求解线性方程组

根据矩阵的乘法，n 个未知量、n 个方程的线性方程组

$$\begin{cases}a_{11}x_1+a_{12}x_2+\cdots+a_{1n}x_n=b_1,\\a_{21}x_1+a_{22}x_2+\cdots+a_{2n}x_n=b_2,\\\quad\vdots\qquad\quad\vdots\qquad\qquad\quad\vdots\qquad\ \ \vdots\\a_{n1}x_1+a_{n2}x_2+\cdots+a_{nn}x_n=b_n.\end{cases}\tag{6}$$

的矩阵形式为

$$Ax=b.\tag{7}$$

其中

$$A=\begin{bmatrix}a_{11}&a_{12}&\cdots&a_{1n}\\a_{21}&a_{22}&\cdots&a_{2n}\\\vdots&\vdots&\ddots&\vdots\\a_{n1}&a_{n2}&\cdots&a_{nn}\end{bmatrix},x=\begin{bmatrix}x_1\\x_2\\\vdots\\x_n\end{bmatrix},b=\begin{bmatrix}b_1\\b_2\\\vdots\\b_n\end{bmatrix}.$$

称 $\boldsymbol{A}$ 为线性方程组(6)的系数矩阵.

当 $|\boldsymbol{A}|\neq 0$ 时, $\boldsymbol{A}^{-1}$ 存在, $\boldsymbol{Ax}=\boldsymbol{b}$ 两端左乘 $\boldsymbol{A}^{-1}$, 得 $\boldsymbol{A}^{-1}(\boldsymbol{Ax})=\boldsymbol{A}^{-1}\boldsymbol{b}$, 即

$$\boldsymbol{x}=\boldsymbol{A}^{-1}\boldsymbol{b}. \tag{8}$$

这就是线性方程组(6)的解的矩阵表达式.

例 7 利用逆矩阵求解方程组

$$\begin{cases} 2x_1+2x_2+3x_3=2, \\ x_1-x_2=2, \\ -x_1+2x_2+x_3=4. \end{cases}$$

解 将方程组写成矩阵形式 $\boldsymbol{Ax}=\boldsymbol{b}$, 其中

$$\boldsymbol{A}=\begin{bmatrix} 2 & 2 & 3 \\ 1 & -1 & 0 \\ -1 & 2 & 1 \end{bmatrix}, \quad \boldsymbol{x}=\begin{bmatrix} x_1 \\ x_2 \\ x_3 \end{bmatrix}, \quad \boldsymbol{b}=\begin{bmatrix} 2 \\ 2 \\ 4 \end{bmatrix}.$$

计算得 $|\boldsymbol{A}|=-1\neq 0$, 故 $\boldsymbol{A}$ 可逆. 因而有 $\boldsymbol{x}=\boldsymbol{A}^{-1}\boldsymbol{b}$, 即

$$\begin{bmatrix} x_1 \\ x_2 \\ x_3 \end{bmatrix}=\begin{bmatrix} 2 & 2 & 3 \\ 1 & -1 & 0 \\ -1 & 2 & 1 \end{bmatrix}^{-1}\begin{bmatrix} 2 \\ 2 \\ 4 \end{bmatrix}=\begin{bmatrix} 1 & -4 & -3 \\ 1 & -5 & -3 \\ -1 & 6 & 4 \end{bmatrix}\begin{bmatrix} 2 \\ 2 \\ 4 \end{bmatrix}=\begin{bmatrix} -18 \\ -20 \\ 26 \end{bmatrix}.$$

根据矩阵相等的定义, 方程组的解为

$$x_1=-18, \quad x_2=-20, \quad x_3=26.$$

例 8 设三阶矩阵 $\boldsymbol{A},\boldsymbol{B}$ 满足关系式 $\boldsymbol{A}^{-1}\boldsymbol{BA}=\boldsymbol{BA}+6\boldsymbol{A}$, 且

$$\boldsymbol{A}=\begin{bmatrix} \frac{1}{3} & 0 & 0 \\ 0 & \frac{1}{4} & 0 \\ 0 & 0 & \frac{1}{7} \end{bmatrix},$$

求矩阵 $\boldsymbol{B}$.

解 由于 $\boldsymbol{A}$ 可逆, 将等式 $\boldsymbol{A}^{-1}\boldsymbol{BA}=\boldsymbol{BA}+6\boldsymbol{A}$ 两端右乘 $\boldsymbol{A}^{-1}$ 有 $\boldsymbol{A}^{-1}\boldsymbol{B}=\boldsymbol{B}+6\boldsymbol{E}$, 移项得 $(\boldsymbol{A}^{-1}-\boldsymbol{E})\boldsymbol{B}=6\boldsymbol{E}$, 于是

$$\boldsymbol{B}=6(\boldsymbol{A}^{-1}-\boldsymbol{E})^{-1}.$$

因为 $\boldsymbol{A}$ 是对角矩阵, 所以 $\boldsymbol{A}^{-1}=\begin{bmatrix} 3 & 0 & 0 \\ 0 & 4 & 0 \\ 0 & 0 & 7 \end{bmatrix}$, 于是

$\boldsymbol{A}^{-1}-\boldsymbol{E}=\begin{bmatrix} 2 & 0 & 0 \\ 0 & 3 & 0 \\ 0 & 0 & 6 \end{bmatrix}$, 从而

$$(\boldsymbol{A}^{-1}-\boldsymbol{E})^{-1}=\begin{bmatrix}\frac{1}{2}&0&0\\0&\frac{1}{3}&0\\0&0&\frac{1}{6}\end{bmatrix}.$$

故

$$\boldsymbol{B}=6(\boldsymbol{A}^{-1}-\boldsymbol{E})^{-1}=\begin{bmatrix}3&0&0\\0&2&0\\0&0&1\end{bmatrix}.$$

§2.4 分块矩阵

为了简化矩阵的运算，对于某些阶数较高的矩阵，往往采用分块方法将矩阵分成若干小块，化高阶矩阵为低阶矩阵.

2.4.1 分块矩阵的概念

定义 1 用若干条横线和纵线把矩阵 $\boldsymbol{A}$ 分成若干小块，每一个小块作为一个矩阵，称为 $\boldsymbol{A}$ 的子块(或子矩阵). 把 $\boldsymbol{A}$ 的每一个子块作为一个元素构成的矩阵称为分块矩阵.

例如，矩阵

$$\boldsymbol{A}=\left[\begin{array}{cc:ccc}1&0&1&2&0\\0&1&-3&4&0\\\hdashline 4&0&2&-1&1\end{array}\right]=\left[\begin{array}{c:c}\boldsymbol{A}_{11}&\boldsymbol{A}_{12}\\\hdashline\boldsymbol{A}_{21}&\boldsymbol{A}_{22}\end{array}\right],$$

其中，子块

$$\boldsymbol{A}_{11}=\begin{bmatrix}1&0\\0&1\end{bmatrix},\boldsymbol{A}_{12}=\begin{bmatrix}1&2&0\\-3&4&0\end{bmatrix},\boldsymbol{A}_{21}=(4\quad 0),\boldsymbol{A}_{22}=(2\quad -1\quad 1).$$

有时候，也常把矩阵按列分块

$$\boldsymbol{A}=\left[\begin{array}{c:c:c:c}a_{11}&a_{12}&\cdots&a_{1n}\\a_{21}&a_{22}&\cdots&a_{2n}\\\vdots&\vdots&&\vdots\\a_{m1}&a_{m2}&\cdots&a_{mn}\end{array}\right]=(\boldsymbol{\beta}_1,\boldsymbol{\beta}_2,\cdots,\boldsymbol{\beta}_n),$$

称之为**列分块矩阵**，其中 $\boldsymbol{\beta}_j=(a_{1j},a_{2j},\cdots,a_{mj})^{\mathrm{T}}(j=1,\quad 2,\quad \cdots,\quad n)$是一列矩阵.

如果按行分块，即每一行为一子块，则 $\boldsymbol{A}$ 可以写成

$$A=\begin{bmatrix} a_{11} & a_{12} & \cdots & a_{1n} \\ \hdashline a_{21} & a_{22} & \cdots & a_{2n} \\ \hdashline \vdots & \vdots & & \vdots \\ \hdashline a_{m1} & a_{m2} & \cdots & a_{mn} \end{bmatrix}=\begin{bmatrix} \boldsymbol{\alpha}_1 \\ \boldsymbol{\alpha}_2 \\ \vdots \\ \boldsymbol{\alpha}_m \end{bmatrix},$$

称为**行分块矩阵**，其中 $\boldsymbol{\alpha}_i=(a_{i1},a_{i2},\cdots,a_{in})(i=1,2,\cdots,m)$ 是一行矩阵.

2.4.2 分块矩阵的运算

1. 分块矩阵的加法

设 $\boldsymbol{A},\boldsymbol{B}$ 都是 $m\times n$ 矩阵，用相同的分法将 $\boldsymbol{A},\boldsymbol{B}$ 分块为

$$\boldsymbol{A}=\begin{bmatrix} \boldsymbol{A}_{11} & \boldsymbol{A}_{12} & \cdots & \boldsymbol{A}_{1s} \\ \boldsymbol{A}_{21} & \boldsymbol{A}_{22} & \cdots & \boldsymbol{A}_{2s} \\ \vdots & \vdots & & \vdots \\ \boldsymbol{A}_{r1} & \boldsymbol{A}_{r2} & \cdots & \boldsymbol{A}_{rs} \end{bmatrix},\quad \boldsymbol{B}=\begin{bmatrix} \boldsymbol{B}_{11} & \boldsymbol{B}_{12} & \cdots & \boldsymbol{B}_{1s} \\ \boldsymbol{B}_{21} & \boldsymbol{B}_{22} & \cdots & \boldsymbol{B}_{2s} \\ \vdots & \vdots & & \vdots \\ \boldsymbol{B}_{r1} & \boldsymbol{B}_{r2} & \cdots & \boldsymbol{B}_{rs} \end{bmatrix}.$$

其中 $\boldsymbol{A}_{ij},\boldsymbol{B}_{ij}(i=1,2,\cdots,r;j=1,2,\cdots,s)$ 都是同型矩阵，则

$$\boldsymbol{A}\pm\boldsymbol{B}=\begin{bmatrix} \boldsymbol{A}_{11}\pm\boldsymbol{B}_{11} & \boldsymbol{A}_{12}\pm\boldsymbol{B}_{12} & \cdots & \boldsymbol{A}_{1s}\pm\boldsymbol{B}_{1s} \\ \boldsymbol{A}_{21}\pm\boldsymbol{B}_{21} & \boldsymbol{A}_{22}\pm\boldsymbol{B}_{22} & \cdots & \boldsymbol{A}_{2s}\pm\boldsymbol{B}_{2s} \\ \vdots & \vdots & & \vdots \\ \boldsymbol{A}_{r1}\pm\boldsymbol{B}_{r1} & \boldsymbol{A}_{r2}\pm\boldsymbol{B}_{r2} & \cdots & \boldsymbol{A}_{rs}\pm\boldsymbol{B}_{rs} \end{bmatrix}.$$

例 1 设有矩阵 $\boldsymbol{A}=\left[\begin{array}{ccc:c} 2 & -1 & 0 & 3 \\ -1 & 1 & 2 & 1 \\ \hdashline 3 & 2 & 1 & 1 \end{array}\right]$，$\boldsymbol{B}=\left[\begin{array}{ccc:c} -1 & 1 & 1 & -1 \\ 1 & -1 & 1 & 2 \\ \hdashline 2 & 1 & -1 & 2 \end{array}\right]$，

这里 $\boldsymbol{A},\boldsymbol{B}$ 都是 2×2 分块矩阵，而且每一对应子块的行列数相等，因此这两个分块矩阵可以相加，

$$\boldsymbol{A}+\boldsymbol{B}=\left[\begin{array}{ccc:c} 1 & 0 & 1 & 2 \\ 0 & 0 & 3 & 3 \\ \hdashline 5 & 3 & 0 & 3 \end{array}\right].$$

显然，两个分块矩阵之和仍然是一个分块矩阵，而且与普通矩阵相加所得的结果是一致的.

2. 数乘分块矩阵

设

$$\boldsymbol{A}=\begin{bmatrix}\boldsymbol{A}_{11} & \boldsymbol{A}_{12} & \cdots & \boldsymbol{A}_{1s}\\ \boldsymbol{A}_{21} & \boldsymbol{A}_{22} & \cdots & \boldsymbol{A}_{2s}\\ \vdots & \vdots & & \vdots\\ \boldsymbol{A}_{r1} & \boldsymbol{A}_{r2} & \cdots & \boldsymbol{A}_{rs}\end{bmatrix},$$

用数 k 乘分块矩阵 $\boldsymbol{A}$，等于用数 k 乘矩阵 $\boldsymbol{A}$ 的每一个子块，即

$$k\boldsymbol{A}=\begin{bmatrix}k\boldsymbol{A}_{11} & k\boldsymbol{A}_{12} & \cdots & k\boldsymbol{A}_{1s}\\ k\boldsymbol{A}_{21} & k\boldsymbol{A}_{22} & \cdots & k\boldsymbol{A}_{2s}\\ \vdots & \vdots & & \vdots\\ k\boldsymbol{A}_{r1} & k\boldsymbol{A}_{r2} & \cdots & k\boldsymbol{A}_{rs}\end{bmatrix}.$$

3. 分块矩阵的转置

设

$$\boldsymbol{A}=\begin{bmatrix}\boldsymbol{A}_{11} & \boldsymbol{A}_{12} & \cdots & A_{1s}\\ \boldsymbol{A}_{21} & \boldsymbol{A}_{22} & \cdots & \boldsymbol{A}_{2s}\\ \vdots & \vdots & & \vdots\\ \boldsymbol{A}_{r1} & \boldsymbol{A}_{r2} & \cdots & \boldsymbol{A}_{rs}\end{bmatrix},$$

是一个 $r\times s$ 型分块矩阵，它的转置是一个 $s\times r$ 型分块矩阵 $\boldsymbol{A}^{\mathrm{T}}$

$$\boldsymbol{A}^{\mathrm{T}}=\begin{bmatrix}\boldsymbol{A}_{11}^{\mathrm{T}} & \boldsymbol{A}_{21}^{\mathrm{T}} & \cdots & \boldsymbol{A}_{r1}^{\mathrm{T}}\\ \boldsymbol{A}_{12}^{\mathrm{T}} & \boldsymbol{A}_{22}^{\mathrm{T}} & \cdots & \boldsymbol{A}_{r2}^{\mathrm{T}}\\ \vdots & \vdots & & \vdots\\ \boldsymbol{A}_{1s}^{\mathrm{T}} & \boldsymbol{A}_{2s}^{\mathrm{T}} & \cdots & \boldsymbol{A}_{rs}^{\mathrm{T}}\end{bmatrix}.$$

例如，

$$\boldsymbol{A}=\left[\begin{array}{cc:cc}1 & 0 & 4 & -1\\ 0 & 1 & 1 & 2\\ \hdashline 0 & 0 & 2 & 0\end{array}\right]=\begin{bmatrix}\boldsymbol{A}_{11} & \boldsymbol{A}_{12}\\ \boldsymbol{A}_{21} & \boldsymbol{A}_{22}\end{bmatrix},$$

则

$$\boldsymbol{A}^{\mathrm{T}}=\begin{bmatrix}\boldsymbol{A}_{11}^{\mathrm{T}} & \boldsymbol{A}_{21}^{\mathrm{T}}\\ \boldsymbol{A}_{12}^{\mathrm{T}} & \boldsymbol{A}_{22}^{\mathrm{T}}\end{bmatrix}=\left[\begin{array}{cc:c}1 & 0 & 0\\ 0 & 1 & 0\\ \hdashline 4 & 1 & 2\\ -1 & 2 & 0\end{array}\right].$$

4. 分块矩阵的乘法

设 $\boldsymbol{A}$ 为 $m\times l$ 矩阵，$\boldsymbol{B}$ 为 $l\times n$ 矩阵，对 $\boldsymbol{A},\boldsymbol{B}$ 分块，若它们的分块矩阵分别为

$$\boldsymbol{A}=\begin{bmatrix}\boldsymbol{A}_{11} & \boldsymbol{A}_{12} & \cdots & \boldsymbol{A}_{1s}\\ \boldsymbol{A}_{21} & \boldsymbol{A}_{22} & \cdots & \boldsymbol{A}_{2s}\\ \vdots & \vdots & & \vdots\\ \boldsymbol{A}_{r1} & \boldsymbol{A}_{r2} & \cdots & \boldsymbol{A}_{rs}\end{bmatrix},\quad \boldsymbol{B}=\begin{bmatrix}\boldsymbol{B}_{11} & \boldsymbol{B}_{12} & \cdots & \boldsymbol{B}_{1t}\\ \boldsymbol{B}_{21} & \boldsymbol{B}_{22} & \cdots & \boldsymbol{B}_{2t}\\ \vdots & \vdots & & \vdots\\ \boldsymbol{B}_{s1} & \boldsymbol{B}_{s2} & \cdots & \boldsymbol{B}_{st}\end{bmatrix},$$

且子块 $\boldsymbol{A}_{i1},\boldsymbol{A}_{i2},\cdots,\boldsymbol{A}_{is}$ 的列数分别等于子块 $\boldsymbol{B}_{1j},\boldsymbol{B}_{2j},\cdots,\boldsymbol{B}_{sj}$ 的行数($i=1,2,\cdots,r;j=1,2,\cdots,t$),则

$$\boldsymbol{AB}=\begin{bmatrix}\boldsymbol{C}_{11} & \boldsymbol{C}_{12} & \cdots & \boldsymbol{C}_{1t}\\ \boldsymbol{C}_{21} & \boldsymbol{C}_{22} & \cdots & \boldsymbol{C}_{2t}\\ \vdots & \vdots & & \vdots\\ \boldsymbol{C}_{r1} & \boldsymbol{C}_{r2} & \cdots & \boldsymbol{C}_{rt}\end{bmatrix},$$

其中

$$\boldsymbol{C}_{ij}=\boldsymbol{A}_{i1}\boldsymbol{B}_{1j}+\boldsymbol{A}_{i2}\boldsymbol{B}_{2j}+\cdots+\boldsymbol{A}_{is}\boldsymbol{B}_{sj}=\sum_{k=1}^{s}\boldsymbol{A}_{ik}\boldsymbol{B}_{kj}\,(i=1,2,\cdots,r;j=1,2,\cdots,t).$$

例 2 用分块法计算 $\boldsymbol{AB}$,其中

$$\boldsymbol{A}=\begin{bmatrix}0 & 0 & 5\\ 4 & 2 & 1\\ 0 & -1 & 2\end{bmatrix},\quad \boldsymbol{B}=\begin{bmatrix}1 & 2 & 4 & -1\\ 5 & 3 & 1 & 0\\ 0 & 0 & 2 & 0\end{bmatrix}.$$

解 将 $\boldsymbol{A},\boldsymbol{B}$ 分块为

$$\boldsymbol{A}=\begin{bmatrix}\boldsymbol{A}_{11} & \boldsymbol{A}_{12}\\ \boldsymbol{A}_{21} & \boldsymbol{A}_{22}\end{bmatrix},\quad \boldsymbol{B}=\begin{bmatrix}\boldsymbol{B}_{11} & \boldsymbol{B}_{12} & \boldsymbol{B}_{13}\\ \boldsymbol{B}_{21} & \boldsymbol{B}_{22} & \boldsymbol{B}_{23}\end{bmatrix},$$

其中

$$\boldsymbol{A}_{11}=(0,0),\quad \boldsymbol{A}_{12}=(5),\quad \boldsymbol{A}_{21}=\begin{bmatrix}4 & 2\\ 0 & -1\end{bmatrix},\quad \boldsymbol{A}_{22}=\begin{bmatrix}1\\ 2\end{bmatrix},$$

$$\boldsymbol{B}_{11}=\begin{bmatrix}1\\ 5\end{bmatrix},\quad \boldsymbol{B}_{12}=\begin{bmatrix}2 & 4\\ 3 & 1\end{bmatrix},\quad \boldsymbol{B}_{13}=\begin{bmatrix}-1\\ 0\end{bmatrix},$$

$$\boldsymbol{B}_{21}=(0),\quad \boldsymbol{B}_{22}=(0\quad 2),\quad \boldsymbol{B}_{23}=(0).$$

令 $\boldsymbol{AB}=\boldsymbol{C}=\begin{bmatrix}\boldsymbol{C}_{11} & \boldsymbol{C}_{12} & \boldsymbol{C}_{13}\\ \boldsymbol{C}_{21} & \boldsymbol{C}_{22} & \boldsymbol{C}_{23}\end{bmatrix}$,其中

$$\boldsymbol{C}_{11}=\boldsymbol{A}_{11}\boldsymbol{B}_{11}+\boldsymbol{A}_{12}\boldsymbol{B}_{21}=(0\quad 0)\begin{bmatrix}1\\ 5\end{bmatrix}+(5)(0)=(0),$$

$$\boldsymbol{C}_{12}=\boldsymbol{A}_{11}\boldsymbol{B}_{12}+\boldsymbol{A}_{12}\boldsymbol{B}_{22}=(0\quad 0)\begin{bmatrix}2 & 4\\ 3 & 1\end{bmatrix}+(5)(0\quad 2)=(0\quad 10),$$

$$\boldsymbol{C}_{13}=\boldsymbol{A}_{11}\boldsymbol{B}_{13}+\boldsymbol{A}_{12}\boldsymbol{B}_{23}=(0\ 0)\begin{bmatrix}-1\\ 0\end{bmatrix}+(5)(0)=(0),$$

$$\boldsymbol{C}_{21}=\boldsymbol{A}_{21}\boldsymbol{B}_{11}+\boldsymbol{A}_{22}\boldsymbol{B}_{21}=\begin{bmatrix}4 & 2\\ 0 & -1\end{bmatrix}\begin{bmatrix}1\\ 5\end{bmatrix}+\begin{bmatrix}1\\ 2\end{bmatrix}(0)=\begin{bmatrix}14\\ -5\end{bmatrix},$$

$$C_{22}=A_{21}B_{12}+A_{22}B_{22}=\begin{bmatrix}4&2\\0&-1\end{bmatrix}\begin{bmatrix}2&4\\3&1\end{bmatrix}+\begin{bmatrix}1\\2\end{bmatrix}(0\quad 2)=\begin{bmatrix}14&20\\-3&3\end{bmatrix},$$

$$C_{23}=A_{21}B_{13}+A_{22}B_{23}=\begin{bmatrix}4&2\\0&-1\end{bmatrix}\begin{bmatrix}-1\\0\end{bmatrix}+\begin{bmatrix}1\\2\end{bmatrix}(0)=\begin{bmatrix}-4\\0\end{bmatrix}.$$

故 $AB=C=\begin{bmatrix}C_{11}&C_{12}&C_{13}\\C_{21}&C_{22}&C_{23}\end{bmatrix}=\begin{bmatrix}0&0&10&0\\14&14&20&-4\\-5&-3&3&0\end{bmatrix}$.

设 A 是 $m\times n$ 矩阵，B 是 $n\times l$ 矩阵，将 B 的每一列分成一个子块，即

$$B=(\beta_1,\beta_2,\cdots,\beta_l).$$

将 A 看成只有一块的分块矩阵，这时不难验证 $A\beta_j$ 有意义且 A 与 B 作为分块矩阵相乘，得

$$AB=A(\beta_1,\beta_2,\cdots,\beta_l)=(A\beta_1,A\beta_2,\cdots,A\beta_l).$$

同样，将 A 的每一行作为一个子块，变为行分块矩阵

$$A=\begin{bmatrix}\alpha_1\\\alpha_2\\\vdots\\\alpha_m\end{bmatrix},$$

也将 B 看成只有一块的分块矩阵，则有

$$AB=\begin{bmatrix}\alpha_1\\\alpha_2\\\vdots\\\alpha_m\end{bmatrix}B=\begin{bmatrix}\alpha_1B\\\alpha_2B\\\vdots\\\alpha_mB\end{bmatrix}.$$

2.4.3 分块对角矩阵和分块三角矩阵

设 A 是 n 阶方阵，如果 A 的分块矩阵除主对角线上有非零子块外，其余子块都是零子块，即

$$A=\begin{bmatrix}A_1&&&\\&A_2&&\\&&\ddots&\\&&&A_s\end{bmatrix},\qquad(1)$$

其中，$A_i(i=1,2,\cdots,s)$都是方阵，则称方阵 A 为**分块对角矩阵**，或称为**准对角矩阵**.

例如，设矩阵

$$A=\begin{pmatrix}2&2&0&0&0&0\\1&1&0&0&0&0\\0&0&1&2&3&0\\0&0&0&-1&1&0\\0&0&1&0&0&0\\0&0&0&0&0&2\end{pmatrix},$$

可将矩阵表示成分块对角阵

$$\boldsymbol{A}=\begin{pmatrix}\boldsymbol{A}_1&\boldsymbol{O}&\boldsymbol{O}\\\boldsymbol{O}&\boldsymbol{A}_2&\boldsymbol{O}\\\boldsymbol{O}&\boldsymbol{O}&\boldsymbol{A}_3\end{pmatrix},$$

其中

$$\boldsymbol{A}_1=\begin{pmatrix}2&2\\1&1\end{pmatrix},\quad \boldsymbol{A}_2=\begin{pmatrix}1&2&3\\0&-1&1\\1&0&0\end{pmatrix},\quad \boldsymbol{A}_3=(2).$$

设有两个分块对角矩阵

$$\boldsymbol{A}=\begin{pmatrix}\boldsymbol{A}_1&&&\\&\boldsymbol{A}_2&&\\&&\ddots&\\&&&\boldsymbol{A}_s\end{pmatrix},\quad \boldsymbol{B}=\begin{pmatrix}\boldsymbol{B}_1&&&\\&\boldsymbol{B}_2&&\\&&\ddots&\\&&&\boldsymbol{B}_s\end{pmatrix},$$

其中，$\boldsymbol{A},\boldsymbol{B}$ 同阶，且子块 $\boldsymbol{A}_i,\boldsymbol{B}_i$ 同阶$(i=1,2,\cdots,s)$，可以证明：

(1)$$\boldsymbol{A}+\boldsymbol{B}=\begin{pmatrix}\boldsymbol{A}_1+\boldsymbol{B}_1&&&\\&\boldsymbol{A}_2+\boldsymbol{B}_2&&\\&&\ddots&\\&&&\boldsymbol{A}_s+\boldsymbol{B}_s\end{pmatrix};$$

(2)$$k\boldsymbol{A}=\begin{pmatrix}k\boldsymbol{A}_1&&&\\&k\boldsymbol{A}_2&&\\&&\ddots&\\&&&k\boldsymbol{A}_s\end{pmatrix};$$

(3)$$\boldsymbol{A}\boldsymbol{B}=\begin{pmatrix}\boldsymbol{A}_1\boldsymbol{B}_1&&&\\&\boldsymbol{A}_2\boldsymbol{B}_2&&\\&&\ddots&\\&&&\boldsymbol{A}_s\boldsymbol{B}_s\end{pmatrix};$$

(4)$$|\boldsymbol{A}|=\begin{vmatrix}\boldsymbol{A}_1&&&\\&\boldsymbol{A}_2&&\\&&\ddots&\\&&&\boldsymbol{A}_s\end{vmatrix}=|\boldsymbol{A}_1|\cdot|\boldsymbol{A}_2|\cdots|\boldsymbol{A}_s|;$$

特别地，若 $\boldsymbol{A}_1,\boldsymbol{A}_2$ 分别为 m 阶和 n 阶方阵，则

$$\begin{vmatrix}\boldsymbol{A}_1 & \\ & \boldsymbol{A}_2\end{vmatrix}=|\boldsymbol{A}_1|\cdot|\boldsymbol{A}_2|,\quad\begin{vmatrix} & \boldsymbol{A}_1\\ \boldsymbol{A}_2 & \end{vmatrix}=(-1)^{m\times n}|\boldsymbol{A}_1|\cdot|\boldsymbol{A}_2|.$$

(5)若 $|\boldsymbol{A}|\neq 0$，则 $\boldsymbol{A}^{-1}=\begin{bmatrix}\boldsymbol{A}_1^{-1} & & & \\ & \boldsymbol{A}_2^{-1} & & \\ & & \ddots & \\ & & & \boldsymbol{A}_s^{-1}\end{bmatrix}$.

特别地，$\begin{bmatrix}\boldsymbol{A}_1 & \\ & \boldsymbol{A}_2\end{bmatrix}^{-1}=\begin{bmatrix}\boldsymbol{A}_1^{-1} & \\ & \boldsymbol{A}_2^{-1}\end{bmatrix}$,

$$\begin{bmatrix} & \boldsymbol{A}_1\\ \boldsymbol{A}_2 & \end{bmatrix}^{-1}=\begin{bmatrix} & \boldsymbol{A}_2^{-1}\\ \boldsymbol{A}_1^{-1} & \end{bmatrix}.$$

例 3 求矩阵 $\boldsymbol{A}=\begin{bmatrix}2&0&0&0\\0&1&-4&0\\0&0&-1&0\\0&0&0&9\end{bmatrix}$ 的逆矩阵.

解 将 $\boldsymbol{A}$ 分块为

$$\boldsymbol{A}=\left[\begin{array}{c:cc:c}2&0&0&0\\ \hdashline 0&1&-4&0\\0&0&-1&0\\ \hdashline 0&0&0&9\end{array}\right]=\begin{bmatrix}\boldsymbol{A}_1&\boldsymbol{O}&\boldsymbol{O}\\ \boldsymbol{O}&\boldsymbol{A}_2&\boldsymbol{O}\\ \boldsymbol{O}&\boldsymbol{O}&\boldsymbol{A}_3\end{bmatrix},$$

因 $\boldsymbol{A}_1^{-1}=(2)^{-1}=\left(\frac{1}{2}\right)$, $\boldsymbol{A}_2^{-1}=\begin{bmatrix}1&-4\\0&-1\end{bmatrix}^{-1}=\begin{bmatrix}1&-4\\0&-1\end{bmatrix}$, $\boldsymbol{A}_3^{-1}=(9)^{-1}=\left(\frac{1}{9}\right)$,

故

$$\boldsymbol{A}^{-1}=\left[\begin{array}{c:cc:c}\frac{1}{2}&0&0&0\\ \hdashline 0&1&-4&0\\0&0&-1&0\\ \hdashline 0&0&0&\frac{1}{9}\end{array}\right].$$

例 4 设 $\boldsymbol{A},\boldsymbol{B}$ 分别是 r 阶，s 阶可逆矩阵，证明**三角分块矩阵**

$$\boldsymbol{D}=\begin{bmatrix}\boldsymbol{A}&\boldsymbol{O}\\ \boldsymbol{C}&\boldsymbol{B}\end{bmatrix}$$

可逆,且

$$D^{-1}=\begin{bmatrix}A^{-1} & O\\ -B^{-1}CA^{-1} & B^{-1}\end{bmatrix}.$$

证 设有 $r+s$ 阶可逆矩阵 X,将 X 按 D 相同的分块方法分块,

$$X=\begin{bmatrix}X_{11} & X_{12}\\ X_{21} & X_{22}\end{bmatrix},$$

其中 X_{11},X_{22} 分别为 r 阶,s 阶方阵.令 $DX=E$,得

$$\begin{bmatrix}A & O\\ C & B\end{bmatrix}\begin{bmatrix}X_{11} & X_{12}\\ X_{21} & X_{22}\end{bmatrix}=\begin{bmatrix}E_r & O\\ O & E_s\end{bmatrix}.$$

所以

$$\begin{bmatrix}AX_{11} & AX_{12}\\ CX_{11}+BX_{21} & CX_{12}+BX_{22}\end{bmatrix}=\begin{bmatrix}E_r & O\\ O & E_s\end{bmatrix}.$$

从而

$$\begin{cases}AX_{11}=E_r, & (1)\\ AX_{12}=O, & (2)\\ CX_{11}+BX_{21}=O, & (3)\\ CX_{12}+BX_{22}=E_s. & (4)\end{cases}$$

方程(1)与(2)两边同时左乘 A^{-1},有

$A^{-1}AX_{11}=A^{-1}E_r$,$X_{11}=A^{-1}$;$A^{-1}AX_{12}=A^{-1}O$,$X_{12}=O$.分别代入(3)和(4),得

$$CA^{-1}+BX_{21}=O,\qquad BX_{22}=E_s.$$

从而

$$X_{21}=-B^{-1}CA^{-1},\qquad X_{22}=B^{-1},$$

因此有

$$X=\begin{bmatrix}A^{-1} & O\\ -B^{-1}CA^{-1} & B^{-1}\end{bmatrix},$$

使 $DX=E$,故 D 可逆,且 $D^{-1}=X$.

同理,还可以证明,

$$\begin{bmatrix}A & C\\ O & B\end{bmatrix}^{-1}=\begin{bmatrix}A^{-1} & -A^{-1}CB^{-1}\\ O & B^{-1}\end{bmatrix}.$$

对于三角分块矩阵的行列式有如下结果:

若 A,B 分别为 m 阶和 n 阶方阵,$*$ 表示非零矩阵,则

$$\begin{vmatrix} \boldsymbol{A} & \boldsymbol{O} \\ * & \boldsymbol{B} \end{vmatrix} = \begin{vmatrix} \boldsymbol{A} & * \\ \boldsymbol{O} & \boldsymbol{B} \end{vmatrix} = |\boldsymbol{A}|\cdot|\boldsymbol{B}|, \begin{vmatrix} \boldsymbol{O} & \boldsymbol{A} \\ \boldsymbol{B} & * \end{vmatrix} = \begin{vmatrix} * & \boldsymbol{A} \\ \boldsymbol{B} & \boldsymbol{O} \end{vmatrix} = (-1)^{m\times n}|\boldsymbol{A}|\cdot|\boldsymbol{B}|.$$

例 5 求解方程

$$f(x)=\begin{vmatrix} x-2 & x-1 & x-2 & x-3 \\ 2x-2 & 2x-1 & 2x-2 & 2x-3 \\ 3x-3 & 3x-2 & 4x-5 & 3x-5 \\ 4x & 4x-3 & 5x-7 & 4x-3 \end{vmatrix}=0.$$

解 将行列式的第一列的-1倍，分别加到二、三、四列，得

$$f(x)=\begin{vmatrix} x-2 & 1 & 0 & -1 \\ 2x-2 & 1 & 0 & -1 \\ 3x-3 & 1 & x-2 & -2 \\ 4x & -3 & x-7 & -3 \end{vmatrix}=\begin{vmatrix} x-2 & 1 & 0 & 0 \\ 2x-2 & 1 & 0 & 0 \\ 3x-3 & 1 & x-2 & -1 \\ 4x & -3 & x-7 & -6 \end{vmatrix}$$

$$=\begin{vmatrix} x-2 & 1 \\ 2x-2 & 1 \end{vmatrix}\cdot\begin{vmatrix} x-2 & -1 \\ x-7 & -6 \end{vmatrix}=(-x)(-5x+5)=0.$$

故方程的解为 $x_1=0$， $x_2=1$.

§2.5 矩阵的初等变换和初等矩阵

矩阵的初等变换在线性方程组的求解以及矩阵理论的研究等方面具有重要作用. 本节主要介绍初等变换和初等矩阵，并给出利用矩阵的初等变换求逆矩阵的方法.

2.5.1 矩阵的初等变换

定义 1 矩阵的行初等变换指的是下面三种变换：

(1)换法变换：交换矩阵的某两行；

(2)倍法变换：用不为零的数 k 乘矩阵某一行的所有元素；

(3)消法变换：将矩阵某一行元素的 k 倍加到另一行对应元素上去.

如果将上述定义中的“行”换成“列”，即对矩阵的列作上面三种变换，就称为矩阵的列初等变换.

矩阵的行初等变换和列初等变换统称为矩阵的**初等变换**.

当矩阵 $\boldsymbol{A}$ 经过初等变换变化为矩阵 $\boldsymbol{B}$ 时，记为 $\boldsymbol{A}\to\boldsymbol{B}$. 为注明所使用的变换，规定将行变换标记在箭头上方，列变换标记在箭头下方. 三种初等变换通常采用以下记号：

(1)$[i,j]$表示交换矩阵的 i,j 两行(列)；

(2)$[i(k)]$表示数 k 乘矩阵第 i 行(列)的所有元素；

(3)$[i(k)+j]$表示矩阵第 i 行(列)元素的 k 倍加到第 j 行(列)对应元素上去.

例如，

$$\begin{bmatrix}2&1&0&1\\1&0&0&-1\\0&0&4&6\end{bmatrix}\xrightarrow{[1,2]}\begin{bmatrix}1&0&0&-1\\2&1&0&1\\0&0&4&6\end{bmatrix}$$

$$\xrightarrow{[1(-2)+2]}\begin{bmatrix}1&0&0&-1\\0&1&0&3\\0&0&4&6\end{bmatrix}\xrightarrow[{\left[3\left(\frac{1}{4}\right)\right]}]{}\begin{bmatrix}1&0&0&-1\\0&1&0&3\\0&0&1&6\end{bmatrix}$$

利用初等行变换可以把矩阵化为阶梯形式的矩阵，称之为**行阶梯形矩阵**. 所谓行阶梯形矩阵是指满足下面两个条件的矩阵：

(1)若有零行，零行都在非零行的下方(元素全为零的行称为零行，否则称为非零行)；

(2)从第一行起，每一行自左向右第一个非零元素前面零的个数逐行增加.

例如

$$\begin{bmatrix}1&2&1&3\\0&0&2&2\\0&0&0&0\end{bmatrix},\ \begin{bmatrix}0&1&2&2&3\\0&0&1&2&1\\0&0&0&0&1\end{bmatrix}$$

都是行阶梯形矩阵.

行阶梯形矩阵的一般形式为

$$\left.\begin{bmatrix}b_1&*&\cdots&\cdots&\cdots&\cdots&*&*&\cdots&\cdots&\cdots&*\\0&\cdots&0&b_2&*&\cdots&*&*&\cdots&\cdots&\cdots&*\\\vdots&\cdots&\cdots&0&\cdots&\cdots&0&\cdots&\cdots&\cdots&\cdots&\vdots\\0&\cdots&\cdots&\cdots&\cdots&\cdots&0&b_{r-1}&*&\cdots&\cdots&*\\0&\cdots&\cdots&\cdots&\cdots&\cdots&\cdots&\cdots&b_r&*&\cdots&*\\0&\cdots&\cdots&\cdots&\cdots&\cdots&\cdots&\cdots&0&\cdots&\cdots&0\\\vdots&\vdots&\vdots&\vdots&\vdots&\vdots&\vdots&\vdots&\vdots&\vdots&\vdots&\vdots\\0&\cdots&\cdots&\cdots&\cdots&\cdots&\cdots&\cdots&\cdots&\cdots&\cdots&0\end{bmatrix}\right\} r\text{ 行}.$$

定理 1　行初等变换可以把矩阵 A 化为行阶梯形矩阵.

(证明略).

用行初等变换还可以把行阶梯形矩阵化为简化行阶梯形矩阵：

$$
\begin{bmatrix}
1 & * & 0 & \cdots & * & 0 & * & \cdots & * & 0 & * & \cdots & * \\
 & & 1 & \cdots & * & 0 & * & \cdots & * & 0 & * & \cdots & * \\
 & & & & & 1 & * & \cdots & * & \vdots & * & \cdots & * \\
 & & & & & & & & & \cdots & \cdots & \cdots & \cdots \\
 & & & 0 & & & & & & 1 & * & \cdots & * \\
 & & & & & & & & & 0 & \cdots & \cdots & *
\end{bmatrix}
\left.\begin{matrix} \\ \\ \\ \\ \\ \end{matrix}\right\} r\text{行} .
$$

所谓简化行阶梯形矩阵是指阶梯形矩阵中非零行第一个**非零**元素为 1，且其所对应的列的其他元素都为零. 例如

$$
\begin{bmatrix}
1 & 3 & 0 & -1 & 0 \\
0 & 0 & 1 & 1 & 0 \\
0 & 0 & 0 & 0 & 1 \\
0 & 0 & 0 & 0 & 0
\end{bmatrix}.
$$

进一步，通过行初等变换和列初等变换，可以把矩阵 $\boldsymbol{A}$ 化为最简的形式

$$
\boldsymbol{A} \to \begin{bmatrix}
1 & & & & & \\
 & \ddots & & & & \\
 & & 1 & & & \\
 & & & 0 & & \\
 & & & & \ddots & \\
 & & & & & 0
\end{bmatrix} = \begin{bmatrix} \boldsymbol{E}_r & O \\ O & O \end{bmatrix}. \tag{1}
$$

(1)称为标准形.

若矩阵 $\boldsymbol{A}$ 通过初等变换化为(1)的形式，则称 $\boldsymbol{A}$ 等价于**标准形**.

例 1 用行初等变换将矩阵

$$
\boldsymbol{A} = \begin{bmatrix}
1 & -1 & 0 & 0 & 2 \\
2 & 3 & 0 & -2 & 1 \\
-1 & 1 & 0 & 0 & -2 \\
1 & 2 & 3 & 2 & 2
\end{bmatrix}
$$

化为行阶梯形矩阵和简化行阶梯形矩阵.

解 对 $\boldsymbol{A}$ 作行初等变换，则有

$$
\boldsymbol{A} = \begin{bmatrix}
1 & -1 & 0 & 0 & 2 \\
2 & 3 & 0 & -2 & 1 \\
-1 & 1 & 0 & 0 & -2 \\
1 & 2 & 3 & 2 & 2
\end{bmatrix}
\xrightarrow[{[1(-2)+2]}]{\substack{[1(-1)+4] \\ [1(1)+3]}}
\begin{bmatrix}
1 & -1 & 0 & 0 & 2 \\
0 & 5 & 0 & -2 & -3 \\
0 & 0 & 0 & 0 & 0 \\
0 & 3 & 3 & 2 & 0
\end{bmatrix}
$$

$$\xrightarrow{[3,4]}\begin{bmatrix}1 & -1 & 0 & 0 & 2\\0 & 5 & 0 & -2 & -3\\0 & 3 & 3 & 2 & 0\\0 & 0 & 0 & 0 & 0\end{bmatrix}\xrightarrow{\left[2\left(-\frac{3}{5}\right)+3\right]}\begin{bmatrix}1 & -1 & 0 & 0 & 2\\0 & 5 & 0 & -2 & -3\\0 & 0 & 3 & \frac{16}{5} & \frac{9}{5}\\0 & 0 & 0 & 0 & 0\end{bmatrix},$$

这就是行阶梯形矩阵,进一步化为简化行阶梯形矩阵:

$$A=\begin{bmatrix}1 & 0 & 0 & -\frac{2}{5} & \frac{7}{5}\\0 & 1 & 0 & -\frac{2}{5} & -\frac{3}{5}\\0 & 0 & 1 & \frac{16}{15} & \frac{9}{15}\\0 & 0 & 0 & 0 & 0\end{bmatrix}.$$

例 2 用行、列初等变换把

$$A=\begin{bmatrix}0 & 0 & 3 & 2\\2 & 6 & -4 & 5\\1 & 3 & -2 & 2\\-1 & -3 & 4 & 0\end{bmatrix}$$

化为标准形.

解

$$A\xrightarrow{[1,3]}\begin{bmatrix}1 & 3 & -2 & 2\\2 & 6 & -4 & 5\\0 & 0 & 3 & 2\\-1 & -3 & 4 & 0\end{bmatrix}\xrightarrow[{[1+4]}]{[1(-2)+2]}\begin{bmatrix}1 & 3 & -2 & 2\\0 & 0 & 0 & 1\\0 & 0 & 3 & 2\\0 & 0 & 2 & 2\end{bmatrix}$$

$$\xrightarrow[{[2(-2)+4]}]{[2(-2)+3]}\begin{bmatrix}1 & 3 & -2 & 2\\0 & 0 & 0 & 1\\0 & 0 & 3 & 0\\0 & 0 & 2 & 0\end{bmatrix}\xrightarrow{\left[3\left(-\frac{2}{3}\right)+4\right]\ \left[3\left(\frac{1}{3}\right)\right]\ [2,3]}\begin{bmatrix}1 & 3 & -2 & 2\\0 & 0 & 1 & 0\\0 & 0 & 0 & 1\\0 & 0 & 0 & 0\end{bmatrix}$$

$$\xrightarrow[{[1(-3)+2]\ [1(2)+3]\ [1(-2)+4]}]{}\begin{bmatrix}1 & 0 & 0 & 0\\0 & 0 & 1 & 0\\0 & 0 & 0 & 1\\0 & 0 & 0 & 0\end{bmatrix}\xrightarrow[{[3,4]}]{[2,3]}\begin{bmatrix}1 & 0 & 0 & 0\\0 & 1 & 0 & 0\\0 & 0 & 1 & 0\\0 & 0 & 0 & 0\end{bmatrix}.$$

这样就将 A 化为了标准形.

可见用行初等变换可以把 A 化为行阶梯形或简化行阶梯形矩阵,但若要把矩阵化为标准形,一般必须经行初等变换和列初等变换才能完成.

2.5.2 初等矩阵

初等变换可以用一些特殊的矩阵来表示,这些矩阵是通过单位矩阵变换来的,叫做**初等矩阵**.

定义 2 单位矩阵 E 经过一次初等变换得到的矩阵称为初等矩阵.

(1)**换法矩阵**:单位矩阵 E 的 i,j 两行(列)交换一次得到的矩阵称为**换法矩阵**,用 P_{ij} 表示.

$$
P_{ij}=\begin{bmatrix}
1 & & & & & & & & \\
 & \ddots & & & & & & & \\
 & & 1 & & & & & & \\
 & & & 0 & \cdots & 1 & \cdots & \cdots & \cdots \\
 & & & \vdots & \ddots & \vdots & & & \\
 & & & 1 & \cdots & 0 & \cdots & \cdots & \cdots \\
 & & & \vdots & & \vdots & 1 & & \\
 & & & \vdots & & \vdots & & \ddots & \\
 & & & \vdots & & \vdots & & & 1
\end{bmatrix}
\begin{matrix} \\ \\ \\ \leftarrow(i) \\ \\ \leftarrow(j) \\ \\ \\ \\ \end{matrix}
$$

$$
\begin{matrix} \uparrow & \quad & \uparrow \\ (i) & & (j) \end{matrix}
$$

(2)**倍法矩阵**:用非零常数 k 乘以单位矩阵 E 的第 i 行(列)得到的矩阵称为**倍法矩阵**,用 $M_i(k)$表示.

$$
M_i(k)=\begin{bmatrix}
1 & & & & & & \\
 & \ddots & & & & & \\
 & & 1 & & & & \\
 & & & k & \cdots & \cdots & \cdots \\
 & & & \vdots & 1 & & \\
 & & & \vdots & & \ddots & \\
 & & & \vdots & & & 1
\end{bmatrix}
\begin{matrix} \\ \\ \\ \leftarrow(i) \\ \\ \\ \\ \end{matrix}
$$

$$
\begin{matrix} \uparrow \\ (i) \end{matrix}
$$

(3)**消法矩阵**:用常数 k 乘 E 的第 i 行,再加到第 j 行上去所得到的矩阵称为**行消法矩阵**,用 $E_{ij}(k)$表示.

$$
E_{ij}(k)=\begin{bmatrix}
1 & & & & & & \\
 & \ddots & & & & & \\
 & & 1 & \cdots & \cdots & \cdots & \cdots \\
 & & \vdots & \ddots & & & \\
 & & k & \cdots & 1 & \cdots & \cdots \\
 & & & & & \ddots & \\
 & & & & & & 1
\end{bmatrix}
\begin{matrix} \\ \\ \leftarrow(i) \\ \\ \leftarrow(j) \\ \\ \\ \end{matrix}
$$

常数 k 乘 $\boldsymbol{E}$ 的第 i 列，再加到第 j 列上去所得到的矩阵称为**列消法矩阵**. 显然它是行消法矩阵 $\boldsymbol{E}_{ij}(k)$ 的转置，故用 $\boldsymbol{E}_{ij}^{\mathrm{T}}(k)$ 表示.

显然，初等矩阵具有如下性质：

(1)初等矩阵是可逆矩阵. 这是因为

$$|\boldsymbol{P}_{ij}|=-1,\quad |\boldsymbol{M}_i(k)|=k\neq 0,\quad |\boldsymbol{E}_{ij}(k)|=1.$$

(2)初等矩阵的逆矩阵仍然是同类型的初等矩阵.

$$\boldsymbol{P}_{ij}^{-1}=\boldsymbol{P}_{ij},\boldsymbol{M}_i^{-1}(k)=\boldsymbol{M}_i(k^{-1}),\boldsymbol{E}_{ij}^{-1}(k)=\boldsymbol{E}_{ij}(-k).$$

下面将看到，对矩阵 $\boldsymbol{A}$ 作初等变换可以转化为初等矩阵与矩阵 $\boldsymbol{A}$ 的乘积来表示.

例如，设矩阵

$$\boldsymbol{A}=\begin{bmatrix} a_{11} & a_{12} & a_{13} \\ a_{21} & a_{22} & a_{23} \\ a_{31} & a_{32} & a_{33} \end{bmatrix},$$

则

$$(1)\begin{bmatrix} 0 & 1 & 0 \\ 1 & 0 & 0 \\ 0 & 0 & 1 \end{bmatrix}\begin{bmatrix} a_{11} & a_{12} & a_{13} \\ a_{21} & a_{22} & a_{23} \\ a_{31} & a_{32} & a_{33} \end{bmatrix}=\begin{bmatrix} a_{21} & a_{22} & a_{23} \\ a_{11} & a_{12} & a_{13} \\ a_{31} & a_{32} & a_{33} \end{bmatrix}=\boldsymbol{B},$$

$$\begin{bmatrix} a_{11} & a_{12} & a_{13} \\ a_{21} & a_{22} & a_{23} \\ a_{31} & a_{32} & a_{33} \end{bmatrix}\begin{bmatrix} 0 & 1 & 0 \\ 1 & 0 & 0 \\ 0 & 0 & 1 \end{bmatrix}=\begin{bmatrix} a_{12} & a_{11} & a_{13} \\ a_{22} & a_{21} & a_{23} \\ a_{32} & a_{31} & a_{33} \end{bmatrix}=\boldsymbol{B}',$$

即 $\boldsymbol{P}_{12}\boldsymbol{A}\Leftrightarrow\boldsymbol{A}\xrightarrow{[1,2]}\boldsymbol{B}$，　　$\boldsymbol{A}\boldsymbol{P}_{12}\Leftrightarrow\boldsymbol{A}\xrightarrow[{[1,2]}]{}\boldsymbol{B}'$；

$$(2)\begin{bmatrix} 1 & 0 & 0 \\ 0 & k & 0 \\ 0 & 0 & 1 \end{bmatrix}\begin{bmatrix} a_{11} & a_{12} & a_{13} \\ a_{21} & a_{22} & a_{23} \\ a_{31} & a_{32} & a_{33} \end{bmatrix}=\begin{bmatrix} a_{11} & a_{12} & a_{13} \\ ka_{21} & ka_{22} & ka_{23} \\ a_{31} & a_{32} & a_{33} \end{bmatrix}=\boldsymbol{C},$$

$$\begin{bmatrix} a_{11} & a_{12} & a_{13} \\ a_{21} & a_{22} & a_{23} \\ a_{31} & a_{32} & a_{33} \end{bmatrix}\begin{bmatrix} 1 & 0 & 0 \\ 0 & k & 0 \\ 0 & 0 & 1 \end{bmatrix}=\begin{bmatrix} a_{11} & ka_{12} & a_{13} \\ a_{21} & ka_{22} & a_{23} \\ a_{31} & ka_{32} & a_{33} \end{bmatrix}=\boldsymbol{C}',$$

即 $\boldsymbol{M}_2(k)\boldsymbol{A}\Leftrightarrow\boldsymbol{A}\xrightarrow{[2(k)]}\boldsymbol{C}$，　$\boldsymbol{A}\boldsymbol{M}_2(k)\Leftrightarrow\boldsymbol{A}\xrightarrow[{[2(k)]}]{}\boldsymbol{C}'$；

$$(3)\begin{bmatrix} 1 & 0 & 0 \\ 0 & 1 & 0 \\ k & 0 & 1 \end{bmatrix}\begin{bmatrix} a_{11} & a_{12} & a_{13} \\ a_{21} & a_{22} & a_{23} \\ a_{31} & a_{32} & a_{33} \end{bmatrix}=\begin{bmatrix} a_{11} & a_{12} & a_{13} \\ a_{21} & a_{22} & a_{23} \\ ka_{11}+a_{31} & ka_{12}+a_{32} & ka_{13}+a_{33} \end{bmatrix}=\boldsymbol{D},$$

$$\begin{bmatrix} a_{11} & a_{12} & a_{13} \\ a_{21} & a_{22} & a_{23} \\ a_{31} & a_{32} & a_{33} \end{bmatrix}\begin{bmatrix} 1 & 0 & k \\ 0 & 1 & 0 \\ 0 & 0 & 1 \end{bmatrix}=\begin{bmatrix} a_{11} & a_{12} & ka_{11}+a_{13} \\ a_{21} & a_{22} & ka_{21}+a_{23} \\ a_{31} & a_{32} & ka_{31}+a_{33} \end{bmatrix}=\boldsymbol{D}',$$

即 $E_{13}(k)A \Leftrightarrow A \xrightarrow{[1(k)+3]} D$, $\quad AE_{13}^{T}(k) \Leftrightarrow A \xrightarrow[{[1(k)+3]}]{} D'$.

上述三个例子表明,初等矩阵左乘矩阵 A,相当于对 A 分别施行了三种与初等矩阵同类型的行初等变换;初等矩阵右乘矩阵 A,相当于对 A 分别施行了三种与初等矩阵同类型的列初等变换.

一般地,我们有:

定理 2 设 A 是 $m\times n$ 矩阵,用 m 阶初等矩阵左乘矩阵 A,相当于对 A 作一次相应的行初等变换;用 n 阶初等矩阵右乘矩阵 A,相当于对 A 作一次相应的列初等变换.

例 3 计算

$$\begin{bmatrix}0&1&0\\1&0&0\\0&0&1\end{bmatrix}^{2003}\begin{bmatrix}1&2&3\\4&5&6\\7&8&9\end{bmatrix}\begin{bmatrix}0&0&1\\0&1&0\\1&0&0\end{bmatrix}^{2004}.$$

解 设 $A=\begin{bmatrix}1&2&3\\4&5&6\\7&8&9\end{bmatrix}$,矩阵 A 左侧的矩阵 $P_{12}=\begin{bmatrix}0&1&0\\1&0&0\\0&0&1\end{bmatrix}$是初等矩阵,右侧的矩阵 $P_{13}=\begin{bmatrix}0&0&1\\0&1&0\\1&0&0\end{bmatrix}$也是初等矩阵. P_{12} 左乘以 A 相当于交换 A 的一、二行,而 $P_{12}{}^{2003}A$ 相当于将 A 的一、二行交换了奇数次,因而

$$P_{12}{}^{2003}A=\begin{bmatrix}4&5&6\\1&2&3\\7&8&9\end{bmatrix}=B;$$

而 B 右乘以 P_{13} 即是对矩阵 B 作一、三列的交换,BP_{13}^{2004} 表明共交换了偶数次,因而 $BP_{13}^{2004}=B$. 所以,

$$\begin{bmatrix}0&1&0\\1&0&0\\0&0&1\end{bmatrix}^{2003}\begin{bmatrix}1&2&3\\4&5&6\\7&8&9\end{bmatrix}\begin{bmatrix}0&0&1\\0&1&0\\1&0&0\end{bmatrix}^{2004}=\begin{bmatrix}4&5&6\\1&2&3\\7&8&9\end{bmatrix}.$$

例 4 用初等矩阵把

$$A=\begin{bmatrix}1&2&3\\4&5&6\\7&8&9\end{bmatrix}$$

化为标准形.

解 对 A 施行行初等变换,

$$A \xrightarrow[{[1(-7)+3]}]{[1(-4)+2]} \begin{bmatrix} 1 & 2 & 3 \\ 0 & -3 & -6 \\ 0 & -6 & -12 \end{bmatrix} \xrightarrow[{\left[2\left(-\frac{1}{3}\right)\right]}]{[2(-2)+3]} \begin{bmatrix} 1 & 2 & 3 \\ 0 & 1 & 2 \\ 0 & 0 & 0 \end{bmatrix},$$

这些行初等变换用初等矩阵来表示，即为

$$\begin{bmatrix} 1 & 0 & 0 \\ 0 & -\frac{1}{3} & 0 \\ 0 & 0 & 1 \end{bmatrix} \begin{bmatrix} 1 & 0 & 0 \\ 0 & 1 & 0 \\ 0 & -2 & 1 \end{bmatrix} \begin{bmatrix} 1 & 0 & 0 \\ 0 & 1 & 0 \\ -7 & 0 & 1 \end{bmatrix} \begin{bmatrix} 1 & 0 & 0 \\ -4 & 1 & 0 \\ 0 & 0 & 1 \end{bmatrix} \begin{bmatrix} 1 & 2 & 3 \\ 4 & 5 & 6 \\ 7 & 8 & 9 \end{bmatrix} = \begin{bmatrix} 1 & 2 & 3 \\ 0 & 1 & 2 \\ 0 & 0 & 0 \end{bmatrix} = \boldsymbol{B}.$$

对 $\boldsymbol{B}$ 施行列初等变换，

$$\boldsymbol{B} \xrightarrow[{[1(-3)+3]}]{[1(-2)+2]} \begin{bmatrix} 1 & 0 & 0 \\ 0 & 1 & 2 \\ 0 & 0 & 0 \end{bmatrix} \xrightarrow{[2(-2)+3]} \begin{bmatrix} 1 & 0 & 0 \\ 0 & 1 & 0 \\ 0 & 0 & 0 \end{bmatrix},$$

这些列初等变换用初等矩阵表示，即为

$$\boldsymbol{B} = \begin{bmatrix} 1 & 2 & 3 \\ 0 & 1 & 2 \\ 0 & 0 & 1 \end{bmatrix} \begin{bmatrix} 1 & -2 & 0 \\ 0 & 1 & 0 \\ 0 & 0 & 1 \end{bmatrix} \begin{bmatrix} 1 & 0 & -3 \\ 0 & 1 & 0 \\ 0 & 0 & 0 \end{bmatrix} \begin{bmatrix} 1 & 0 & 0 \\ 0 & 1 & -2 \\ 0 & 0 & 1 \end{bmatrix} = \begin{bmatrix} 1 & 0 & 0 \\ 0 & 1 & 0 \\ 0 & 0 & 0 \end{bmatrix}.$$

例 4 表明，若矩阵 $\boldsymbol{A}_{m\times n}$ 可以经过若干行、列初等变换化为标准形，则存在与行初等变换对应的 m 阶初等矩阵 $\boldsymbol{P}_1,\boldsymbol{P}_2,\cdots,\boldsymbol{P}_t$ 和与列初等变换对应的初等矩阵 $\boldsymbol{Q}_1,\boldsymbol{Q}_2,\cdots\boldsymbol{Q}_s$，使得

$$\boldsymbol{P}_t\boldsymbol{P}_{t-1}\cdots\boldsymbol{P}_2\boldsymbol{P}_1\boldsymbol{A}\boldsymbol{Q}_1\boldsymbol{Q}_2\cdots\boldsymbol{Q}_s = \begin{bmatrix} \boldsymbol{E}_r & \boldsymbol{O} \\ \boldsymbol{O} & \boldsymbol{O} \end{bmatrix}.$$

令 $\boldsymbol{P}=\boldsymbol{P}_t\boldsymbol{P}_{t-1}\cdots\boldsymbol{P}_2\boldsymbol{P}_1$，$\boldsymbol{Q}=\boldsymbol{Q}_1\boldsymbol{Q}_2\cdots\boldsymbol{Q}_s$，$\boldsymbol{P},\boldsymbol{Q}$ 都可逆，上式可写成

$$\boldsymbol{PAQ} = \begin{bmatrix} \boldsymbol{E}_r & \boldsymbol{O} \\ \boldsymbol{O} & \boldsymbol{O} \end{bmatrix}.$$

其中，$\boldsymbol{E}_r$ 为 r 阶单位矩阵，于是有下面的定理：

定理 3　设 $\boldsymbol{A}$ 为 $m\times n$ 阶矩阵，则存在 m 阶可逆矩阵 $\boldsymbol{P}$ 和 n 阶可逆矩阵 $\boldsymbol{Q}$，使 $\boldsymbol{A}$ 等价于其标准形，即

$$\boldsymbol{PAQ} = \begin{bmatrix} \boldsymbol{E}_r & \boldsymbol{O} \\ \boldsymbol{O} & \boldsymbol{O} \end{bmatrix}.$$

2.5.3　求逆矩阵的初等变换方法

定理 4　若 n 阶矩阵 $\boldsymbol{A}$ 可逆，则可以通过行初等变换将 $\boldsymbol{A}$ 化为单位矩阵 $\boldsymbol{E}$.

证　因为 $\boldsymbol{A}$ 可逆，所以 $\boldsymbol{A}$ 的第一列元素不全为零，不妨设 $a_{11}\neq 0$. 将 $\boldsymbol{A}$ 的第一行元素乘

以$\frac{1}{a_{11}}$,然后再将变换后的第一行乘以$-a_{i1}$加到第i行$(i=2,\cdots,n)$,使第一列其他元素全化为零,得到如下形式的矩阵:

$$\boldsymbol{B}_1=\begin{bmatrix}1 & * & \cdots & * \\ 0 & & & \\ \vdots & & \boldsymbol{A}_1 & \\ 0 & & & \end{bmatrix}.$$

由定理 2 知,$\boldsymbol{B}_1=\boldsymbol{F}_m\cdots\boldsymbol{F}_2\boldsymbol{F}_1\boldsymbol{A}$,其中$\boldsymbol{F}_1,\boldsymbol{F}_2,\cdots,\boldsymbol{F}_m$是对$\boldsymbol{A}$作上述行初等变换所对应的初等矩阵.由$|\boldsymbol{A}|\neq 0$,$|\boldsymbol{F}_i|\neq 0(i=1,2,\cdots,m)$,则$|\boldsymbol{B}_1|\neq 0$,所以$|\boldsymbol{A}_1|\neq 0$,于是$\boldsymbol{A}_1$的第一列元素不全为零.这样可以用同样的方法,使$\boldsymbol{B}_1$的第二行第二列交叉处元素化为 1,第二列的其他元素全化为零,而得到

$$\boldsymbol{B}_2=\begin{bmatrix}1 & 0 & * & \cdots & * \\ 0 & 1 & * & \cdots & * \\ \vdots & \vdots & & \boldsymbol{A}_2 & \\ 0 & 0 & & & \end{bmatrix}.$$

这样一直进行下去,最终就把$\boldsymbol{A}$化成单位矩阵$\boldsymbol{E}$.

推论 方阵$\boldsymbol{A}$可逆的充分必要条件是$\boldsymbol{A}$可以表示为有限个初等矩阵的乘积.

证 (必要性)因为$\boldsymbol{A}$可逆,由定理 4,$\boldsymbol{A}$经过有限次的行初等变换可化为单位阵$\boldsymbol{E}$.即存在初等矩阵$\boldsymbol{F}_1,\boldsymbol{F}_2,\cdots,\boldsymbol{F}_s$使$\boldsymbol{E}=\boldsymbol{F}_s\cdots\boldsymbol{F}_2\boldsymbol{F}_1\boldsymbol{A}$,从而

$$\boldsymbol{A}=\boldsymbol{F}_1^{-1}\boldsymbol{F}_2^{-1}\cdots\boldsymbol{F}_{s-1}^{-1}\boldsymbol{F}_s^{-1}\boldsymbol{E}=\boldsymbol{F}_1^{-1}\boldsymbol{F}_2^{-1}\cdots\boldsymbol{F}_{s-1}^{-1}\boldsymbol{F}_s^{-1},$$

而$\boldsymbol{F}_1^{-1},\boldsymbol{F}_2^{-1},\cdots,\boldsymbol{F}_{s-1}^{-1},\boldsymbol{F}_s^{-1}$是初等矩阵.

(充分性)如果$\boldsymbol{A}$可表示为有限个初等矩阵的乘积,因为初等矩阵都是可逆的,而可逆矩阵的乘积仍然可逆的,所以$\boldsymbol{A}$是可逆矩阵.

由定理 4 及其推论知,当$\boldsymbol{A}$可逆时,有初等矩阵$\boldsymbol{F}_1,\boldsymbol{F}_2,\cdots,\boldsymbol{F}_s$,使$\boldsymbol{F}_s\cdots\boldsymbol{F}_2\boldsymbol{F}_1\boldsymbol{A}=\boldsymbol{E}$,两端右乘以$\boldsymbol{A}^{-1}$,得$\boldsymbol{F}_s\cdots\boldsymbol{F}_2F_1\boldsymbol{A}\boldsymbol{A}^{-1}=\boldsymbol{E}\boldsymbol{A}^{-1}$,即

$$\boldsymbol{F}_s\cdots\boldsymbol{F}_2\boldsymbol{F}_1\boldsymbol{E}=\boldsymbol{A}^{-1}.$$

比较

$$\boldsymbol{F}_s\cdots\boldsymbol{F}_2\boldsymbol{F}_1\boldsymbol{A}=\boldsymbol{E}\text{ 与 }\boldsymbol{F}_s\cdots\boldsymbol{F}_2\boldsymbol{F}_1\boldsymbol{E}=\boldsymbol{A}^{-1},$$

我们看到,若对矩阵$\boldsymbol{A}$施行行初等变换将$\boldsymbol{A}$化为单位矩阵$\boldsymbol{E}$,则对$\boldsymbol{E}$施行同样的行初等变换,$\boldsymbol{E}$将化为$\boldsymbol{A}^{-1}$.因此,利用行初等变换求逆矩阵的方法是:

构造一个$n\times 2n$矩阵$(\boldsymbol{A}|\boldsymbol{E})$,对矩阵$(\boldsymbol{A}|\boldsymbol{E})$施行行初等变换,当$\boldsymbol{A}$变成单位矩阵$\boldsymbol{E}$时,单位矩阵$E$则变成$\boldsymbol{A}^{-1}$,即

$$(\boldsymbol{A}|\boldsymbol{E})\xrightarrow{\text{行变换}}(\boldsymbol{E}|\boldsymbol{A}^{-1}).$$

例 5 求矩阵 $\boldsymbol{A}$ 的逆矩阵，其中

$$\boldsymbol{A}=\begin{bmatrix}2&2&3\\1&-1&0\\-2&2&1\end{bmatrix}.$$

解 因为 $|\boldsymbol{A}|=-4\neq 0$，则 $\boldsymbol{A}$ 可逆，所以

$$(\boldsymbol{A}|\boldsymbol{E})=\left[\begin{array}{ccc|ccc}2&2&3&1&0&0\\1&-1&0&0&1&0\\-2&2&1&0&0&1\end{array}\right]\xrightarrow{[1,2]}\left[\begin{array}{ccc|ccc}1&-1&0&0&1&0\\2&2&3&1&0&0\\-2&2&1&0&0&1\end{array}\right]$$

$$\xrightarrow{[1(-2)+2]}\left[\begin{array}{ccc|ccc}1&-1&0&0&1&0\\0&4&3&1&-2&0\\-2&2&1&0&0&1\end{array}\right]\xrightarrow{[1(2)+3]}\left[\begin{array}{ccc|ccc}1&-1&0&0&1&0\\0&4&3&1&-2&0\\0&0&1&0&2&1\end{array}\right]$$

$$\xrightarrow{[3(-3)+2]}\left[\begin{array}{ccc|ccc}1&-1&0&0&1&0\\0&4&0&1&-8&-3\\0&0&1&0&2&1\end{array}\right]\xrightarrow{\left[2\left(\frac{1}{4}\right)\right]}\left[\begin{array}{ccc|ccc}1&-1&0&0&1&0\\0&1&0&\frac{1}{4}&-2&-\frac{3}{4}\\0&0&1&0&2&1\end{array}\right]$$

$$\xrightarrow{[2(1)+1]}\left[\begin{array}{ccc|ccc}1&0&0&\frac{1}{4}&-1&-\frac{3}{4}\\0&1&0&\frac{1}{4}&-2&-\frac{3}{4}\\0&0&1&0&2&1\end{array}\right]=(\boldsymbol{E}|\boldsymbol{A}^{-1}).$$

因此

$$\boldsymbol{A}^{-1}=\begin{bmatrix}\frac{1}{4}&-1&-\frac{3}{4}\\\frac{1}{4}&-2&-\frac{3}{4}\\0&2&1\end{bmatrix}.$$

例 6 设 $\boldsymbol{A}=\begin{bmatrix}1&1&0\\0&1&1\\1&0&1\end{bmatrix}$，$\boldsymbol{B}=\begin{bmatrix}1&1&1\\1&1&2\\1&2&1\end{bmatrix}$，求 $\boldsymbol{A}^{-1}\boldsymbol{B}$.

解法 1 按照例 5 的方法，首先求得

$$\boldsymbol{A}^{-1}=\frac{1}{2}\begin{bmatrix}1&-1&1\\1&1&-1\\-1&1&1\end{bmatrix},$$

则
$$A^{-1}B=\frac{1}{2}\begin{bmatrix}1&-1&1\\1&1&-1\\-1&1&1\end{bmatrix}\begin{bmatrix}1&1&1\\1&1&2\\1&2&1\end{bmatrix}=\begin{bmatrix}\frac{1}{2}&1&0\\\frac{1}{2}&0&1\\\frac{1}{2}&1&1\end{bmatrix}.$$

解法 2 构造一个 $n\times 2n$ 矩阵 $(A|B)$，对矩阵 $(A|B)$ 作行初等变换，当 A 变成单位矩阵 E 时，矩阵 B 则变成 $A^{-1}B$. 即 $(A|B)\xrightarrow{\text{行变换}}(E|A^{-1}B)$.

事实上，因为 A 可逆，则有初等矩阵 $F_1,F_2,\cdots,F_s$，使 $F_s\cdots F_2F_1A=E$. 式子两端右乘以 $A^{-1}B$，得 $F_s\cdots F_2F_1AA^{-1}B=EA^{-1}B$，即 $F_s\cdots F_2F_1B=A^{-1}B$.

$$(A|B)=\left[\begin{array}{ccc|ccc}1&1&0&1&1&1\\0&1&1&1&1&2\\1&0&1&1&2&1\end{array}\right]\xrightarrow[{[1(-1)+3]}]{\substack{[2(-1)+1]\\ [2(1)+3]}}\left[\begin{array}{ccc|ccc}1&0&-1&0&0&-1\\0&1&1&1&1&2\\0&0&2&1&2&2\end{array}\right]$$

$$\xrightarrow{\left[3\left(\frac{1}{2}\right)\right]}\left[\begin{array}{ccc|ccc}1&0&-1&0&0&-1\\0&1&1&1&1&2\\0&0&1&\frac{1}{2}&1&1\end{array}\right]\xrightarrow[{[3(-1)+2]}]{[2(1)+1]}\left[\begin{array}{ccc|ccc}1&0&0&\frac{1}{2}&1&0\\0&1&0&\frac{1}{2}&0&1\\0&0&1&\frac{1}{2}&1&1\end{array}\right].$$

§2.6 矩阵的秩

2.6.1 矩阵秩的概念

定义 1 设 A 是 $m\times n$ 矩阵，在 A 中任取 k 行 k 列 $(1\leqslant k\leqslant \min\{m,n\})$，位于 k 行 k 列交叉位置上的 k^2 个元素，按原有的次序组成的 k 阶行列式，称为 A 的 k 阶子式.

显然，$m\times n$ 矩阵 A 的 k 阶子式共有 $C_m^kC_n^k$ 个.

例如，矩阵

$$A=\begin{bmatrix}1&1&0&2\\-1&1&2&1\\0&0&3&2\end{bmatrix}$$

的一阶子式有 12 个，它们分别是 A 的每个元素构成的一阶行列式；A 的二阶子式有 18 个，其中位于第一行、第三行及第二列、第四列交叉位置上的元素组成的一个二阶子式为

$$\begin{vmatrix}1&2\\0&2\end{vmatrix};$$

$\boldsymbol{A}$ 的三阶子式共有 4 个，它们是

$$\begin{vmatrix}1&1&0\\-1&1&2\\0&0&3\end{vmatrix},\begin{vmatrix}1&1&2\\-1&1&1\\0&0&2\end{vmatrix},\begin{vmatrix}1&0&2\\1&2&1\\0&3&2\end{vmatrix},\begin{vmatrix}1&0&2\\-1&2&1\\0&3&2\end{vmatrix}.$$

特别地，若矩阵 $\boldsymbol{A}$ 是 n 阶方阵，在 $\boldsymbol{A}$ 的 k 阶子式中，以 $\boldsymbol{A}$ 的主对角线上的元素为其主对角线元素的子式称为 $\boldsymbol{A}$ 的 k **阶主子式**.

例如，对于三阶方阵 $\boldsymbol{A}=\begin{bmatrix}1&5&2\\-1&9&1\\6&1&2\end{bmatrix}$，它的一阶主子式为 $|1|,|9|,|2|$；二阶主子式为 $\begin{vmatrix}1&5\\-1&9\end{vmatrix},\begin{vmatrix}9&1\\1&2\end{vmatrix},\begin{vmatrix}1&2\\6&2\end{vmatrix}$；三阶主子式为 $|\boldsymbol{A}|$.

定义 2　若矩阵 $\boldsymbol{A}$ 有一个 r 阶子式不为零，而所有 $r+1$ 阶子式（如果存在的话）全等于零，则称 r 为矩阵 $\boldsymbol{A}$ 的秩，记作 $r(\boldsymbol{A})$ 或 r_A.

规定零矩阵的秩为零.

在矩阵 $\boldsymbol{A}$ 中，当所有 $r+1$ 阶子式全等于零时，根据行列式的定义，矩阵 $\boldsymbol{A}$ 中所有高于 $r+1$ 阶的子式（如果存在的话）也都等于零. 因此，**矩阵 $\boldsymbol{A}$ 的秩就是矩阵 $\boldsymbol{A}$ 中不等于零的子式的最高阶数.**

由秩的定义知：

(1) 若 $\boldsymbol{A}$ 是 $m\times n$ 矩阵，则 $r(\boldsymbol{A})\leqslant\min\{m,n\}$.

(2) 如果 $m\times n$ 矩阵 $\boldsymbol{A}$ 中有一个 r 阶子式不等于零，则 $r(\boldsymbol{A})\geqslant r$；如果所有 $r+1$ 阶子式全等于零，则 $r(\boldsymbol{A})\leqslant r$.

(3) $r(\boldsymbol{A})=r(\boldsymbol{A}^{\mathrm{T}})$. 这是因为矩阵 $\boldsymbol{A}$ 的每一个子式的转置都是其转置矩阵 $\boldsymbol{A}^{\mathrm{T}}$ 中的一个子式.

(4) $r(k\boldsymbol{A})=r(\boldsymbol{A}),k\neq0$.

(5) 对 n 阶方阵 $\boldsymbol{A}$，若 $|\boldsymbol{A}|\neq0$，则 $r(\boldsymbol{A})=n$；若 $|\boldsymbol{A}|=0$，则 $r(\boldsymbol{A})<n$. 反之亦然.

对于 n 阶方阵 $\boldsymbol{A}$，若 $r(\boldsymbol{A})=n$，则称 $\boldsymbol{A}$ 为**满秩矩阵**；若 $r(\boldsymbol{A})<n$，则称 $\boldsymbol{A}$ 为**降秩矩阵**. 于是，**n 阶方阵 $\boldsymbol{A}$ 可逆的充分必要条件是 $\boldsymbol{A}$ 满秩.**

例 1　求下列矩阵的秩：

$$(1)\boldsymbol{A}=\begin{bmatrix}1&2\\2&4\end{bmatrix};\quad(2)\boldsymbol{B}=\begin{bmatrix}1&2&6\\2&4&2\end{bmatrix};\quad(3)\boldsymbol{C}=\begin{bmatrix}1&2&3&2\\2&4&6&4\\3&0&9&6\end{bmatrix}.$$

解　(1) $\boldsymbol{A}$ 的最高阶子式为二阶子式 $|\boldsymbol{A}|$，且 $|\boldsymbol{A}|=\begin{vmatrix}1&2\\2&4\end{vmatrix}=0$，但 $\boldsymbol{A}$ 的一阶子式不为零，所以 $r(\boldsymbol{A})=1$.

(2) $\boldsymbol{B}$ 的最高阶子式为二阶子式，而在二阶子式中，存在一个非零子式 $\begin{vmatrix}1&6\\2&2\end{vmatrix}=-10\neq$

0，所以 $r(\boldsymbol{B})=2$.

(3)$\boldsymbol{C}$ 的最高阶子式为三阶子式，而全部的三阶子式都等于零，即

$$\begin{vmatrix}1&2&3\\2&4&6\\3&0&9\end{vmatrix}=\begin{vmatrix}1&2&2\\2&4&4\\3&0&6\end{vmatrix}=\begin{vmatrix}2&3&2\\4&6&4\\0&9&6\end{vmatrix}=\begin{vmatrix}1&3&2\\2&6&4\\3&9&6\end{vmatrix}=0.$$

但二阶子式 $\begin{vmatrix}1&2\\3&0\end{vmatrix}=-6\neq0$，所以 $r(\boldsymbol{C})=2$.

由例(1)可见，利用定义计算矩阵的秩，需要由高阶到低阶考虑矩阵的子式，当矩阵的行数与列数较多时，用定义求矩阵的秩并非易事；但若矩阵是行阶梯形矩阵，其秩就很容易判断，行阶梯形矩阵的秩实际上就是非零行的个数，而任意矩阵都可以经过初等变换化为行阶梯形矩阵，因而可考虑借助初等变换法来求矩阵的秩. 下面我们介绍用初等变换求秩的方法.

2.6.2 利用初等变换求矩阵的秩

定理1 初等变换不改变矩阵的秩.

证 仅就行初等变换给出证明.

(1)换法变换：交换矩阵 $\boldsymbol{A}$ 的某两行，得到矩阵 $\boldsymbol{B}$. 显然，$\boldsymbol{B}$ 的子式与 $\boldsymbol{A}$ 中对应的子式或者相同，或者只差一个符号，故 $r(\boldsymbol{A})=r(\boldsymbol{B})$.

(2)倍法变换：用数 $k(k\neq0)$ 乘矩阵 $\boldsymbol{A}$ 的某一行，得到矩阵 $\boldsymbol{B}$. 由于行列式的某一行乘以常数 $k(k\neq0)$ 相当于 k 与行列式的乘积，所以 $\boldsymbol{B}$ 与 $\boldsymbol{A}$ 中对应的子式或者相等，或者是 $\boldsymbol{A}$ 的子式的 k 倍，所以 $r(\boldsymbol{A})=r(\boldsymbol{B})$.

(3)消法变换：矩阵中 $\boldsymbol{A}$ 第 j 行的 k 倍加到第 i 行上去，得到矩阵 $\boldsymbol{B}$.

$$\boldsymbol{A}=\begin{bmatrix}a_{11}&a_{12}&\cdots&a_{1n}\\\vdots&\vdots&&\vdots\\a_{i1}&a_{i2}&\cdots&a_{in}\\\vdots&\vdots&&\vdots\\a_{j1}&a_{j2}&\cdots&a_{jn}\\\vdots&\vdots&&\vdots\\a_{m1}&a_{m2}&\cdots&a_{mn}\end{bmatrix}$$

$$\xrightarrow{[j(k)+i]}\begin{bmatrix}a_{11}&a_{12}&\cdots&a_{1n}\\\vdots&\vdots&&\vdots\\a_{i1}+ka_{j1}&a_{i2}+ka_{j2}&\cdots&a_{in}+ka_{jn}\\\vdots&\vdots&&\vdots\\a_{j1}&a_{j2}&\cdots&a_{jn}\\\vdots&\vdots&&\vdots\\a_{m1}&a_{m2}&\cdots&a_{mn}\end{bmatrix}=\boldsymbol{B}.$$

首先证明 $r(\boldsymbol{B})\leqslant r(\boldsymbol{A})$.

设 $r(\boldsymbol{A})=r$. 若矩阵 $\boldsymbol{B}$ 中没有阶数大于 r 的子式,当然也不会有阶数大于 r 的非零子式,故 $r(\boldsymbol{B})\leqslant r(\boldsymbol{A})$. 设矩阵 $\boldsymbol{B}$ 含有 $r+1$ 阶子式 D_{r+1},则有三种情形:

1)D_{r+1} 不包含 $\boldsymbol{B}$ 的第 i 行元素,此时 D_{r+1} 也是 $\boldsymbol{A}$ 中的 $r+1$ 阶子式,所以 $D_{r+1}=0$;

2)D_{r+1} 包含 $\boldsymbol{B}$ 的 i,j 两行元素,此时由行列式的性质可知,$D_{r+1}=0$;

3)D_{r+1} 包含 $\boldsymbol{B}$ 的第 i 行元素,但不包含 $\boldsymbol{B}$ 中的第 j 行元素,此时

$$D_{r+1}=\begin{vmatrix} \cdots & \cdots & \cdots & \cdots \\ a_{it_1}+ka_{jt_1} & a_{it_2}+ka_{jt_2} & \cdots & a_{it_{r+1}}+ka_{jt_{r+1}} \\ \cdots & \cdots & \cdots & \cdots \end{vmatrix} \leftarrow (i)$$

$$=\begin{vmatrix} \cdots & \cdots & \cdots & \cdots \\ a_{it_1} & a_{it_2} & \cdots & a_{it_{r+1}} \\ \cdots & \cdots & \cdots & \cdots \end{vmatrix}+k\begin{vmatrix} \cdots & \cdots & \cdots & \cdots \\ a_{jt_1} & a_{jt_2} & \cdots & a_{jt_{r+1}} \\ \cdots & \cdots & \cdots & \cdots \end{vmatrix} \leftarrow (i)$$

$$\underline{\text{记作}}\ D_1+kD_2.$$

其中,D_1 是 $\boldsymbol{A}$ 中的一个 $r+1$ 阶子式,而 D_2 与 $\boldsymbol{A}$ 的一个 $r+1$ 阶子式最多相差一个符号,所以 $D_1=0,D_2=0$,即 $D_{r+1}=0$.

以上说明,$\boldsymbol{B}$ 中所有 $r+1$ 阶子式都等于零,所以 $r(\boldsymbol{B})\leqslant r=r(\boldsymbol{A})$,即 $r(\boldsymbol{B})\leqslant r(\boldsymbol{A})$.

同理,对矩阵 $\boldsymbol{B}$ 作行初等变换得到 $\boldsymbol{A}$,又有 $r(\boldsymbol{A})\leqslant r(\boldsymbol{B})$.

综上所述,$r(\boldsymbol{A})=r(\boldsymbol{B})$.

以上过程说明,矩阵经过一次初等变换,矩阵的秩不会改变,自然经过有限次初等变换,矩阵的秩仍然不变. 总之,初等变换不改变矩阵的秩.

定理 2　设 $\boldsymbol{P},\boldsymbol{Q}$ 分别为 m 阶和 n 阶可逆矩阵,则对于任一 $m\times n$ 矩阵 $\boldsymbol{A}$,都有 $r(\boldsymbol{PAQ})=r(\boldsymbol{A})$.

证　设 $\boldsymbol{PAQ}=\boldsymbol{B}$,由于 $\boldsymbol{P},\boldsymbol{Q}$ 可逆,根据第五节定理 4 之推论,$\boldsymbol{P},\boldsymbol{Q}$ 皆可表示为有限个初等矩阵的乘积. 设 $\boldsymbol{P}=\boldsymbol{P}_s\cdots\boldsymbol{P}_2\boldsymbol{P}_1$,$\boldsymbol{Q}=\boldsymbol{Q}_1\boldsymbol{Q}_2\cdots\boldsymbol{Q}_t$,于是

$$\boldsymbol{P}_s\cdots\boldsymbol{P}_2\boldsymbol{P}_1\boldsymbol{A}\boldsymbol{Q}_1\boldsymbol{Q}_2\cdots\boldsymbol{Q}_t=\boldsymbol{B}.$$

上式表明,矩阵 $\boldsymbol{A}$ 经过有限次初等变换化为矩阵 $\boldsymbol{B}$,由定理 1,初等变换不改变矩阵的秩,故 $r(\boldsymbol{B})=r(\boldsymbol{PAQ})=r(\boldsymbol{A})$.

用矩阵秩的概念,第五节定理 3 可以表达为:

定理 3　若矩阵 $\boldsymbol{A}$ 的秩为 r,则必存在可逆矩阵 $\boldsymbol{P},\boldsymbol{Q}$,使得

$$\boldsymbol{PAQ}=\begin{bmatrix} \boldsymbol{E}_r & \boldsymbol{O} \\ \boldsymbol{O} & \boldsymbol{O} \end{bmatrix},$$

其中 $\boldsymbol{E}_r$ 为 r 阶单位矩阵.

定理 3 又可叙述为:任何一个秩为 r 的矩阵 $\boldsymbol{A}$ 都可以通过初等变换化为标准形.

显然有：

(1)等秩的同型矩阵有相同的标准形；

(2)可逆的 n 阶矩阵的标准形是 n 阶单位矩阵 $\boldsymbol{E}$.

由定理 3，矩阵 $\boldsymbol{A}$ 经过一系列的初等变换化成的标准形 $\boldsymbol{D}_r$，其形式非常简单，在它的分块矩阵中，左上角是单位矩阵 $\boldsymbol{E}_r$. 显然该单位矩阵构成的行列式是标准形 $\boldsymbol{D}_r$ 的最高阶的非零子式，因此单位矩阵的阶数 r 即为标准形 $\boldsymbol{D}_r$ 的秩，也就是矩阵 $\boldsymbol{A}$ 的秩. 所以将一个矩阵化为标准形能够很容易地求得该矩阵的秩.

然而必须明白，若仅求矩阵 $\boldsymbol{A}$ 的秩，只需要将 $\boldsymbol{A}$ 化为行阶梯形矩阵 $\boldsymbol{B}$ 即可. 显然，**行阶梯形矩阵 $\boldsymbol{B}$ 的非零行的个数，即为矩阵 $\boldsymbol{A}$ 的秩.**

例 2 求矩阵

$$\boldsymbol{A}=\begin{bmatrix}1 & -1 & 0 & 0 & 2\\ 2 & 3 & 0 & -2 & 1\\ -1 & 1 & 0 & 0 & -2\\ 1 & 2 & 3 & 2 & 2\end{bmatrix}$$

的秩.

解 对 $\boldsymbol{A}$ 作行初等变换，将其化成行阶梯形矩阵：

$$\boldsymbol{A}=\begin{bmatrix}1 & -1 & 0 & 0 & 2\\ 2 & 3 & 0 & -2 & 1\\ -1 & 1 & 0 & 0 & -2\\ 1 & 2 & 3 & 2 & 2\end{bmatrix}\xrightarrow[{[1(-2)+2]}]{\substack{[1(-1)+4]\\ [1(1)+3]}}\begin{bmatrix}1 & -1 & 0 & 0 & 2\\ 0 & 5 & 0 & -2 & -3\\ 0 & 0 & 0 & 0 & 0\\ 0 & 3 & 3 & 2 & 0\end{bmatrix}$$

$$\xrightarrow{[3,4]}\begin{bmatrix}1 & -1 & 0 & 0 & 2\\ 0 & 5 & 0 & -2 & -3\\ 0 & 3 & 3 & 2 & 0\\ 0 & 0 & 0 & 0 & 0\end{bmatrix}\xrightarrow{\left[2\left(-\frac{3}{5}\right)+3\right]}\begin{bmatrix}1 & -1 & 0 & 0 & 2\\ 0 & 5 & 0 & -2 & 1\\ 0 & 0 & 3 & \frac{16}{5} & \frac{9}{5}\\ 0 & 0 & 0 & 0 & 0\end{bmatrix}.$$

所以，$r(\boldsymbol{A})=3$.

例 3 设方阵

$$\boldsymbol{A}=\begin{bmatrix}1 & 1 & 2\\ 0 & 2 & -1\\ 2 & 3 & 1\end{bmatrix},$$

判断 $\boldsymbol{A}$ 是否可逆.

解法 1 因为 $|\boldsymbol{A}|=\begin{vmatrix}1 & 1 & 2\\ 0 & 2 & -1\\ 2 & 3 & 1\end{vmatrix}=-5\neq 0$，所以 $\boldsymbol{A}$ 满秩，故可逆.

解法 2 用行初等变换将 $\boldsymbol{A}$ 化成行阶梯形矩阵，

$$\begin{bmatrix}1&1&2\\0&2&-1\\2&3&1\end{bmatrix}\xrightarrow{[1(-2)+3]}\begin{bmatrix}1&1&2\\0&2&-1\\0&1&-3\end{bmatrix}\xrightarrow{\left[2\left(-\frac{1}{2}\right)+3\right]}\begin{bmatrix}1&1&2\\0&2&-1\\0&0&-\frac{5}{2}\end{bmatrix},$$

所以 $r(\boldsymbol{A})=3$，$\boldsymbol{A}$ 满秩，故可逆.

2.6.3 矩阵秩的一些重要结论

我们知道，$m\times n$ 矩阵 $\boldsymbol{A}$ 的秩有如下简单的不等式：

$$r(\boldsymbol{A})\leqslant\min\{m,n\}.$$

下面讨论矩阵秩的不等式.

定理 4 **两矩阵乘积的秩不大于各因子矩阵的秩，即**

$$r(\boldsymbol{AB})\leqslant\min\{r(\boldsymbol{A}),r(\boldsymbol{B})\}.$$

证 设 $\boldsymbol{A},\boldsymbol{B}$ 分别为 $m\times k$ 和 $k\times n$ 矩阵，且 $r(\boldsymbol{A})=r$，由定理 3，必有可逆矩阵 $\boldsymbol{P}_{m\times m}$，$\boldsymbol{Q}_{k\times k}$，使得

$$\boldsymbol{A}=\boldsymbol{P}^{-1}\begin{bmatrix}\boldsymbol{E}_r&\boldsymbol{O}\\\boldsymbol{O}&\boldsymbol{O}\end{bmatrix}\boldsymbol{Q}^{-1},$$

于是，

$$\boldsymbol{AB}=\boldsymbol{P}^{-1}\begin{bmatrix}\boldsymbol{E}_r&\boldsymbol{O}\\\boldsymbol{O}&\boldsymbol{O}\end{bmatrix}\boldsymbol{Q}^{-1}\boldsymbol{B}.$$

令 $\boldsymbol{Q}^{-1}\boldsymbol{B}=\begin{bmatrix}\boldsymbol{C}_1\\\boldsymbol{C}_2\end{bmatrix}$，$\boldsymbol{C}_1$ 为 $r\times n$ 矩阵，则

$$\boldsymbol{AB}=\boldsymbol{P}^{-1}\begin{bmatrix}\boldsymbol{E}_r&\boldsymbol{O}\\\boldsymbol{O}&\boldsymbol{O}\end{bmatrix}\begin{bmatrix}\boldsymbol{C}_1\\\boldsymbol{C}_2\end{bmatrix}=\boldsymbol{P}^{-1}\begin{bmatrix}\boldsymbol{C}_1\\\boldsymbol{O}\end{bmatrix},$$

从而，

$$r(\boldsymbol{AB})=r\left(\boldsymbol{P}^{-1}\begin{bmatrix}\boldsymbol{C}_1\\\boldsymbol{O}\end{bmatrix}\right)=r\begin{bmatrix}\boldsymbol{C}_1\\\boldsymbol{O}\end{bmatrix}=r(\boldsymbol{C}_1)\leqslant r=r(\boldsymbol{A}).$$

同理，$r(\boldsymbol{AB})\leqslant r(\boldsymbol{B})$.

定理 5 **设 $\boldsymbol{A},\boldsymbol{B}$ 均为 n 阶方阵，则 $r(\boldsymbol{AB})\geqslant r(\boldsymbol{A})+r(\boldsymbol{B})-n$.**

证 设 $r(\boldsymbol{A})=r$，$r(\boldsymbol{B})=s$，由定理 3，必有 n 阶可逆矩阵 $\boldsymbol{P}_1,\boldsymbol{Q}_1$ 及 $\boldsymbol{P}_2,\boldsymbol{Q}_2$，使得

$$\boldsymbol{P}_1\boldsymbol{A}\boldsymbol{Q}_1=\begin{bmatrix}\boldsymbol{E}_r&\boldsymbol{O}\\\boldsymbol{O}&\boldsymbol{O}\end{bmatrix},\qquad \boldsymbol{P}_2\boldsymbol{B}\boldsymbol{Q}_2=\begin{bmatrix}\boldsymbol{E}_s&\boldsymbol{O}\\\boldsymbol{O}&\boldsymbol{O}\end{bmatrix},$$

于是，$P_1ABQ_2=P_1AQ_1(Q_1^{-1}P_2^{-1})P_2BQ_2$. 令 $C=Q_1^{-1}P_2^{-1}=(c_{ij})_{n\times n}$，则

$$P_1ABQ_2=\begin{bmatrix}E_r & O\\ O & O\end{bmatrix}\begin{bmatrix}c_{11} & c_{12} & \cdots & c_{1n}\\ c_{21} & c_{22} & \cdots & c_{2n}\\ \vdots & \vdots & \ddots & \vdots\\ c_{n1} & c_{n2} & \cdots & c_{nn}\end{bmatrix}\begin{bmatrix}E_s & O\\ O & O\end{bmatrix}$$

$$=\begin{bmatrix}c_{11} & c_{12} & \cdots & c_{1s} & 0 & \cdots & 0\\ \vdots & \vdots & & \vdots & \vdots & & \vdots\\ c_{r1} & c_{r2} & \cdots & c_{rs} & 0 & \cdots & 0\\ 0 & 0 & \cdots & 0 & 0 & \cdots & 0\\ \vdots & \vdots & & \vdots & \vdots & & \vdots\\ 0 & 0 & \cdots & 0 & 0 & \cdots & 0\end{bmatrix}=\begin{bmatrix}\overline{C}_{r\times s} & O\\ O & O\end{bmatrix}.$$

其中，子矩阵$\overline{C}_{r\times s}=\begin{bmatrix}c_{11} & c_{12} & \cdots & c_{1s}\\ \vdots & \vdots & & \vdots\\ c_{r1} & c_{r2} & \cdots & c_{rs}\end{bmatrix}$是可逆矩阵 C 中划去后 $n-r$ 行和后 $n-s$ 列而得到的矩阵.

因为任一矩阵每减少一行(或一列)，其秩的减小不大于 1，故有

$$r(\overline{C}_{r\times s})\geqslant r(C)-[(n-r)+(n-s)]=r+s-n.$$

其中，$r(C)=n$，因而

$$r(P_1ABQ_2)=r\begin{bmatrix}\overline{C}_{r\times s} & O\\ O & O\end{bmatrix}=r(\overline{C}_{r\times s})\geqslant r+s-n,$$

即 $r(AB)\geqslant r+s-n$.

推论 设 A,B 分别为 $m\times n$ 和 $n\times p$ 矩阵，$AB=O$，则

$$r(A)+r(B)\leqslant n.$$

定理 6 设 A,B 均为 $m\times n$ 矩阵，则 $r(A+B)\leqslant r(A)+r(B)$.

例 4 设 A,B 均为 n 阶方阵，$ABA=B^{-1}$，E 为 n 阶单位矩阵，证明：

$$r(E-AB)+r(E+AB)=n.$$

证 因为 $ABA=B^{-1}$，则 $ABAB=B^{-1}B=E$，从而 $(E-AB)(E+AB)=O$，由定理 5 之推论，$r(E-AB)+r(E+AB)\leqslant n$；

又 $(E-AB)+(E+AB)=2E$，由定理 6，$r(E-AB)+r(E+AB)\geqslant r(2E)=n$；因此，

$$r(E-AB)+r(E+AB)=n.$$

例 5 已知 $Q=\begin{bmatrix}1 & 2 & 3\\ 2 & 4 & t\\ 3 & 6 & 9\end{bmatrix}$，$P$ 为 3 阶非零矩阵，且 $PQ=O$，求 $r(P)$.

解 因为 $\boldsymbol{P},\boldsymbol{Q}$ 均为3阶方阵，又 $\boldsymbol{PQ}=\boldsymbol{O}$，由定理5之推论，$r(\boldsymbol{P})+r(\boldsymbol{Q})\leqslant 3$. 观察矩阵 $\boldsymbol{Q}$，可见：

当 $t=6$ 时，$\boldsymbol{Q}=\begin{bmatrix}1&2&3\\2&4&6\\3&6&9\end{bmatrix}$，$r(\boldsymbol{Q})=1$，于是 $r(\boldsymbol{P})\leqslant 2$；

当 $t\neq 6$ 时，$r(\boldsymbol{Q})=2$，于是 $r(\boldsymbol{P})\leqslant 1$. 但 $\boldsymbol{P}$ 为3阶非零矩阵，所以 $r(\boldsymbol{P})\geqslant 1$，故此时 $r(\boldsymbol{P})=1$.

2.6.4 等价矩阵

定义3 如果矩阵 $\boldsymbol{A}$ 经过初等变换化为矩阵 $\boldsymbol{B}$，则称 $\boldsymbol{A}$ 与 $\boldsymbol{B}$ 等价，记作 $\boldsymbol{A}\cong\boldsymbol{B}$.

显然，每个矩阵与其标准形等价.

根据初等变换的定义，矩阵的等价具有以下性质：

(1)自反性：$\boldsymbol{A}\cong\boldsymbol{A}$；

(2)对称性：若 $\boldsymbol{A}\cong\boldsymbol{B}$，则 $\boldsymbol{B}\cong\boldsymbol{A}$；

(3)传递性：若 $\boldsymbol{A}\cong\boldsymbol{B},\boldsymbol{B}\cong\boldsymbol{C}$，则 $\boldsymbol{A}\cong\boldsymbol{C}$.

定理7 设 $\boldsymbol{A},\boldsymbol{B}$ 是同型矩阵，则 $\boldsymbol{A}\cong\boldsymbol{B}$ 的充分必要条件是 $r(\boldsymbol{A})=r(\boldsymbol{B})$.

证(必要性) 若 $\boldsymbol{A}\cong\boldsymbol{B}$，由定理1，初等变换不改变矩阵的秩，故 $r(\boldsymbol{A})=r(\boldsymbol{B})$；

(充分性) 若 $r(\boldsymbol{A})=r(\boldsymbol{B})$，且 $\boldsymbol{A},\boldsymbol{B}$ 同型，由定理3，等秩的矩阵有相同的标准形 $\boldsymbol{D}_r$，即 $\boldsymbol{A}\cong\boldsymbol{D}_r,\boldsymbol{B}\cong\boldsymbol{D}_r$，即 $\boldsymbol{A}\cong\boldsymbol{D}_r\cong\boldsymbol{B}$.

推论 n 阶方阵 $\boldsymbol{A}$ 可逆的充分必要条件是 $\boldsymbol{A}\cong\boldsymbol{E}$.

定理8 $m\times n$ 矩阵 $\boldsymbol{A},\boldsymbol{B}$ 等价的充分必要条件是，存在满秩矩阵 $\boldsymbol{P},\boldsymbol{Q}$，使得 $\boldsymbol{B}=\boldsymbol{PAQ}$.

证(必要性) 若 $\boldsymbol{A}\cong\boldsymbol{B}$，则有初等矩阵 $\boldsymbol{P}_1,\boldsymbol{P}_2,\cdots,\boldsymbol{P}_s$ 及 $\boldsymbol{Q}_1,\boldsymbol{Q}_2,\cdots,\boldsymbol{Q}_t$，使得

$$\boldsymbol{B}=\boldsymbol{P}_s\cdots\boldsymbol{P}_2\boldsymbol{P}_1\boldsymbol{A}\boldsymbol{Q}_1\boldsymbol{Q}_2\cdots\boldsymbol{Q}_t.$$

令 $\boldsymbol{P}=\boldsymbol{P}_s\cdots\boldsymbol{P}_2\boldsymbol{P}_1,\boldsymbol{Q}=\boldsymbol{Q}_1\boldsymbol{Q}_2\cdots\boldsymbol{Q}_t$，由第5节定理4之推论，$\boldsymbol{P},\boldsymbol{Q}$ 满秩，且 $\boldsymbol{B}=\boldsymbol{PAQ}$.

(充分性) 因 $\boldsymbol{P},\boldsymbol{Q}$ 满秩，则 $\boldsymbol{P},\boldsymbol{Q}$ 可以表示为一系列初等矩阵的乘积，而 $\boldsymbol{B}=\boldsymbol{PAQ}$ 表示矩阵 $\boldsymbol{A}$ 经过初等变换化为 $\boldsymbol{B}$，故 $\boldsymbol{A}\cong\boldsymbol{B}$.

□ 习题二

1. 举例说明 n 阶行列式与 n 阶矩阵的概念有何不同.

2. 设 $\boldsymbol{A}=\begin{bmatrix}2+x&y\\2&1+z\end{bmatrix}$， $\boldsymbol{B}=\begin{bmatrix}y+2x&0\\z+x&1\end{bmatrix}$，且 $\boldsymbol{A}=\boldsymbol{B}$，求 x,y,z.

3. 计算：

(1) $\begin{bmatrix}-1&1\\2&3\end{bmatrix}+\begin{bmatrix}2&-1\\3&-1\end{bmatrix}$；　(2) $3\begin{bmatrix}1&2&3\\-2&4&1\end{bmatrix}-2\begin{bmatrix}1&0&1\\-1&2&1\end{bmatrix}$.

4. 计算：

(1) $\begin{bmatrix} 2 & 3 \\ -1 & 4 \end{bmatrix}\begin{bmatrix} 3 & -2 \\ 1 & -1 \end{bmatrix}$；　　(2) $\begin{bmatrix} 1 & 2 & 3 \\ -2 & 0 & 1 \\ 0 & 1 & 2 \end{bmatrix}\begin{bmatrix} 2 & 2 \\ -1 & 0 \\ 0 & 1 \end{bmatrix}$；

(3) $(-1 \quad 2 \quad -3)\begin{bmatrix} 2 \\ 1 \\ 2 \end{bmatrix}$；　　(4) $\begin{bmatrix} 1 \\ 2 \\ 1 \end{bmatrix}(2 \quad 3 \quad 4)$；

(5) $(x,y,z)\begin{bmatrix} 1 & -1 & 0 \\ -1 & 2 & 3 \\ 0 & 3 & 1 \end{bmatrix}\begin{bmatrix} x \\ y \\ z \end{bmatrix}$.

5. 求与下列矩阵可交换的矩阵：

(1) $\begin{bmatrix} 0 & 0 & 1 \\ 1 & 0 & 0 \\ 0 & 1 & 0 \end{bmatrix}$；　　(2) $\begin{bmatrix} 1 & 0 & 0 \\ 0 & 2 & 0 \\ 0 & 0 & 3 \end{bmatrix}$.

6. 计算：

(1) $\begin{bmatrix} \cos\theta & \sin\theta \\ -\sin\theta & \cos\theta \end{bmatrix}^k$，$k$ 是正整数；　　(2) $\begin{bmatrix} 0 & 1 & 0 \\ 0 & 0 & 1 \\ 0 & 0 & 0 \end{bmatrix}^n$，$n \geqslant 2$.

7. 判断下列命题是否正确并说明理由：

(1) $(\boldsymbol{A}-\boldsymbol{B})(\boldsymbol{A}+\boldsymbol{B})=\boldsymbol{A}^2-\boldsymbol{B}^2$；

(2) $\boldsymbol{AB}=\boldsymbol{O}$，则 $\boldsymbol{A}=\boldsymbol{O}$ 或 $\boldsymbol{B}=\boldsymbol{O}$；

(3) $\boldsymbol{AB}=\boldsymbol{E}$，则 $\boldsymbol{A}=\boldsymbol{B}=\boldsymbol{E}$；

(4) $\boldsymbol{A}^2=\boldsymbol{E}$，则 $\boldsymbol{A}=\pm\boldsymbol{E}$；

(5) 设 $\boldsymbol{A},\boldsymbol{E}$ 为 n 阶方阵，则 $(\boldsymbol{A}-\boldsymbol{E})(\boldsymbol{A}+\boldsymbol{E})=(\boldsymbol{A}+\boldsymbol{E})(\boldsymbol{A}-\boldsymbol{E})$；

(6) 若矩阵 $\boldsymbol{A}$ 有一行为零，则乘积矩阵 $\boldsymbol{AB}$ 也有一行为零；

(7) 若矩阵 $\boldsymbol{A}$ 有一列为零，则乘积矩阵 $\boldsymbol{AB}$ 也有一列为零.

8. 如果 $\boldsymbol{A}=\frac{1}{2}(\boldsymbol{B}+\boldsymbol{E})$，证明 $\boldsymbol{A}^2=\boldsymbol{A}$ 的充分必要条件是 $\boldsymbol{B}^2=\boldsymbol{E}$.

9. 若矩阵 $\boldsymbol{B}$ 满足 $\boldsymbol{A}^2=\boldsymbol{A},\boldsymbol{B}^2=\boldsymbol{B}$，证明：

(1) 如果 $(\boldsymbol{A}+\boldsymbol{B})^2=\boldsymbol{A}+\boldsymbol{B}$，则 $\boldsymbol{AB}+\boldsymbol{BA}=\boldsymbol{O}$；

(2) 如果 $\boldsymbol{AB}=\boldsymbol{BA}$，则 $(\boldsymbol{A}+\boldsymbol{B}-\boldsymbol{AB})^2=\boldsymbol{A}+\boldsymbol{B}-\boldsymbol{AB}$.

10. 对于任意方阵 $\boldsymbol{A}$，证明：

(1) $\boldsymbol{A}+\boldsymbol{A}^{\mathrm{T}}$ 是对称矩阵，$\boldsymbol{A}-\boldsymbol{A}^{\mathrm{T}}$ 是反对称矩阵；

(2) $\boldsymbol{A}$ 可以表示为对称矩阵和反对称矩阵的和.

11. 判断下列命题是否正确并说明理由：

(1) 设 $\boldsymbol{A},\boldsymbol{B},\boldsymbol{E}$ 为 n 阶方阵，则行列式 $|\boldsymbol{A}+\boldsymbol{BA}|=0$ 的充要条件是 $|\boldsymbol{A}|=0$ 或 $|\boldsymbol{B}+\boldsymbol{E}|=0$；

(2)设 $\boldsymbol{A}$ 为 $n\times 1$ 矩阵，$\boldsymbol{B}$ 为 $1\times n$ 矩阵，则 $|\boldsymbol{AB}|=|\boldsymbol{A}||\boldsymbol{B}|$；

(3)设 $\boldsymbol{P}$ 为可逆矩阵，若 $\boldsymbol{B}=\boldsymbol{P}^{-1}\boldsymbol{AP}$，则 $|\boldsymbol{B}|=|\boldsymbol{A}|$；

(4)若 $\boldsymbol{A}$ 为 n 阶方阵且 $\boldsymbol{A}^{-1}=\boldsymbol{A}^{\mathrm{T}}$，则 $|\boldsymbol{A}|=\pm 1$.

12. 设 $\boldsymbol{A}$ 为 n 阶反对称矩阵，证明 $|\boldsymbol{A}^2-\boldsymbol{E}|=(-1)^n|\boldsymbol{A}+\boldsymbol{E}|^2$.

13. 设 $\boldsymbol{A},\boldsymbol{B}$ 为 n 阶可逆矩阵，$k\neq 0$，证明：

(1)$(\boldsymbol{AB})^*=\boldsymbol{B}^*\boldsymbol{A}^*$；　(2)$(k\boldsymbol{A})^*=k^{n-1}\boldsymbol{A}^*$；　(3)$(\boldsymbol{A}^*)^{\mathrm{T}}=(\boldsymbol{A}^{\mathrm{T}})^*$；

(4)$(\boldsymbol{A}^*)^{-1}=(\boldsymbol{A}^{-1})^*$；　(5)$|\boldsymbol{A}^*|=|\boldsymbol{A}|^{n-1}$.

14. $\boldsymbol{A}$ 为 n 阶可逆矩阵，$|\boldsymbol{A}|=2$，计算 $\left|\left(\frac{1}{2}\boldsymbol{A}\right)^{-1}-3\boldsymbol{A}^*\right|$.

15. 利用伴随矩阵求下列矩阵的逆矩阵：

(1) $\begin{bmatrix}1&2&-3\\0&1&2\\0&0&1\end{bmatrix}$；　(2) $\begin{bmatrix}1&0&4\\2&2&7\\0&1&2\end{bmatrix}$；

(3) $\begin{bmatrix}-11&2&2\\-4&0&1\\6&-1&-1\end{bmatrix}$；　(4) $\begin{bmatrix}1&1&1&1\\1&1&-1&-1\\1&-1&1&-1\\1&-1&-1&1\end{bmatrix}$.

16. (1)若 $\boldsymbol{A}^3+2\boldsymbol{A}^2+\boldsymbol{A}-\boldsymbol{E}=\boldsymbol{O}$，证明 $\boldsymbol{A}$ 可逆，并求 $\boldsymbol{A}^{-1}$；

(2)若 $\boldsymbol{A}^2-\boldsymbol{A}-4\boldsymbol{E}=\boldsymbol{O}$，证明 $\boldsymbol{A}+\boldsymbol{E}$ 可逆，并求 $(\boldsymbol{A}+\boldsymbol{E})^{-1}$.

17. 利用逆矩阵求解线性方程组：

(1) $\begin{cases}x_1-x_2+3x_3=1\\2x_1-x_2+4x_3=0\\-x_1+2x_2-4x_3=-1\end{cases}$；　(2) $\begin{cases}-2x_1+3x_2-x_3=1\\x_1+2x_2-x_3=4\\-2x_1-x_2+x_3=-3\end{cases}$.

18. 求解下列矩阵方程：

(1) $\begin{bmatrix}1&2&3\\0&1&2\\4&5&3\end{bmatrix}\boldsymbol{X}=\begin{bmatrix}1&2\\0&1\\-1&0\end{bmatrix}$；

(2) $\begin{bmatrix}0&1&0\\1&0&0\\0&0&1\end{bmatrix}\boldsymbol{X}\begin{bmatrix}1&0&0\\0&0&1\\0&1&0\end{bmatrix}=\begin{bmatrix}2&-4&3\\2&0&-1\\1&-2&0\end{bmatrix}$.

19. 设矩阵 $\boldsymbol{A},\boldsymbol{B}$ 满足关系式 $\boldsymbol{AB}=2\boldsymbol{B}+\boldsymbol{A}$，且 $\boldsymbol{A}=\begin{bmatrix}3&0&1\\1&1&0\\0&1&4\end{bmatrix}$，求矩阵 $\boldsymbol{B}$.

20. 用分块法求 $\boldsymbol{AB}$.

(1) $\boldsymbol{A}=\begin{bmatrix}1&0&0&0\\0&1&0&0\\-1&2&1&0\\1&1&0&1\end{bmatrix}$，　$\boldsymbol{B}=\begin{bmatrix}1&0&3&2\\-1&2&0&1\\1&0&4&1\\1&-1&0&0\end{bmatrix}$；

(2)$\boldsymbol{A}=\begin{bmatrix}1&0&1&2&-1\\0&1&3&2&-2\\-1&4&0&0&0\\0&2&0&0&0\end{bmatrix}$，$\boldsymbol{B}=\begin{bmatrix}2&-3&0&0\\0&-2&0&0\\1&0&5&-1\\1&1&0&2\\0&0&3&0\end{bmatrix}$.

21. 设 $\boldsymbol{A}=\begin{bmatrix}3&4&0&0\\4&-3&0&0\\0&0&2&4\\0&0&0&2\end{bmatrix}$，$k$ 为正整数，求 $|\boldsymbol{A}^{2k}|$，$\boldsymbol{A}^{2k}$.

22. 用分块法求下列矩阵的逆矩阵：

(1) $\begin{bmatrix}3&1&0&0\\2&1&0&0\\0&0&2&5\\0&0&4&1\end{bmatrix}$；　(2) $\begin{bmatrix}\cos\theta&\sin\theta&0&0&0\\-\sin\theta&\cos\theta&0&0&0\\0&0&1&a&b\\0&0&0&1&a\\0&0&0&0&1\end{bmatrix}$.

23. 判断下列命题是否正确并说明理由：

(1)设 n 阶方阵 $\boldsymbol{A}$，$\boldsymbol{B}$ 满足 $r(\boldsymbol{A})>0$，$r(\boldsymbol{B})>0$，则 $r(\boldsymbol{A}+\boldsymbol{B})>0$；

(2)若矩阵 $\boldsymbol{A}$ 有一个非零的 r 阶子式，则 $r(\boldsymbol{A})\geqslant r$；

(3)若矩阵 $\boldsymbol{A}$ 有一个为零的 $r+1$ 阶子式，则 $r(\boldsymbol{A})<r+1$；

(4)初等矩阵经过一次初等变换得到的矩阵仍是初等矩阵；

(5)两个初等矩阵的乘积仍是初等矩阵；

(6)初等矩阵的转置仍是初等矩阵；

(7)设矩阵 $\boldsymbol{A}$，$\boldsymbol{B}$ 同型等秩，则矩阵 $\boldsymbol{A}$ 经过一系列初等变换可化为矩阵 $\boldsymbol{B}$.

24. 求下列矩阵的秩：

(1) $\begin{bmatrix}1&2&-2\\2&-1&3\\3&1&1\end{bmatrix}$；　(2) $\begin{bmatrix}2&3&-1&2\\1&2&-1&0\\-1&1&2&3\end{bmatrix}$；

(3) $\begin{bmatrix}1&2&3\\4&-2&1\\2&3&2\\3&4&0\\1&1&0\end{bmatrix}$；　(4) $\begin{bmatrix}1&2&1&0&2\\2&3&3&4&2\\1&1&2&4&0\end{bmatrix}$.

25. 设矩阵

$$\boldsymbol{A}=\begin{bmatrix}1&-2&-1&3\\3&-6&-3&9\\-2&4&2&k\end{bmatrix},$$

问 k 取什么值时可使(1)$r(\boldsymbol{A})=1$;(2)$r(\boldsymbol{A})=2$;(3)$r(\boldsymbol{A})=3$.

26. 用初等变换法求下列矩阵的逆矩阵:

(1) $\begin{bmatrix} 3 & -3 & 4 \\ 2 & -3 & 4 \\ 0 & -1 & 1 \end{bmatrix}$;　(2) $\begin{bmatrix} 1 & 0 & 0 & 0 \\ 2 & 1 & 0 & 0 \\ 3 & 2 & 1 & 0 \\ 4 & 3 & 2 & 1 \end{bmatrix}$.

27. 设 $\boldsymbol{A}$ 为 n 阶方阵,$\boldsymbol{E}$ 为 n 阶单位矩阵,且 $\boldsymbol{A}^2-\boldsymbol{A}=2\boldsymbol{E}$,则

$$r(2\boldsymbol{E}-\boldsymbol{A})+r(\boldsymbol{E}+\boldsymbol{A})=n.$$

28. 设 $\boldsymbol{A}$ 为 n 阶方阵,$\boldsymbol{A}^*$ 为 $\boldsymbol{A}$ 的伴随矩阵,证明

$$r(\boldsymbol{A}^*)=\begin{cases} n, r(\boldsymbol{A})=n, \\ 1, r(\boldsymbol{A})=n-1, \\ 0, r(\boldsymbol{A})<n-1. \end{cases}$$

□ 综合练习题二

1. 填空题

(1)$\boldsymbol{A},\boldsymbol{B}$ 均是 n 阶对称矩阵,则 $\boldsymbol{AB}$ 是对称矩阵的充要条件是________.

(2)$\boldsymbol{A}$ 为 3×3 矩阵,$\boldsymbol{B}$ 为 4×4 矩阵,且 $|\boldsymbol{A}|=1$,$|\boldsymbol{B}|=-2$,则 $\big||\boldsymbol{B}|\boldsymbol{A}\big|=$________.

(3)$\boldsymbol{A}$ 为 3×3 矩阵,$|\boldsymbol{A}|=-2$,将 $\boldsymbol{A}$ 按列分块为 $\boldsymbol{A}=(\boldsymbol{A}_1,\boldsymbol{A}_2,\boldsymbol{A}_3)$,其中 $\boldsymbol{A}_j(j=1,2,3)$ 是 $\boldsymbol{A}$ 的第 j 列,则 $|\boldsymbol{A}_3-2\boldsymbol{A}_1,3\boldsymbol{A}_2,\boldsymbol{A}_1|=$________.

(4)已知 $\boldsymbol{A}=\begin{bmatrix} 1 & 2 & 0 & 0 \\ -3 & 4 & 0 & 0 \\ 0 & 0 & 2 & 1 \\ 0 & 0 & 0 & 4 \end{bmatrix}$,则 $\boldsymbol{A}^{-1}=$________,$(\boldsymbol{A}^*)^{-1}=$________.

(5)已知 $\boldsymbol{A}=\begin{bmatrix} 1 & 1 \\ 0 & 2 \end{bmatrix}$,则 $|(2\boldsymbol{A})^{-1}\boldsymbol{A}^*|=$________.

(6)已知 $\boldsymbol{A}=\begin{bmatrix} 1 & 0 & 0 \\ 0 & 2 & 0 \\ 0 & 0 & 3 \end{bmatrix}$,$\boldsymbol{B}=\begin{bmatrix} 1 & 0 & 0 \\ 0 & 1 & 0 \\ 0 & 3 & 1 \end{bmatrix}$,则 $(\boldsymbol{AB})^{-1}=$________.

(7)若 $\boldsymbol{A}^3=2\boldsymbol{E}$,则 $\boldsymbol{A}^{-1}=$________.

(8)已知 $\boldsymbol{A}=\begin{bmatrix} 0 & 0 & 1 & 0 \\ 0 & 2 & 0 & 0 \\ 3 & 0 & 0 & 0 \\ 0 & 0 & 0 & 4 \end{bmatrix}$,则 $\boldsymbol{A}^{-1}=$________.

(9)设$\boldsymbol{A}=(1,2,3)$,$\boldsymbol{B}=(1,1,1)$,则$(\boldsymbol{A}^{\mathrm{T}}\boldsymbol{B})^{100}=$________.

(10)设$\boldsymbol{A}=\begin{bmatrix} k & 1 & 1 & 1 \\ 1 & k & 1 & 1 \\ 1 & 1 & k & 1 \\ 1 & 1 & 1 & k \end{bmatrix}$且$r(\boldsymbol{A})=3$,则$k=$________.

2.选择题

(1)设4阶矩阵$\boldsymbol{A}=(\boldsymbol{\alpha},\boldsymbol{\gamma}_2,\boldsymbol{\gamma}_3,\boldsymbol{\gamma}_4)$,$\boldsymbol{B}=(\boldsymbol{\beta},\boldsymbol{\gamma}_2,\boldsymbol{\gamma}_3,\boldsymbol{\gamma}_4)$,其中$\boldsymbol{\alpha},\boldsymbol{\beta},\boldsymbol{\gamma}_2,\boldsymbol{\gamma}_3,\boldsymbol{\gamma}_4$均为4行1列分块矩阵,已知$|\boldsymbol{A}|=4$,$|\boldsymbol{B}|=1$,则$|\boldsymbol{A}+\boldsymbol{B}|=$________.

(a)5;　(b)4;　(c)50;　(d)40.

(2)设$\boldsymbol{A},\boldsymbol{B}$为$n(n\geqslant 2)$阶方阵,则必有________.

(a)$|\boldsymbol{A}+\boldsymbol{B}|=|\boldsymbol{A}|+|\boldsymbol{B}|$;　(b)$|\boldsymbol{AB}|=|\boldsymbol{BA}|$;

(c)$||\boldsymbol{A}|\boldsymbol{B}|=||\boldsymbol{B}|\boldsymbol{A}|$;　(d)$|\boldsymbol{A}-\boldsymbol{B}|=|\boldsymbol{B}-\boldsymbol{A}|$.

(3)设$\boldsymbol{A},\boldsymbol{B}$为$n$阶方阵,$\boldsymbol{A}\neq\boldsymbol{O}$且$\boldsymbol{AB}=\boldsymbol{O}$,则________.

(a)$\boldsymbol{B}=\boldsymbol{O}$;　(b)$|\boldsymbol{B}|=0$或$|\boldsymbol{A}|=0$;

(c)$\boldsymbol{BA}=\boldsymbol{O}$;　(d)$(\boldsymbol{A}+\boldsymbol{B})^2=\boldsymbol{A}^2+\boldsymbol{B}^2$.

(4)设$\boldsymbol{A},\boldsymbol{B},\boldsymbol{C}$都是$n$阶方阵,且$\boldsymbol{AB}=\boldsymbol{BC}=\boldsymbol{CA}=\boldsymbol{E}$,那么$\boldsymbol{A}^2+\boldsymbol{B}^2+\boldsymbol{C}^2=$________.

(a)$3\boldsymbol{E}$;　(b)$2\boldsymbol{E}$;　(c)$\boldsymbol{E}$;　(d)$\boldsymbol{O}$.

(5)设$\boldsymbol{A},\boldsymbol{B},\boldsymbol{C}$都是$n$阶方阵,且$\boldsymbol{ABC}=\boldsymbol{E}$,那么________.

(a)$\boldsymbol{ACB}=\boldsymbol{E}$;　(b)$\boldsymbol{ACA}=\boldsymbol{E}$;　(c)$\boldsymbol{BAC}=\boldsymbol{E}$;　(d)$\boldsymbol{CAB}=\boldsymbol{E}$.

(6)设$\boldsymbol{A},\boldsymbol{B}$为$n$阶方阵,则________.

(a)若$\boldsymbol{A},\boldsymbol{B}$可逆,则$\boldsymbol{A}+\boldsymbol{B}$可逆;

(b)若$\boldsymbol{A},\boldsymbol{B}$可逆,则$\boldsymbol{AB}$可逆;

(c)若$\boldsymbol{A}+\boldsymbol{B}$可逆,则$\boldsymbol{A}-\boldsymbol{B}$可逆;

(d)若$\boldsymbol{A}+\boldsymbol{B}$可逆,则$\boldsymbol{A},\boldsymbol{B}$可逆.

(7)设$\boldsymbol{A}=\begin{bmatrix} a_{11} & a_{12} & a_{13} \\ a_{21} & a_{22} & a_{23} \\ a_{31} & a_{32} & a_{33} \end{bmatrix}$,　$\boldsymbol{B}=\begin{bmatrix} a_{21} & a_{22} & a_{23} \\ a_{11} & a_{12} & a_{13} \\ a_{11}+a_{31} & a_{12}+a_{32} & a_{13}+a_{33} \end{bmatrix}$,$\boldsymbol{P}_1=\begin{bmatrix} 0 & 1 & 0 \\ 1 & 0 & 0 \\ 0 & 0 & 1 \end{bmatrix}$,

$\boldsymbol{P}_2=\begin{bmatrix} 1 & 0 & 0 \\ 0 & 1 & 0 \\ 1 & 0 & 1 \end{bmatrix}$,则________成立.

(a)$\boldsymbol{AP}_1\boldsymbol{P}_2=\boldsymbol{B}$;　(b)$\boldsymbol{P}_1\boldsymbol{P}_2\boldsymbol{A}=\boldsymbol{B}$;　(c)$\boldsymbol{P}_2\boldsymbol{P}_1\boldsymbol{A}=\boldsymbol{B}$;　(d)$\boldsymbol{AP}_2\boldsymbol{P}_1=\boldsymbol{B}$.

(8)设$\boldsymbol{A}=\begin{bmatrix} a_{11} & a_{12} & a_{13} & a_{14} \\ a_{21} & a_{22} & a_{23} & a_{24} \\ a_{31} & a_{32} & a_{33} & a_{34} \\ a_{41} & a_{42} & a_{43} & a_{44} \end{bmatrix}$,$\boldsymbol{B}=\begin{bmatrix} a_{14} & a_{13} & a_{12} & a_{11} \\ a_{24} & a_{23} & a_{22} & a_{21} \\ a_{34} & a_{33} & a_{32} & a_{31} \\ a_{44} & a_{43} & a_{42} & a_{41} \end{bmatrix}$,$\boldsymbol{P}_1=\begin{bmatrix} 0 & 0 & 0 & 1 \\ 0 & 1 & 0 & 0 \\ 0 & 0 & 1 & 0 \\ 1 & 0 & 0 & 0 \end{bmatrix}$,$\boldsymbol{P}_2=$

$\begin{pmatrix}1&0&0&0\\0&0&1&0\\0&1&0&0\\0&0&0&1\end{pmatrix}$，其中 $\boldsymbol{A}$ 可逆，则 $\boldsymbol{B}^{-1}$ ________.

(a) $\boldsymbol{A}^{-1}\boldsymbol{P}_1\boldsymbol{P}_2$；　(b) $\boldsymbol{P}_1\boldsymbol{A}^{-1}\boldsymbol{P}_2$；　(c) $\boldsymbol{P}_1\boldsymbol{P}_2\boldsymbol{A}^{-1}$；　(d) $\boldsymbol{P}_2\boldsymbol{A}^{-1}\boldsymbol{P}_1$.

(9)设 $\boldsymbol{A},\boldsymbol{B}$ 为 n 阶方阵，且 $\boldsymbol{AB}=\boldsymbol{O}$，则错误的结论是________.

(a) $\boldsymbol{AB}_i=\boldsymbol{O}$，$\boldsymbol{B}_i$ 是 $\boldsymbol{B}$ 的第 i 列；　(b) $\boldsymbol{A}_i\boldsymbol{B}=\boldsymbol{O}$，$\boldsymbol{A}_i$ 是 $\boldsymbol{A}$ 的第 i 行；

(c)对于 n 阶方阵 $\boldsymbol{X}$，$\boldsymbol{AXB}=\boldsymbol{O}$；　(d)对于 n 阶方阵 $\boldsymbol{X}$，$\boldsymbol{XAB}=\boldsymbol{O}$.

(10)设 $\boldsymbol{A}$ 是 $m\times n$ 矩阵，$\boldsymbol{C}$ 是 n 阶可逆矩阵，矩阵 $\boldsymbol{A}$ 的秩为 r，矩阵 $\boldsymbol{B}=\boldsymbol{AC}$ 的秩为 r_1，则________.

(a) $r>r_1$；(b) $r<r_1$；(c) $r=r_1$；(d) r,r_1 的关系依 $\boldsymbol{C}$ 而定.

3. 设 $\boldsymbol{A}=(a_{ij})_{3\times3}$，$A_{ij}$ 是 a_{ij} 的代数余子式，且 $A_{ij}=a_{ij}(i,j=1,2,3)$，$a_{11}\neq0$，求 $|\boldsymbol{A}|$.

4. 设 $\boldsymbol{A}$ 为 n 阶方阵，$\boldsymbol{AA}^{\mathrm{T}}=\boldsymbol{E}$，$|\boldsymbol{A}|<0$，求 $|\boldsymbol{A}+\boldsymbol{E}|$.

5. 已知 $\boldsymbol{A}=\begin{pmatrix}a_1b_1&a_1b_2&a_1b_3\\a_2b_1&a_2b_2&a_2b_3\\a_3b_1&a_3b_2&a_3b_3\end{pmatrix}$，证明 $\boldsymbol{A}^2=l\boldsymbol{A}$，并求 l.

6. 已知 $\boldsymbol{AP}=\boldsymbol{PB}$，其中

$$\boldsymbol{B}=\begin{pmatrix}1&0&0\\0&0&0\\0&0&-1\end{pmatrix},\quad \boldsymbol{P}=\begin{pmatrix}1&0&0\\2&-1&0\\2&1&1\end{pmatrix},$$

求 $\boldsymbol{A},\boldsymbol{A}^5$.

7. 设 $\boldsymbol{A}=\begin{pmatrix}1&0&1\\0&1&0\\0&0&1\end{pmatrix}$，求 $\boldsymbol{A}^n$.

8. 已知矩阵 $\boldsymbol{A}$ 满足关系式 $\boldsymbol{A}^2+2\boldsymbol{A}-3\boldsymbol{E}=\boldsymbol{O}$，求 $(\boldsymbol{A}+4\boldsymbol{E})^{-1}$.

9. 设 $\boldsymbol{A}=\begin{pmatrix}1&0&1\\0&2&0\\1&0&1\end{pmatrix}$，矩阵 $\boldsymbol{X}$ 满足 $\boldsymbol{AX}+\boldsymbol{E}=\boldsymbol{A}^2+\boldsymbol{X}$，求 $\boldsymbol{X}$.

10. 设矩阵 $\boldsymbol{A}$ 的伴随矩阵 $\boldsymbol{A}^*=\begin{pmatrix}1&0&0&0\\0&1&0&0\\1&0&1&0\\0&-3&0&8\end{pmatrix}$，且 $\boldsymbol{ABA}^{-1}=\boldsymbol{BA}^{-1}+3\boldsymbol{E}$，求 $\boldsymbol{B}$.

11. 设 $\boldsymbol{A},\boldsymbol{B}$ 为 n 阶方阵，$\boldsymbol{E}$ 为 n 阶单位矩阵，证明：若 $\boldsymbol{A}+\boldsymbol{B}=\boldsymbol{AB}$，则 $\boldsymbol{A}-\boldsymbol{E}$ 可逆.

12. 设矩阵 $\boldsymbol{A}$ 的元素均为整数，证明：$\boldsymbol{A}^{-1}$ 的元素均为整数的充要条件是 $|\boldsymbol{A}|=\pm1$.

13. 设 $\boldsymbol{A}$ 是 n 阶可逆矩阵，将 $\boldsymbol{A}$ 的第 i 行和第 j 行对换后得到矩阵 $\boldsymbol{B}$，证明 $\boldsymbol{B}$ 可逆，并求 $\boldsymbol{AB}^{-1}$.

14. 设 $\boldsymbol{A}$ 是 n 阶方阵，证明存在一可逆矩阵 $\boldsymbol{B}$ 及一幂等矩阵 $\boldsymbol{C}$（即 $\boldsymbol{C}=\boldsymbol{C}^2$），使 $\boldsymbol{A}=\boldsymbol{BC}$.

Chapter 3 第3章 

线性方程组

System of Linear Equations

线性方程组理论是线性代数的重要组成部分，在自然科学与工程技术中有着广泛的应用. 本章先通过消元法讨论线性方程组解的存在性及求解问题，然后引入向量空间中向量组线性相关、线性无关、秩等重要概念，进一步讨论线性方程组解的结构，建立线性方程组的相关理论.

§3.1 高斯(Gauss)消元法

3.1.1 基本概念

我们知道，n 个未知量 m 个方程的线性方程组的一般形式为

$$\begin{cases} a_{11}x_1+a_{12}x_2+\cdots+a_{1n}x_n=b_1, \\ a_{21}x_1+a_{22}x_2+\cdots+a_{2n}x_n=b_2, \\ \vdots \quad\quad \vdots \quad\quad\quad \vdots \quad\quad \vdots \\ a_{m1}x_1+a_{m2}x_2+\cdots+a_{mn}x_n=b_m. \end{cases} \tag{1}$$

其中 $x_1,x_2,\cdots,x_n$ 是 n 个未知量，$a_{ij}(i=1,2,\cdots,m;j=1,2,\cdots,n)$ 为方程组的系数，$b_i(i=1,2,\cdots,m)$ 为常数项.

方程组(1)也可用连加号表示为

$$\sum_{j=1}^{n} a_{ij}x_j = b_i \quad (i=1,2,\cdots,m). \tag{2}$$

方程组(1)的矩阵形式为

$$\boldsymbol{Ax}=\boldsymbol{b}, \tag{3}$$

其中

$$\boldsymbol{A}=\begin{bmatrix}a_{11} & a_{12} & \cdots & a_{1n}\\ a_{21} & a_{22} & \cdots & a_{2n}\\ \vdots & \vdots & & \vdots\\ a_{m1} & a_{m2} & \cdots & a_{mn}\end{bmatrix},\boldsymbol{x}=\begin{bmatrix}x_1\\ x_2\\ \vdots\\ x_n\end{bmatrix},\quad \boldsymbol{b}=\begin{bmatrix}b_1\\ b_2\\ \vdots\\ b_m\end{bmatrix}.$$

$\boldsymbol{A}$ 称为线性方程组(1)的**系数矩阵**.记

$$\widetilde{\boldsymbol{A}}=(\boldsymbol{A}\mid\boldsymbol{b})=\left[\begin{array}{cccc|c}a_{11} & a_{12} & \cdots & a_{1n} & b_1\\ a_{21} & a_{22} & \cdots & a_{2n} & b_2\\ \vdots & \vdots & & \vdots & \vdots\\ a_{m1} & a_{m2} & \cdots & a_{mn} & b_m\end{array}\right],$$

$\widetilde{\boldsymbol{A}}$ 称为线性方程组(1)的**增广矩阵**.显然线性方程组与它的增广矩阵一一对应,线性方程组由其增广矩阵完全确定.

如果方程组(1)的常数项 $b_1,b_2,\cdots,b_m$ 全为零,即 $\boldsymbol{b}=\boldsymbol{0}$,则称方程组(1)为**齐次线性方程组**,其矩阵形式为 $\boldsymbol{Ax}=\boldsymbol{0}$;

若 $b_1,b_2,\cdots,b_m$ 不全为零,即 $\boldsymbol{b}\neq\boldsymbol{0}$,则称方程组(1)为**非齐次线性方程组**,其矩阵形式为 $\boldsymbol{Ax}=\boldsymbol{b}$.

称 $\boldsymbol{Ax}=\boldsymbol{0}$ 为非齐次线性方程组 $\boldsymbol{Ax}=\boldsymbol{b}$ **对应的齐次线性方程组或导出方程组**.

若存在一组数 $x_1=k_1,x_2=k_2,\cdots,x_n=k_n$,代入(1)式后,每个方程都成为恒等式,则称 $(k_1,k_2,\cdots,k_n)$ 为方程组(1)的一个**解**.

方程组(1)的解的全体称为方程组(1)的**解集合**.解方程组就是求方程组的解集合.

如果两个方程组有相同的解集合,则称它们是**同解**的.

如果方程组有解,则称方程组是**相容**的;否则,称是**不相容**的.

3.1.2 高斯消元法

对于方程组(1),需要解决三个问题:

(1)方程组有解的充分必要条件是什么?

(2)如果方程组有解,它有多少组解?

(3)怎样求解?

下面举例说明如何用消元法解线性方程组.

例 1 解方程组

$$\begin{cases}2x_1-\ x_2+3x_3=1,\\ 4x_1+2x_2+5x_3=4,\\ 2x_1\qquad\quad +2x_3=6.\end{cases}$$

解 方程组系数矩阵的增广矩阵为

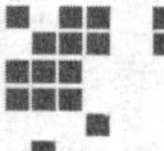
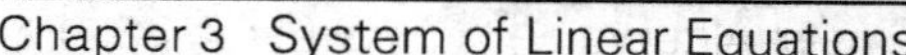

$$\widetilde{\boldsymbol{A}}=\begin{bmatrix}2 & -1 & 3 & 1\\ 4 & 2 & 5 & 4\\ 2 & 0 & 2 & 6\end{bmatrix}.$$

首先，第一个方程的(−2)倍加到第二个方程上，第一个方程的(−1)倍加到第三个方程上，变换后的方程组(Ⅰ)及其系数矩阵的增广矩阵分别为：

$$(\text{Ⅰ})\begin{cases}2x_1-x_2+3x_3=1,\\ \quad 4x_2-x_3=2,\\ \quad x_2-x_3=5.\end{cases}\quad \widetilde{\boldsymbol{A}}_1=\begin{bmatrix}2 & -1 & 3 & 1\\ 0 & 4 & -1 & 2\\ 0 & 1 & -1 & 5\end{bmatrix}.$$

然后，将方程组(Ⅰ)的第三个方程的(−4)倍加到第二个方程上去，第二个方程与第三个方程互换位置，此时得到的方程组(Ⅱ)及其系数矩阵的增广矩阵分别为：

$$(\text{Ⅱ})\begin{cases}2x_1-x_2+3x_3=1,\\ \quad x_2-x_3=5,\\ \quad 3x_3=-18.\end{cases}\quad \widetilde{\boldsymbol{A}}_2=\begin{bmatrix}2 & -1 & 3 & 1\\ 0 & 1 & -1 & 5\\ 0 & 0 & 3 & -18\end{bmatrix}.$$

将方程组(Ⅱ)的第三个方程两端除以3，得到 $x_3=-6$，将其代入第二个方程，得到 $x_2=-1$；再将 $x_2=-1$ 和 $x_3=-6$ 代入第一个方程，得 $x_1=9$. 从而得到的方程组(Ⅲ)及其系数矩阵的增广矩阵分别为：

$$(\text{Ⅲ})\begin{cases}x_1=9,\\ x_2=-1,\\ x_3=-6.\end{cases}\quad \widetilde{\boldsymbol{A}}_3=\begin{bmatrix}1 & 0 & 0 & 9\\ 0 & 1 & 0 & -1\\ 0 & 0 & 1 & -6\end{bmatrix}.$$

这样求得方程组的解为：$x_1=9,x_2=-1,x_3=-6$.

由上述求解过程可以看出，对线性方程组施行了三种变换：

(1)互换两个方程的位置；

(2)用一个非零数乘以某方程；

(3)用某个非零数乘以某一方程然后加到另一方程上去.

称上述三种变换为**线性方程组的初等变换**. 可以证明，对方程组施行初等变换得到的方程组与原方程组**同解**.

利用初等变换将方程组化为行阶梯形式的方程组，再利用回代法解出未知量的过程，叫做**高斯消元法**.

从例1的求解过程看出，用高斯消元法解方程组实质是对增广矩阵 $\widetilde{\boldsymbol{A}}$ 施行行初等变换，将 $\widetilde{\boldsymbol{A}}$ 化为行阶梯形矩阵. 例1的增广矩阵 $\widetilde{\boldsymbol{A}}$ 所对应的行初等变换为：

$$\widetilde{\boldsymbol{A}}\xrightarrow{[1(-2)+2],[1(-1)+3]}\widetilde{\boldsymbol{A}}_1\xrightarrow{[3(-4)+2],[2,3]}\widetilde{\boldsymbol{A}}_2$$

$$\xrightarrow{[2+1],\left[3\left(\frac{1}{3}\right)\right][3+2],[3(-2)+1],\left[1\left(\frac{1}{2}\right)\right]}\widetilde{\boldsymbol{A}}_3.$$

下面讨论方程组(1)的解.

设 $r(\mathbf{A})=r$,为简单起见,不妨设 $a_{11}\neq 0$,利用行初等变换把 $\widetilde{\mathbf{A}}$ 的第一列中 a_{11} 下方的元素化为零.这只要将第一行乘 $\left(-\frac{a_{i1}}{a_{11}}\right)$ 加到第 $i(i=2,3,\cdots,m)$ 行上,便得

$$\widetilde{\mathbf{A}}\rightarrow\left[\begin{array}{cccc|c} a_{11} & a_{12} & \cdots & a_{1n} & b_1 \\ 0 & b_{22} & \cdots & b_{2n} & b_1' \\ \vdots & \vdots & & \vdots & \vdots \\ 0 & b_{m2} & \cdots & b_{mn} & b_2' \end{array}\right].$$

设 $b_{22}\neq 0$,同样把上面矩阵中 b_{22} 下方元素化为零,继续这一步骤,最后把 $\widetilde{\mathbf{A}}$ 化为如下阶梯形矩阵

$$\widetilde{\mathbf{A}}\rightarrow\left[\begin{array}{cccccccc|c} c_{11} & c_{12} & \cdots & \cdots & c_{1r+1} & \cdots & c_{1n} & & e_1 \\ & c_{22} & \cdots & \cdots & c_{2r+1} & \cdots & c_{2n} & & e_2 \\ & & \ddots & \vdots & \vdots & & \vdots & & \vdots \\ & & & c_{rr} & c_{rr+1} & \cdots & c_{rn} & & e_r \\ 0 & \cdots & \cdots & 0 & 0 & \cdots & 0 & & e_{r+1} \\ \vdots & \vdots & \vdots & \vdots & \vdots & & \vdots & & \vdots \\ 0 & \cdots & \cdots & 0 & 0 & \cdots & 0 & & 0 \end{array}\right].$$

不失一般性,假定 $c_{11},c_{22},\cdots,c_{rr}$ 都不为零,则可化为简化行阶梯形矩阵

$$\left[\begin{array}{cccccccc|c} 1 & 0 & \cdots & \cdots & 0 & c_{1r+1}' & \cdots & c_{1n}' & d_1 \\ & 1 & 0 & \cdots & 0 & c_{2r+1}' & \cdots & c_{2n}' & d_2 \\ & & \ddots & \cdots & \vdots & \vdots & \cdots & \vdots & \vdots \\ & & & 1 & 0 & \vdots & \cdots & \vdots & \vdots \\ & & & & 1 & c_{rr+1}' & \cdots & c_{rn}' & d_r \\ 0 & \cdots & \cdots & \cdots & 0 & 0 & \cdots & 0 & d_{r+1} \\ \vdots & \vdots & \vdots & \vdots & \vdots & \vdots & & \vdots & 0 \\ 0 & \cdots & \cdots & \cdots & 0 & 0 & \cdots & 0 & 0 \end{array}\right], \tag{4}$$

上面矩阵对应于线性方程组

$$\begin{cases} x_1+c_{1r+1}'x_{r+1}+\cdots+c_{1n}'x_n=d_1, \\ x_2+c_{2r+1}'x_{r+1}+\cdots+c_{2n}'x_n=d_2, \\ \vdots \\ x_r+c_{rr+1}'x_{r+1}+\cdots+c_{rn}'x_n=d_r, \\ 0=d_{r+1}. \end{cases} \tag{5}$$

方程组(5)与方程组(1)同解.由方程组(5)可知:

(1)当 $d_{r+1}\neq 0$ 时,(5)是矛盾方程组,无解,从而方程组(1)无解,用矩阵的秩表述,即当 $r(\mathbf{A})\neq r(\widetilde{\mathbf{A}})$ 时,方程组(1)无解;

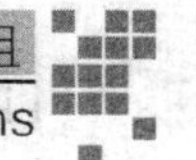

(2)当 $d_{r+1}=0$,即 $r(\mathbf{A})=r(\widetilde{\mathbf{A}})$ 时,(5)有解,从而方程组(1)有解.

在有解的情况下,有:

1)若 $r=n$,则(5)有唯一解,从而(1)有唯一解,其解为:$x_1=d_1,x_2=d_2,\cdots,x_n=d_n$;

2)若 $r<n$,则(5)有无穷多个解,从而(1)有无穷多解.

事实上,此时方程组(5)可写成:

$$\begin{cases}x_1=d_1-c'_{1r+1}x_{r+1}-\cdots-c'_{1n}x_n,\\x_2=d_2-c'_{2r+1}x_{r+1}-\cdots-c'_{2n}x_n,\\\quad\vdots\qquad\quad\vdots\qquad\qquad\quad\vdots\\x_r=d_r-c'_{rr+1}x_{r+1}-\cdots-c'_{rn}x_n.\end{cases}$$

任给 $x_{r+1},x_{r+2},\cdots,x_n$ 一组值,就能确定 $x_1,x_2,\cdots,x_r$ 的值,从而确定方程组(5)的一个解,因而可以得到方程组的无穷多个解.由于 $x_{r+1},x_{r+2},\cdots,x_n$ 可以自由取值,我们称其为方程组(5)的 $n-r$ 个**自由未知量**.

若取 $x_{r+1}=k_1,x_{r+2}=k_2,\cdots,x_n=k_{n-r}$(其中,$k_1,k_2,\cdots,k_{n-r}$ 为任意常数),即得方程组(1)的无穷多个解:

$$\begin{cases}x_1=d_1-c'_{1r+1}k_1-c'_{1r+2}k_2-\cdots-c'_{1n}k_{n-r},\\x_2=d_2-c'_{2r+1}k_1-c'_{2r+2}k_2-\cdots-c'_{2n}k_{n-r},\\\quad\vdots\qquad\qquad\quad\vdots\qquad\qquad\qquad\vdots\\x_r=d_r-c'_{rr+1}k_1-c'_{rr+2}k_2-\cdots-c'_{rn}k_{n-r},\\x_{r+1}=k_1,\\x_{r+2}=k_2,\\\quad\vdots\qquad\vdots\\x_n=k_{n-r}.\end{cases}\tag{6}$$

式(6)称为方程组(1)的无穷多解的**一般表达式**.

于是有如下重要结论:

定理1　设线性方程组 $\boldsymbol{Ax}=\boldsymbol{b}$,$\mathbf{A}$ 为 $m\times n$ 矩阵,$\widetilde{\mathbf{A}}=(\mathbf{A}|\boldsymbol{b})$ 为 $\mathbf{A}$ 的增广矩阵,$r(\mathbf{A})=r$,则 $\boldsymbol{Ax}=\boldsymbol{b}$ 有解(相容)的充分必要条件是 $r(\mathbf{A})=r(\widetilde{\mathbf{A}})$.

定理2　方程组 $\boldsymbol{Ax}=\boldsymbol{b}$ 有解(相容),则

(1)当 $r(\mathbf{A})=r(\widetilde{\mathbf{A}})=r=n$ 时,有唯一解;

(2)当 $r(\mathbf{A})=r(\widetilde{\mathbf{A}})=r<n$ 时,有无穷多解.

推论　n 个方程 n 个未知量的线性方程组有唯一解的充分必要条件是方程组的系数行列式不等于零.

例2　解方程组

$$\begin{cases}x_1+x_2+2x_3+3x_4=1,\\x_1+2x_2+3x_3-x_4=-4,\\3x_1-x_2-x_3-2x_4=-4,\\2x_1+3x_2-x_3-x_4=-6.\end{cases}$$

解 (1)对增广矩阵 $\widetilde{\boldsymbol{A}}$ 施以行初等变换,化为行阶梯形矩阵 $\widetilde{\boldsymbol{B}}$,判断方程组解的情况.

$$\widetilde{\boldsymbol{A}}=(\boldsymbol{A}\mid\boldsymbol{b})=\left[\begin{array}{cccc|c}1&1&2&3&1\\1&2&3&-1&-4\\3&-1&-1&-2&-4\\2&3&-1&-1&-6\end{array}\right]\xrightarrow[\substack{[1(-3)+3]\\[1(-1)+2]}]{[1(-2)+4]}\left[\begin{array}{cccc|c}1&1&2&3&1\\0&1&1&-4&-5\\0&-4&-7&-11&-7\\0&1&-5&-7&-8\end{array}\right]$$

$$\xrightarrow[{[2(4)+3]}]{[2(-1)+4]}\left[\begin{array}{cccc|c}1&1&2&3&1\\0&1&1&-4&-5\\0&0&-3&-27&-27\\0&0&-6&-3&-3\end{array}\right]\xrightarrow{\left[3\left(-\frac{1}{3}\right)\right]}\left[\begin{array}{cccc|c}1&1&2&3&1\\0&1&1&-4&-5\\0&0&1&9&9\\0&0&-6&-3&-3\end{array}\right]\xrightarrow{[3(6)+4]}$$

$$\left[\begin{array}{cccc|c}1&1&2&3&1\\0&1&1&-4&-5\\0&0&1&9&9\\0&0&0&51&51\end{array}\right]=\widetilde{\boldsymbol{B}}.$$

$r(\widetilde{\boldsymbol{A}})=r(\boldsymbol{A})=4=n$(未知量的个数),故方程组有解且有唯一解.

(2)对行阶梯形矩阵 $\widetilde{\boldsymbol{B}}$ 继续施以行初等变换,化为简化行阶梯形矩阵,并写出同解方程组.

$$\widetilde{\boldsymbol{B}}\xrightarrow{\left[3\left(\frac{1}{51}\right)\right]}\left[\begin{array}{cccc|c}1&1&2&3&1\\0&1&1&-4&-5\\0&0&1&9&9\\0&0&0&1&1\end{array}\right]\xrightarrow[\substack{[3(-1)+2]\\[2(-1)+1]}]{[3(-1)+1]}\left[\begin{array}{cccc|c}1&0&0&-2&-3\\0&1&0&-13&-14\\0&0&1&9&9\\0&0&0&1&1\end{array}\right]\xrightarrow[\substack{[4(13)+2]\\[4(-9)+3]}]{[4(2)+1]}$$

$$\left[\begin{array}{cccc|c}1&0&0&0&-1\\0&1&0&0&-1\\0&0&1&0&0\\0&0&0&1&1\end{array}\right]=\widetilde{\boldsymbol{C}}.$$

与 $\widetilde{\boldsymbol{C}}$ 对应的方程组为

$$\begin{cases}x_1=-1,\\x_2=-1,\\x_3=0,\\x_4=1.\end{cases}$$

此即原方程组的解.

例 3 解方程组

$$\begin{cases}x_1-2x_2+3x_3-4x_4=4,\\\qquad x_2-x_3+x_4=-3,\\x_1+3x_2\qquad -3x_4=1,\\\quad -7x_2+3x_3+x_4=-3.\end{cases}$$

解 由于

$$\widetilde{\boldsymbol{A}}=(\boldsymbol{A}\mid\boldsymbol{b})=\left[\begin{array}{cccc|c}1&-2&3&-4&4\\0&1&-1&1&-3\\1&3&0&-3&1\\0&-7&3&1&-3\end{array}\right]\xrightarrow{[1(-1)+3]}\left[\begin{array}{cccc|c}1&-2&3&-4&4\\0&1&-1&1&-3\\0&5&-3&1&-3\\0&-7&3&1&-3\end{array}\right]\xrightarrow[{[2(-5)+3]}]{[2(7)+4]}$$

$$\left[\begin{array}{cccc|c}1&-2&3&-4&4\\0&1&-1&1&-3\\0&0&2&-4&12\\0&0&-4&8&-24\end{array}\right]\xrightarrow{[3(2)+4]}\left[\begin{array}{cccc|c}1&-2&3&-4&4\\0&1&-1&1&-3\\0&0&2&-4&12\\0&0&0&0&0\end{array}\right]=\widetilde{\boldsymbol{B}}.$$

$r(\widetilde{\boldsymbol{A}})=r(\boldsymbol{A})=3<n$(未知量的个数),故方程组有解且有无穷多解.

用行初等变换进一步将 $\widetilde{\boldsymbol{B}}$ 化为简化行阶梯形矩阵:

$$\widetilde{\boldsymbol{B}}\xrightarrow[{\left[3\left(\frac{1}{2}\right)\right]}]{[2(2)+1]}\left[\begin{array}{cccc|c}1&0&1&-2&-2\\0&1&-1&1&-3\\0&0&1&-2&6\\0&0&0&0&0\end{array}\right]\xrightarrow[{[3(1)+2]}]{[3(-1)+1]}\left[\begin{array}{cccc|c}1&0&0&0&-8\\0&1&0&-1&3\\0&0&1&-2&6\\0&0&0&0&0\end{array}\right].$$

简化行阶梯形矩阵对应的方程组为

$$\begin{cases}x_1=-8,\\x_2-x_4=3,\\x_3-2x_4=6.\end{cases}$$

该方程组含有 $n-r(\boldsymbol{A})=4-3=1$ 个自由未知量.取 x_4 为自由未知量,令 $x_4=k$,则方程组的解为

$$\begin{cases}x_1=-8,\\x_2=3+k,\\x_3=6+2k,\\x_4=k.\end{cases}$$

其中 k 为任意常数.

例 4 解线性方程组

$$\begin{cases}x_1+x_2+x_3=1,\\x_1+2x_2-5x_3=2,\\2x_1+3x_2-4x_3=5.\end{cases}$$

解 由于

$$\widetilde{\boldsymbol{A}}=(\boldsymbol{A}\mid\boldsymbol{b})=\left[\begin{array}{ccc|c}1&1&1&1\\1&2&-5&2\\2&3&-4&5\end{array}\right]\xrightarrow[{[1(-1)+2]}]{[1(-2)+3]}\left[\begin{array}{ccc|c}1&1&1&1\\0&1&-6&1\\0&1&-6&3\end{array}\right]$$

$$\xrightarrow{[2(-1)+3]}\left[\begin{array}{ccc|c}1 & 1 & 1 & 1\\ 0 & 1 & -6 & 1\\ 0 & 0 & 0 & 2\end{array}\right],$$

$r(\widetilde{\mathbf{A}})=3\neq r(\mathbf{A})=2$，所以方程组无解.

考虑齐次线性方程组

$$\begin{cases}a_{11}x_1+a_{12}x_2+\cdots+a_{1n}x_n=0,\\ a_{21}x_1+a_{22}x_2+\cdots+a_{2n}x_n=0,\\ \quad\vdots\qquad\quad\vdots\qquad\qquad\vdots\quad\ \ \vdots\\ a_{m1}x_1+a_{m2}x_2+\cdots+a_{mn}x_n=0.\end{cases}\tag{7}$$

其增广矩阵为

$$\widetilde{\mathbf{A}}=(\mathbf{A}\,|\,\mathbf{0}).$$

显然，在用行初等变换化增广矩阵 $\widetilde{\mathbf{A}}=(\mathbf{A}\,|\,\mathbf{0})$ 为行阶梯形矩阵的过程中，常数项一列始终为零，因而，$r(\widetilde{\mathbf{A}})\equiv r(\mathbf{A})$，即齐次线性方程组(7)总有解. 很明显，$x_1=x_2=\cdots=x_n=0$ 就是一组解，称其为齐次线性方程组(7)的**零解**. 如果方程组(7)还有其他的解，则这些解就称为**非零解**.

根据定理1、2及其推论，容易推出以下结论：

定理 3　齐次线性方程组有非零解的充分必要条件是其系数矩阵的秩小于未知量的个数；只有零解的充分必要条件是其系数矩阵的秩等于未知量的个数.

推论 1　如果齐次线性方程组中方程的个数小于未知量的个数，则该方程组必有非零解.

推论 2　n 个方程 n 个未知量的齐次线性方程组有非零解的充分必要条件是方程组的系数行列式等于零.

显然，若齐次线性方程组有非零解，即有无穷多解，这无穷多解中包括零解和无穷多非零解.

例 5　求解齐次线性方程组

$$\begin{cases}x_1-x_2+2x_4+x_5=0,\\ 3x_1-3x_2+7x_4=0,\\ x_1-x_2+2x_3+3x_4+2x_5=0,\\ 2x_1-2x_2+2x_3+7x_4-3x_5=0.\end{cases}$$

解　由于齐次线性方程组增广矩阵中的常数项列在行初等变换过程中始终为零，因此只需考虑系数矩阵的行初等变换.

该方程组的系数矩阵为

$$A=\begin{bmatrix}1 & -1 & 0 & 2 & 1\\ 3 & -3 & 0 & 7 & 0\\ 1 & -1 & 2 & 3 & 2\\ 2 & -2 & 2 & 7 & -3\end{bmatrix}.$$

对 $\boldsymbol{A}$ 作行初等变换，

$$\boldsymbol{A}\xrightarrow[{[1(-3)+2]}]{\substack{[1(-2)+4]\\ [1(-1)+3]}}\begin{bmatrix}1 & -1 & 0 & 2 & 1\\ 0 & 0 & 0 & 1 & -3\\ 0 & 0 & 2 & 1 & 1\\ 0 & 0 & 2 & 3 & -5\end{bmatrix}\xrightarrow[{[3(-1)+4]}]{\substack{[2(-1)+3]\\ [2(-2)+4]}}\begin{bmatrix}1 & -1 & 0 & 2 & 1\\ 0 & 0 & 0 & 1 & -3\\ 0 & 0 & 2 & 0 & 4\\ 0 & 0 & 0 & 0 & 0\end{bmatrix}$$

$$\xrightarrow[{[2(-2)+1]}]{\substack{\left[3\left(\frac{1}{2}\right)\right]\\ [2,3]}}\begin{bmatrix}1 & -1 & 0 & 0 & 7\\ 0 & 0 & 1 & 0 & 2\\ 0 & 0 & 0 & 1 & -3\\ 0 & 0 & 0 & 0 & 0\end{bmatrix}.$$

因为 $r(\boldsymbol{A})=3<n=5$(未知量的个数),所以方程组有非零解(无穷多解).

与原方程组同解的齐次线性方程组为

$$\begin{cases}x_1-x_2 \quad +7x_5=0,\\ x_3 \quad +2x_5=0,\\ x_4-3x_5=0.\end{cases}$$

其自由未知量的个数为 $n-r(\boldsymbol{A})=5-3=2$,选取 x_2,x_5 为自由未知量,令 $x_2=k_1,x_5=k_2$,则方程组的解为

$$\begin{cases}x_1=k_1-7k_2,\\ x_2=k_1,\\ x_3=-2k_2(k_1,k_2 \text{ 为任意常数}),\\ x_4=3k_2,\\ x_5=k_2.\end{cases}$$

例 6 解方程组

$$\begin{cases}x_1-2x_2+3x_3-4x_4=0,\\ x_2-x_3+x_4=0,\\ x_1+3x_2 \quad -3x_4=0,\\ -7x_2+3x_3+x_4=0.\end{cases}$$

解 由于

$$\boldsymbol{A}=\begin{bmatrix}1&-2&3&-4\\0&1&-1&1\\1&3&0&-3\\0&-7&3&1\end{bmatrix}\xrightarrow{[1(-1)+3]}\begin{bmatrix}1&-2&3&-4\\0&1&-1&1\\0&5&-3&1\\0&-7&3&1\end{bmatrix}$$

$$\xrightarrow[{[2(-5)+3]}]{\substack{[2(2)+1]\\ [2(7)+4]}}\begin{bmatrix}1&0&1&-2\\0&1&-1&1\\0&0&2&-4\\0&0&-4&8\end{bmatrix}\xrightarrow[{\left[3\left(\frac{1}{2}\right)\right]}]{\substack{[3(-1)+1]\\ [3(1)+2]\\ [3(4)+4]}}\begin{bmatrix}1&0&0&0\\0&1&0&-1\\0&0&1&-2\\0&0&0&0\end{bmatrix}.$$

可见 $r(\boldsymbol{A})=3<4=n$(未知量的个数),故方程组有无穷多解.

与原方程组同解的齐次线性方程组为

$$\begin{cases}x_1=0,\\x_2-x_4=0,\\x_3-2x_4=0.\end{cases}$$

该方程组含有 $n-r(\boldsymbol{A})=4-3=1$ 个自由未知量,取 x_4 为自由未知量,令 $x_4=k$,则方程组的解为

$$\begin{cases}x_1=0,\\x_2=k,\\x_3=2k,\\x_4=k.\end{cases}$$

其中 k 为任意常数.

例 7 已知齐次线性方程组

$$\begin{cases}\lambda x_1+x_2+x_3=0,\\x_1+\lambda x_2+x_3=0,\\x_1+x_2+\lambda x_3=0,\end{cases}$$

有非零解,求 λ.

解 由定理 3 之推论 2,该方程组有非零解的充分必要条件为

$$\begin{vmatrix}\lambda&1&1\\1&\lambda&1\\1&1&\lambda\end{vmatrix}=0.$$

而

$$\begin{vmatrix}\lambda&1&1\\1&\lambda&1\\1&1&\lambda\end{vmatrix}=(\lambda+2)\begin{vmatrix}1&1&1\\1&\lambda&1\\1&1&\lambda\end{vmatrix}=(\lambda+2)\begin{vmatrix}1&1&1\\0&\lambda-1&0\\0&0&\lambda-1\end{vmatrix}$$

$$=(\lambda+2)(\lambda-1)^2=0.$$

所以,$\lambda=1$,或-2.

例 8 设有线性方程组

$$\begin{cases} px_1+x_2+x_3=1, \\ x_1+px_2+x_3=p, \\ x_1+x_2+px_3=p^2. \end{cases}$$

问 p 取何值时方程组有解？p 取何值时方程组无解？在有解的情况下求出它的全部解.

解 由于

$$\widetilde{\mathbf{A}}=(\mathbf{A}\mid \boldsymbol{b})=\left[\begin{array}{ccc|c} p & 1 & 1 & 1 \\ 1 & p & 1 & p \\ 1 & 1 & p & p^2 \end{array}\right] \xrightarrow[{[1,3]}]{\substack{[1(-p)+3] \\ [1(-1)+2]}} \left[\begin{array}{ccc|c} 1 & 1 & p & p^2 \\ 0 & p-1 & 1-p & p-p^2 \\ 0 & 1-p & 1-p^2 & 1-p^3 \end{array}\right]$$

$$\xrightarrow{[2(1)+3]} \left[\begin{array}{ccc|c} 1 & 1 & p & p^2 \\ 0 & p-1 & 1-p & p-p^2 \\ 0 & 0 & 2-p-p^2 & 1+p-p^2-p^3 \end{array}\right]$$

$$=\!=\!=\left[\begin{array}{ccc|c} 1 & 1 & p & p^2 \\ 0 & -(1-p) & 1-p & (1-p)p \\ 0 & 0 & (1-p)(2+p) & (1-p)(1+p)^2 \end{array}\right]=\widetilde{\mathbf{B}}.$$

由此可知：

(1)当 $p=-2$ 时,$r(\mathbf{A})=2\neq r(\widetilde{\mathbf{A}})=3$,故方程组无解；

(2)当 $p=1$ 时,$r(\mathbf{A})=r(\widetilde{\mathbf{A}})=1<3=n$,所以方程组有解且有无穷多解；

此时 $\widetilde{\mathbf{A}}\longrightarrow\left[\begin{array}{ccc|c} 1 & 1 & 1 & 1 \\ 0 & 0 & 0 & 0 \\ 0 & 0 & 0 & 0 \end{array}\right]$,对应的同解方程组为 $x_1+x_2+x_3=1$. 取 x_2,x_3 为自由未知量,令 $x_2=k_1,x_3=k_2$,则方程组的解为

$$\begin{cases} x_1=1-k_1-k_2, \\ x_2=k_1, \\ x_3=k_2(k_1,k_2\text{ 为任意常数}). \end{cases}$$

(3)当 $p\neq 1$ 且 $p\neq -2$ 时,$r(\mathbf{A})=r(\widetilde{\mathbf{A}})=3=n$,方程组有唯一解.

此时,

$$\widetilde{\mathbf{A}} \xrightarrow[{\left[2\left(\frac{1}{p-1}\right)\right]}]{\left[3\left(\frac{1}{(1-p)(2+p)}\right)\right]} \left[\begin{array}{ccc|c} 1 & 1 & p & p^2 \\ 0 & 1 & -1 & -p \\ 0 & 0 & 1 & \frac{(1+p)^2}{2+p} \end{array}\right] \xrightarrow{\substack{[3(-p)+1] \\ [3(1)+2] \\ [2(-1)+1]}} \left[\begin{array}{ccc|c} 1 & 0 & 0 & \frac{2p^2-p}{2+p} \\ 0 & 1 & 0 & \frac{1+p+p^2}{2+p} \\ 0 & 0 & 1 & \frac{(1+p)^2}{2+p} \end{array}\right],$$

从而方程组的唯一解为

$$\begin{cases} x_1=-\dfrac{2p^2-p}{2+p}, \\ x_2=\dfrac{1+p+p^2}{2+p}, \\ x_3=\dfrac{(1+p)^2}{2+p}. \end{cases}$$

§3.2 *n* 维向量组的线性相关性

3.2.1 *n* 维向量的概念

定义 1 数域 F 上的 n 个数 $a_1,a_2,\cdots,a_n$ 组成的 n 元有序数组

$$(a_1,a_2,\cdots,a_n)$$

称为数域 F 上的一个 n 维向量，记作 $\boldsymbol{\alpha}$，其中 a_i 称为 $\boldsymbol{\alpha}$ 的第 i 个分量.

n 维向量写成行矩阵的形式，称为**行向量**，记为

$$\boldsymbol{\alpha}=(a_1,a_2,\cdots,a_n);$$

写成列矩阵的形式，称为**列向量**，记为

$$\boldsymbol{\alpha}=\begin{bmatrix} a_1 \\ a_2 \\ \vdots \\ a_n \end{bmatrix},$$

或

$$\boldsymbol{\alpha}=(a_1,a_2,\cdots,a_n)^{\mathrm{T}}.$$

所有分量为零的向量称为**零向量**，记为 $\mathbf{0}$.

本书只讨论定义在实数域上的向量，即实向量，实向量的每一个分量都是实数.

例 1 (1)一批产品发送到五个地区的数量分别为 $x_1,x_2,\cdots,x_5$，记为一个五维向量 $\boldsymbol{\alpha}=(x_1,x_2,\cdots,x_5)$；

(2)某生物有机复合肥内主要含氮、磷、钾、硫、钙、硅、镁、铁、锌等作物必需的多种营养元素，该生物有机复合肥的营养元素可表示为一个九维向量 $\boldsymbol{\beta}=(b_1,b_2,\cdots,b_9)$；

(3)描述运载火箭在空中的飞行状态至少要用到十个指标，即飞行位置坐标 x,y,z，飞行分速度分量 v_x,v_y,v_z，飞行加速度的分量 a_x,a_y,a_z，火箭的质量 m 等，记为一个十维向量 $\boldsymbol{\gamma}=(x,y,z,v_x,v_y,v_z,a_x,a_y,a_z,m)$.

由此可见，n 维向量的概念是客观事物在数量上的一种抽象.

因为 n 维行向量是 $1\times n$ 矩阵，n 维列向量是 $n\times 1$ 矩阵，所以，可以利用矩阵的运算及运算规律来定义向量的运算.

定义 2 设 $\boldsymbol{\alpha}=(a_1,a_2,\cdots,a_n)$，$\boldsymbol{\beta}=(b_1,b_2,\cdots,b_n)$，则

(1) $\boldsymbol{\alpha}=\boldsymbol{\beta}$，当且仅当 $a_i=b_i(i=1,2,\cdots,n)$；

(2) $\boldsymbol{\alpha}+\boldsymbol{\beta}=(a_1+b_1,a_2+b_2,\cdots,a_n+b_n)$；

(3) $k\boldsymbol{\alpha}=(ka_1,ka_2,\cdots,ka_n)$，$k$ 为常数.

在上述定义中，若取 $k=-1$，则

$$(-1)\boldsymbol{\alpha}=(-a_1,-a_2,\cdots,-a_n),$$

称此向量为 $\boldsymbol{\alpha}$ 的**负向量**，记为 $-\boldsymbol{\alpha}$，即

$$-\boldsymbol{\alpha}=(-a_1,-a_2,\cdots,-a_n).$$

因此

$$\boldsymbol{\alpha}-\boldsymbol{\beta}=\boldsymbol{\alpha}+(-\boldsymbol{\beta})=(a_1-b_1,a_2-b_2,\cdots,a_n-b_n).$$

向量的加法和数乘，称为向量的**线性运算**. 向量的线性运算满足如下运算规律（$\boldsymbol{\alpha},\boldsymbol{\beta},\boldsymbol{\gamma}$ 是 n 维向量，λ,μ 是实数）：

(1) $\boldsymbol{\alpha}+\boldsymbol{\beta}=\boldsymbol{\beta}+\boldsymbol{\alpha}$；

(2) $(\boldsymbol{\alpha}+\boldsymbol{\beta})+\boldsymbol{\gamma}=\boldsymbol{\alpha}+(\boldsymbol{\beta}+\boldsymbol{\gamma})$；

(3) $\boldsymbol{\alpha}+\mathbf{0}=\boldsymbol{\alpha}$；

(4) $\boldsymbol{\alpha}+(-\boldsymbol{\alpha})=0$；

(5) $1\cdot\boldsymbol{\alpha}=\boldsymbol{\alpha}$；

(6) $\lambda(\mu\boldsymbol{\alpha})=(\lambda\mu)\boldsymbol{\alpha}$；

(7) $\lambda(\boldsymbol{\alpha}+\boldsymbol{\beta})=\lambda\boldsymbol{\alpha}+\lambda\boldsymbol{\beta}$；

(8) $(\lambda+\mu)\boldsymbol{\alpha}=\lambda\boldsymbol{\alpha}+\mu\boldsymbol{\alpha}$.

例 2 设向量 $\boldsymbol{\alpha}=(1,0,2,3)$，$\boldsymbol{\beta}=(-2,1,-2,0)$，求满足 $\boldsymbol{\alpha}+2\boldsymbol{\beta}-3\boldsymbol{\gamma}=\mathbf{0}$ 的向量 $\boldsymbol{\gamma}$.

解 $\boldsymbol{\gamma}=\frac{1}{3}(\boldsymbol{\alpha}+2\boldsymbol{\beta})=\frac{1}{3}\boldsymbol{\alpha}+\frac{2}{3}\boldsymbol{\beta}=\frac{1}{3}(1,0,2,3)+\frac{2}{3}(-2,1,-2,0)$

$$=\left(\frac{1}{3},0,\frac{2}{3},1\right)+\left(-\frac{4}{3},\frac{2}{3},-\frac{4}{3},0\right)=\left(-1,\frac{2}{3},-\frac{2}{3},1\right).$$

3.2.2 向量间的线性关系

定义 3 给定 n 维向量组 $\boldsymbol{\alpha}_1,\boldsymbol{\alpha}_2,\cdots,\boldsymbol{\alpha}_m,\boldsymbol{\beta}$，如果存在一组数 $k_1,k_2,\cdots,k_m$，使得

$$\boldsymbol{\beta}=k_1\boldsymbol{\alpha}_1+k_2\boldsymbol{\alpha}_2+\cdots+k_m\boldsymbol{\alpha}_m, \tag{1}$$

则称 $\boldsymbol{\beta}$ 是向量组 $\boldsymbol{\alpha}_1,\boldsymbol{\alpha}_2,\cdots,\boldsymbol{\alpha}_m$ 的线性组合,或称向量 $\boldsymbol{\beta}$ 可由向量组 $\boldsymbol{\alpha}_1,\boldsymbol{\alpha}_2,\cdots,\boldsymbol{\alpha}_m$ 线性表示.

例 3 任意一个 n 维向量 $\boldsymbol{\alpha}=(a_1,a_2,\cdots,a_n)$ 都是 n 维向量组

$$\boldsymbol{e}_1=(1,0,\cdots,0),\boldsymbol{e}_2=(0,1,\cdots,0),\cdots,\boldsymbol{e}_n=(0,0,\cdots,1)$$

的一个线性组合. 这是因为

$$\boldsymbol{\alpha}=a_1\boldsymbol{e}_1+a_2\boldsymbol{e}_2+\cdots+a_n\boldsymbol{e}_n.$$

向量组 $\boldsymbol{e}_1,\boldsymbol{e}_2,\cdots,\boldsymbol{e}_n$ 称为 n 维**基本(或单位)向量组**.

例 4 零向量是任一相同维数向量组的线性组合.

事实上,对于任一向量组 $\boldsymbol{\alpha}_1,\boldsymbol{\alpha}_2,\cdots,\boldsymbol{\alpha}_m$,都有

$$\boldsymbol{0}=0\boldsymbol{\alpha}_1+0\boldsymbol{\alpha}_2+\cdots+0\boldsymbol{\alpha}_m.$$

若 $\boldsymbol{\beta},\boldsymbol{\alpha}_1,\boldsymbol{\alpha}_2,\cdots,\boldsymbol{\alpha}_m$ 是 n 维列向量,且 $\beta=k_1x_1+k_2x_2+\cdots+k_mx_m$ 则有

$$\boldsymbol{\beta}=(\boldsymbol{\alpha}_1,\boldsymbol{\alpha}_2,\cdots,\boldsymbol{\alpha}_m)\begin{bmatrix}k_1\\k_2\\\vdots\\k_m\end{bmatrix}. \tag{2}$$

令 $\boldsymbol{A}=(\boldsymbol{\alpha}_1,\boldsymbol{\alpha}_2,\cdots,\boldsymbol{\alpha}_m)$,$\boldsymbol{K}=(k_1,k_2,\cdots,k_m)^{\mathrm{T}}$,则式(2)可写为

$$\boldsymbol{AK}=\boldsymbol{\beta}. \tag{3}$$

这是一个 n 个方程 m 个未知量的非齐次线性方程组. 显然,$\boldsymbol{\beta}$ 可由向量组 $\boldsymbol{\alpha}_1,\boldsymbol{\alpha}_2,\cdots,\boldsymbol{\alpha}_m$ 线性表示与方程组(3)有解是等价的. 因而有如下定理:

定理 1 **给定 n 维列向量组 $\boldsymbol{\alpha}_1,\boldsymbol{\alpha}_2,\cdots,\boldsymbol{\alpha}_m,\boldsymbol{\beta}$,向量 $\boldsymbol{\beta}$ 可由向量组 $\boldsymbol{\alpha}_1,\boldsymbol{\alpha}_2,\cdots,\boldsymbol{\alpha}_m$ 线性表示的充要条件是方程组(3)有解. 特别地,若方程组(3)有唯一解,则线性表示式是唯一的.**

例 5 设 $\boldsymbol{\alpha}_1=\begin{bmatrix}1\\1\\1\\2\end{bmatrix}$,$\boldsymbol{\alpha}_2=\begin{bmatrix}0\\2\\1\\3\end{bmatrix}$ $\boldsymbol{\alpha}_3=\begin{bmatrix}3\\1\\0\\1\end{bmatrix}$,$\boldsymbol{\beta}=\begin{bmatrix}2\\-4\\-3\\-7\end{bmatrix}$,判断 $\boldsymbol{\beta}$ 能否用 $\boldsymbol{\alpha}_1,\boldsymbol{\alpha}_2,\boldsymbol{\alpha}_3$ 线性表示. 若 $\boldsymbol{\beta}$ 能用 $\boldsymbol{\alpha}_1,\boldsymbol{\alpha}_2,\boldsymbol{\alpha}_3$ 线性表示,将 $\boldsymbol{\beta}$ 表示为 $\boldsymbol{\alpha}_1,\boldsymbol{\alpha}_2,\boldsymbol{\alpha}_3$ 的线性组合.

解 设 $\boldsymbol{\beta}=k_1\boldsymbol{\alpha}_1+k_2\boldsymbol{\alpha}_2+k_3\boldsymbol{\alpha}_3$,由式(3),得非齐次线性方程组

$$\begin{bmatrix}1&0&3\\1&2&1\\1&1&0\\2&3&0\end{bmatrix}\begin{bmatrix}k_1\\k_2\\k_3\end{bmatrix}=\begin{bmatrix}2\\-4\\-3\\-7\end{bmatrix}.$$

由于该线性方程组系数矩阵的秩与增广矩阵的秩相等且等于未知量的个数，故方程组有唯一解. 因此 $\boldsymbol{\beta}$ 能够用 $\boldsymbol{\alpha}_1,\boldsymbol{\alpha}_2,\boldsymbol{\alpha}_3$ 线性表示，而且表示式是唯一的. 解得 $k_1=-1,k_2=-2,k_3=1$，即

$$\boldsymbol{\beta}=-\boldsymbol{\alpha}_1-2\boldsymbol{\alpha}_2+\boldsymbol{\alpha}_3.$$

根据线性方程组相容的充分必要条件，显然有以下结论：

定理 2 向量 $\boldsymbol{\beta}$ 可由向量组 $\boldsymbol{\alpha}_1,\boldsymbol{\alpha}_2,\cdots,\boldsymbol{\alpha}_m$ 线性表示的充分必要条件是向量组 $\boldsymbol{\alpha}_1,\boldsymbol{\alpha}_2,\cdots,\boldsymbol{\alpha}_m$ 构成的矩阵与向量组 $\boldsymbol{\alpha}_1,\boldsymbol{\alpha}_2,\cdots,\boldsymbol{\alpha}_m,\boldsymbol{\beta}$ 构成的矩阵有相同的秩，即

$$r(\boldsymbol{\alpha}_1,\boldsymbol{\alpha}_2,\cdots,\boldsymbol{\alpha}_m)=r(\boldsymbol{\alpha}_1,\boldsymbol{\alpha}_2,\cdots,\boldsymbol{\alpha}_m,\boldsymbol{\beta}).$$

例 6 判断向量 $\boldsymbol{\beta}=(4,3,-1,11)$ 是否是向量组 $\boldsymbol{\alpha}_1=(1,2,-1,5)$，$\boldsymbol{\alpha}_2=(2,-1,1,1)$ 的线性组合；若是，写出其表达式.

解 设 $\boldsymbol{A}=(\boldsymbol{\alpha}_1^{\mathrm{T}},\boldsymbol{\alpha}_2^{\mathrm{T}})$，$\widetilde{\boldsymbol{A}}=(\boldsymbol{A},\boldsymbol{\beta}^{\mathrm{T}})=(\boldsymbol{\alpha}_1^{\mathrm{T}},\boldsymbol{\alpha}_2^{\mathrm{T}},\boldsymbol{\beta}^{\mathrm{T}})$. 对 $\widetilde{\boldsymbol{A}}=(\boldsymbol{A},\boldsymbol{\beta}^{\mathrm{T}})$ 作行初等变换，化为简化行阶梯形矩阵：

$$\widetilde{\boldsymbol{A}}=(\boldsymbol{\alpha}_1^{\mathrm{T}},\boldsymbol{\alpha}_2^{\mathrm{T}},\boldsymbol{\beta}^{\mathrm{T}})=\begin{bmatrix}1&2&4\\2&-1&3\\-1&1&-1\\5&1&11\end{bmatrix}\longrightarrow\begin{bmatrix}1&2&4\\0&1&1\\0&0&0\\0&0&0\end{bmatrix}$$

$$\longrightarrow\begin{bmatrix}1&0&2\\0&1&1\\0&0&0\\0&0&0\end{bmatrix}=\boldsymbol{C}.$$

因为 $r(\boldsymbol{A})=r(\widetilde{\boldsymbol{A}})$，所以 $\boldsymbol{\beta}$ 可由 $\boldsymbol{\alpha}_1,\boldsymbol{\alpha}_2$ 线性表示. 由简化行阶梯形矩阵 $\boldsymbol{C}$ 可见，

$$\boldsymbol{\beta}=2\boldsymbol{\alpha}_1+\boldsymbol{\alpha}_2.$$

3.2.3 向量组的线性相关性

定义 4 对于向量组 $\boldsymbol{\alpha}_1,\boldsymbol{\alpha}_2,\cdots,\boldsymbol{\alpha}_m$，如果存在一组不全为零的实数 $k_1,k_2,\cdots,k_m$，使得

$$k_1\boldsymbol{\alpha}_1+k_2\boldsymbol{\alpha}_2+\cdots+k_m\boldsymbol{\alpha}_m=\boldsymbol{0}, \tag{4}$$

则称向量组 $\boldsymbol{\alpha}_1,\boldsymbol{\alpha}_2,\cdots,\boldsymbol{\alpha}_m$ 线性相关；否则，称该向量组称线性无关. 换句话说仅当 $k_1,k_2,\cdots,k_m$ 全为零时式(4)才成立，则称向量组 $\boldsymbol{\alpha}_1,\boldsymbol{\alpha}_2,\cdots,\boldsymbol{\alpha}_m$ 线性无关.

显然，如果向量组中含有零向量，则该向量组一定线性相关.

在空间解析几何的讨论中，我们知道，两个向量 $\boldsymbol{\alpha}_1$ 和 $\boldsymbol{\alpha}_2$ 共线(或平行)的充分必要条件是存在常数 $k\in R$，使得 $\boldsymbol{\alpha}_1=k\boldsymbol{\alpha}_2$. 换句话说，即存在不全为零的常数 $1,-k$，满足 $\boldsymbol{\alpha}_1-k\boldsymbol{\alpha}_2=$

$\mathbf{0}$；三个向量 $\boldsymbol{\alpha}_1,\boldsymbol{\alpha}_2,\boldsymbol{\alpha}_3$ 共面的充分必要条件是存在不全为零的实数 k_1,k_2,k_3，使得 $k_1\boldsymbol{\alpha}_1+k_2\boldsymbol{\alpha}_2+k_3\boldsymbol{\alpha}_3=\mathbf{0}$. 从而向量的共线和共面分别形象地描述了两个向量及三个向量的线性相关性.

定理 3 **向量组 $\boldsymbol{\alpha}_1,\boldsymbol{\alpha}_2,\cdots,\boldsymbol{\alpha}_m(m\geqslant 2)$ 线性相关的充分必要条件是 $\boldsymbol{\alpha}_1,\boldsymbol{\alpha}_2,\cdots,\boldsymbol{\alpha}_m$ 中至少有一个向量是其余向量的线性组合.**

证 （必要性）设 $\boldsymbol{\alpha}_1,\boldsymbol{\alpha}_2,\cdots,\boldsymbol{\alpha}_m$ 线性相关，则存在一组不全为零的实数 $k_1,k_2,\cdots,k_m$，使得 $k_1\boldsymbol{\alpha}_1+k_2\boldsymbol{\alpha}_2+\cdots+k_m\boldsymbol{\alpha}_m=\mathbf{0}$.

不妨设 $k_i\neq 0$，则

$$\boldsymbol{\alpha}_i=-\frac{k_1}{k_i}\boldsymbol{\alpha}_1-\frac{k_2}{k_i}\boldsymbol{\alpha}_2-\cdots-\frac{k_{i-1}}{k_i}\boldsymbol{\alpha}_{i-1}-\frac{k_{i+1}}{k_i}\boldsymbol{\alpha}_{i+1}-\cdots-\frac{k_m}{k_i}\boldsymbol{\alpha}_m,$$

即 $\boldsymbol{\alpha}_i$ 是其余向量的线性组合.

充分性显然.

例 7 n 维基本向量组

$$\boldsymbol{e}_1=\begin{bmatrix}1\\0\\\vdots\\0\end{bmatrix},\boldsymbol{e}_2=\begin{bmatrix}0\\1\\\vdots\\0\end{bmatrix},\cdots,\boldsymbol{e}_n=\begin{bmatrix}0\\0\\\vdots\\1\end{bmatrix}$$

线性无关.

解 事实上，由 $k_1\boldsymbol{e}_1+k_2\boldsymbol{e}_2+\cdots+k_n\boldsymbol{e}_n=\mathbf{0}$ 得

$$k_1\begin{bmatrix}1\\0\\\vdots\\0\end{bmatrix}+k_2\begin{bmatrix}0\\1\\\vdots\\0\end{bmatrix}+\cdots+k_n\begin{bmatrix}0\\0\\\vdots\\1\end{bmatrix}=\begin{bmatrix}0\\0\\\vdots\\0\end{bmatrix},$$

即 $(k_1,k_2,\cdots,k_n)^{\mathrm{T}}=(0,0,\cdots,0)^{\mathrm{T}}$，故 $\boldsymbol{e}_1,\boldsymbol{e}_2,\cdots,\boldsymbol{e}_n$ 线性无关.

例 8 讨论向量组 $\boldsymbol{\alpha}_1=\begin{bmatrix}1\\1\\1\\2\end{bmatrix},\boldsymbol{\alpha}_2=\begin{bmatrix}0\\2\\1\\3\end{bmatrix},\boldsymbol{\alpha}_3=\begin{bmatrix}3\\1\\0\\1\end{bmatrix},\boldsymbol{\alpha}_4=\begin{bmatrix}2\\-4\\-3\\-7\end{bmatrix}$ 的线性相关性.

解 对于向量组 $\boldsymbol{\alpha}_1,\boldsymbol{\alpha}_2,\boldsymbol{\alpha}_3,\boldsymbol{\alpha}_4$，设存在一组实数 k_1,k_2,k_3,k_4，使得

$$k_1\boldsymbol{\alpha}_1+k_2\boldsymbol{\alpha}_2+k_3\boldsymbol{\alpha}_3+k_4\boldsymbol{\alpha}_4=\mathbf{0},$$

即有齐次线性方程组

$$\begin{bmatrix}1&0&3&2\\1&2&1&-4\\1&1&0&-3\\2&3&0&-7\end{bmatrix}\begin{bmatrix}k_1\\k_2\\k_3\\k_4\end{bmatrix}=\begin{bmatrix}0\\0\\0\\0\end{bmatrix}.$$

对该线性方程组系数矩阵 $\boldsymbol{A}$ 作行初等变换，得

$$\boldsymbol{A}=\begin{bmatrix}1&0&3&2\\1&2&1&-4\\1&1&0&-3\\2&3&0&-7\end{bmatrix}\longrightarrow\begin{bmatrix}1&0&3&2\\0&1&0&-2\\0&0&1&1\\0&0&0&0\end{bmatrix}.$$

由于 $r(\boldsymbol{A})=3<4$，故齐次线性方程组有非零解，从而 $\boldsymbol{\alpha}_1,\boldsymbol{\alpha}_2,\boldsymbol{\alpha}_3,\boldsymbol{\alpha}_4$ 线性相关.

由例 8 可见，一向量组的线性相关性与以该向量组作为系数矩阵的齐次线性方程组的解之间有着密切的关系.

一般地，若 $\boldsymbol{\alpha}_1,\boldsymbol{\alpha}_2,\cdots,\boldsymbol{\alpha}_m$ 是 n 维列向量：

$$\boldsymbol{\alpha}_1=\begin{bmatrix}a_{11}\\a_{21}\\\vdots\\a_{n1}\end{bmatrix},\boldsymbol{\alpha}_2=\begin{bmatrix}a_{12}\\a_{22}\\\vdots\\a_{n2}\end{bmatrix},\cdots,\boldsymbol{\alpha}_m=\begin{bmatrix}a_{1m}\\a_{2m}\\\vdots\\a_{nm}\end{bmatrix},$$

则线性关系式 $k_1\boldsymbol{\alpha}_1+k_2\boldsymbol{\alpha}_2+\cdots+k_m\boldsymbol{\alpha}_m=\boldsymbol{0}$ 可表示为一个齐次线性方程组

$$(\boldsymbol{\alpha}_1,\boldsymbol{\alpha}_2,\cdots,\boldsymbol{\alpha}_m)\begin{bmatrix}k_1\\k_2\\\vdots\\k_m\end{bmatrix}=\boldsymbol{0}\quad\text{或}\quad\boldsymbol{A}\begin{bmatrix}k_1\\k_2\\\vdots\\k_m\end{bmatrix}=\boldsymbol{0}.\tag{5}$$

可见，向量组 $\boldsymbol{\alpha}_1,\boldsymbol{\alpha}_2,\cdots,\boldsymbol{\alpha}_m$ 是否线性相关，与齐次线性方程组(5)有无非零解是等价的.

若 $\boldsymbol{\alpha}_1,\boldsymbol{\alpha}_2,\cdots,\boldsymbol{\alpha}_m$ 是 n 维行向量，令

$$\boldsymbol{A}=\begin{bmatrix}\boldsymbol{\alpha}_1\\\boldsymbol{\alpha}_2\\\vdots\\\boldsymbol{\alpha}_m\end{bmatrix},$$

则线性关系式 $k_1\boldsymbol{\alpha}_1+k_2\boldsymbol{\alpha}_2+\cdots+k_m\boldsymbol{\alpha}_m=\boldsymbol{0}$ 也表示为一个齐次线性方程组

$$(\boldsymbol{\alpha}_1^{\mathrm{T}},\boldsymbol{\alpha}_2^{\mathrm{T}},\cdots,\boldsymbol{\alpha}_m^{\mathrm{T}})\begin{bmatrix}k_1\\k_2\\\vdots\\k_m\end{bmatrix}=\boldsymbol{0}\quad\text{或}\quad\boldsymbol{A}^{\mathrm{T}}\begin{bmatrix}k_1\\k_2\\\vdots\\k_m\end{bmatrix}=\boldsymbol{0}.\tag{6}$$

同样，行向量组 $\boldsymbol{\alpha}_1,\boldsymbol{\alpha}_2,\cdots,\boldsymbol{\alpha}_m$ 是否线性相关，与齐次线性方程组(6)有无非零解是等价的. 由于转置矩阵的秩不变，由上节定理 3 及其推论，无论对于行向量还是列向量，都有：

定理 4 m **个** n **维向量** $\boldsymbol{\alpha}_1,\boldsymbol{\alpha}_2,\cdots,\boldsymbol{\alpha}_m$ **线性相关的充分必要条件是这** m **个向量构成的矩阵** $\boldsymbol{A}$ **的秩** $r(\boldsymbol{A})<m$；**线性无关的充分必要条件是** $r(\boldsymbol{A})=m$.

例 9 判定向量组 $\boldsymbol{\alpha}_1=(2,-1,3,-1)$，$\boldsymbol{\alpha}_2=(4,-2,5,4)$，$\boldsymbol{\alpha}_3=(2,-1,4,-1)$ 的线性相关性.

解 令

$$\boldsymbol{A}=\begin{bmatrix}\boldsymbol{\alpha}_1\\ \boldsymbol{\alpha}_2\\ \boldsymbol{\alpha}_3\end{bmatrix}=\begin{bmatrix}2 & -1 & 3 & -1\\ 4 & -2 & 5 & 4\\ 2 & -1 & 4 & -1\end{bmatrix},$$

对 $\boldsymbol{A}$ 施行行初等变换，得

$$\boldsymbol{A}\longrightarrow\begin{bmatrix}2 & -1 & 3 & -1\\ 0 & 0 & -1 & 6\\ 0 & 0 & 0 & 6\end{bmatrix},$$

可见，$r(\boldsymbol{A})=3$（向量个数），故向量组线性无关.

由定理 4，立即可知：

定理 5 $n+1$ 个 n 维向量构成的向量组一定线性相关.

推论 线性无关的 n 维向量组最多含有 n 个 n 维向量.

例 10 已知向量组 $\boldsymbol{\alpha}_1,\boldsymbol{\alpha}_2,\boldsymbol{\alpha}_3$ 线性无关，证明向量组

$$\boldsymbol{\beta}_1=\boldsymbol{\alpha}_1+\boldsymbol{\alpha}_2,\quad \boldsymbol{\beta}_2=\boldsymbol{\alpha}_2+\boldsymbol{\alpha}_3,\quad \boldsymbol{\beta}_3=\boldsymbol{\alpha}_3+\boldsymbol{\alpha}_1$$

线性无关.

证 设有 k_1,k_2,k_3，使得 $k_1\boldsymbol{\beta}_1+k_2\boldsymbol{\beta}_2+k_3\boldsymbol{\beta}_3=\boldsymbol{0}$，即

$$k_1(\boldsymbol{\alpha}_1+\boldsymbol{\alpha}_2)+k_2(\boldsymbol{\alpha}_2+\boldsymbol{\alpha}_3)+k_3(\boldsymbol{\alpha}_3+\boldsymbol{\alpha}_1)=\boldsymbol{0},$$

亦即

$$(k_1+k_3)\boldsymbol{\alpha}_1+(k_1+k_2)\boldsymbol{\alpha}_2+(k_2+k_3)\boldsymbol{\alpha}_3=\boldsymbol{0}.$$

因为 $\boldsymbol{\alpha}_1,\boldsymbol{\alpha}_2,\boldsymbol{\alpha}_3$ 线性无关，故有齐次线性方程组

$$\begin{cases}k_1 \qquad +k_3=0,\\ k_1+k_2 \qquad =0,\\ \qquad k_2+k_3=0.\end{cases}$$

由于此方程组的系数行列式

$$\begin{vmatrix}1 & 0 & 1\\ 1 & 1 & 0\\ 0 & 1 & 1\end{vmatrix}=2\neq 0,$$

所以方程组只有零解，向量组 $\boldsymbol{\beta}_1,\boldsymbol{\beta}_2,\boldsymbol{\beta}_3$ 线性无关.

定理 6 **如果向量组 $\boldsymbol{\alpha}_1,\boldsymbol{\alpha}_2,\cdots,\boldsymbol{\alpha}_m$ 线性无关，而向量组 $\boldsymbol{\alpha}_1,\boldsymbol{\alpha}_2,\cdots,\boldsymbol{\alpha}_m,\boldsymbol{\beta}$ 线性相关，则向量 $\boldsymbol{\beta}$ 可由向量组 $\boldsymbol{\alpha}_1,\boldsymbol{\alpha}_2,\cdots,\boldsymbol{\alpha}_m$ 线性表示，且表示式是唯一的.**

证 首先证明，$\boldsymbol{\beta}$ 可由向量组 $\boldsymbol{\alpha}_1,\boldsymbol{\alpha}_2,\cdots,\boldsymbol{\alpha}_m$ 线性表示.

因为 $\boldsymbol{\alpha}_1,\boldsymbol{\alpha}_2,\cdots,\boldsymbol{\alpha}_m,\boldsymbol{\beta}$ 线性相关，因而存在一组不全为零的常数 $k_1,k_2,\cdots,k_m,l$，使得

$$k_1\boldsymbol{\alpha}_1+k_2\boldsymbol{\alpha}_2+\cdots+k_m\boldsymbol{\alpha}_m+l\boldsymbol{\beta}=\mathbf{0},$$

而 $l\neq 0$.

事实上，若 $l=0$，上式可化为

$$k_1\boldsymbol{\alpha}_1+k_2\boldsymbol{\alpha}_2+\cdots+k_m\boldsymbol{\alpha}_m=\mathbf{0},$$

且 $k_1,k_2,\cdots,k_m$ 不全为零，从而 $\boldsymbol{\alpha}_1,\boldsymbol{\alpha}_2,\cdots,\boldsymbol{\alpha}_m$ 线性相关，这与已知矛盾.

因 $l\neq 0$，所以

$$\boldsymbol{\beta}=-\frac{k_1}{l}\boldsymbol{\alpha}_1-\frac{k_2}{l}\boldsymbol{\alpha}_2-\cdots-\frac{k_m}{l}\boldsymbol{\alpha}_m,$$

即 $\boldsymbol{\beta}$ 可由向量组 $\boldsymbol{\alpha}_1,\boldsymbol{\alpha}_2,\cdots,\boldsymbol{\alpha}_m$ 线性表示.

其次证明，表示式是唯一的.

如果存在数 $l_1,l_2,\cdots,l_m,p_1,p_2,\cdots,p_m$，使

$$\boldsymbol{\beta}=l_1\boldsymbol{\alpha}_1+l_2\boldsymbol{\alpha}_2+\cdots+l_m\boldsymbol{\alpha}_m,\ \boldsymbol{\beta}=p_1\boldsymbol{\alpha}_1+p_2\boldsymbol{\alpha}_2+\cdots+p_m\boldsymbol{\alpha}_m,$$

两式相减得

$$(p_1-l_1)\boldsymbol{\alpha}_1+(p_2-l_2)\boldsymbol{\alpha}_2+\cdots+(p_m-l_m)\boldsymbol{\alpha}_m=\mathbf{0}.$$

由于 $\boldsymbol{\alpha}_1,\boldsymbol{\alpha}_2,\cdots,\boldsymbol{\alpha}_m$ 线性无关，故

$$(p_1-l_1)=(p_2-l_2)=\cdots=(p_m-l_m)=0,$$

即 $p_1=l_1,p_2=l_2,\cdots,p_m=l_m$.

由定理 5，定理 6，可得如下推论：

推论 **若含有 n 个向量的 n 维向量组 $\boldsymbol{\alpha}_1,\boldsymbol{\alpha}_2,\cdots,\boldsymbol{\alpha}_n$ 线性无关，则任意一个 n 维向量都可由它们线性表示，且表示式是唯一的.**

例 11 设 $\boldsymbol{\alpha}_1=(1,-1,1)^{\mathrm{T}},\boldsymbol{\alpha}_2=(-1,0,1)^{\mathrm{T}},\boldsymbol{\alpha}_3=(1,3,-2)^{\mathrm{T}},\boldsymbol{\alpha}_4=(0,-5,5)^{\mathrm{T}}$

问：(1) $\boldsymbol{\alpha}_1,\boldsymbol{\alpha}_2,\boldsymbol{\alpha}_3$ 是否线性无关？

(2) $\boldsymbol{\alpha}_4$ 能否由 $\boldsymbol{\alpha}_1,\boldsymbol{\alpha}_2,\boldsymbol{\alpha}_3$ 线性表示？如能表示，求其表示式.

解 (1) 由于以 $\boldsymbol{\alpha}_1,\boldsymbol{\alpha}_2,\boldsymbol{\alpha}_3$ 为列的三阶行列式

$$|\boldsymbol{A}|=\begin{vmatrix}1&-1&1\\-1&0&3\\1&1&-2\end{vmatrix}=-5\neq 0,$$

所以 $r(\boldsymbol{A})=3$，故 $\boldsymbol{\alpha}_1,\boldsymbol{\alpha}_2,\boldsymbol{\alpha}_3$ 线性无关.

(2) 由定理 6，$\boldsymbol{\alpha}_4$ 一定可以由 $\boldsymbol{\alpha}_1,\boldsymbol{\alpha}_2,\boldsymbol{\alpha}_3$ 线性表示，且表示式唯一.

设 $\boldsymbol{\alpha}_4=k_1\boldsymbol{\alpha}_1+k_2\boldsymbol{\alpha}_2+k_3\boldsymbol{\alpha}_3$，即

$$\begin{bmatrix}1&-1&1\\-1&0&3\\1&1&2\end{bmatrix}\begin{bmatrix}k_1\\k_2\\k_3\end{bmatrix}=\begin{bmatrix}0\\-5\\5\end{bmatrix}.$$

由于方程组系数矩阵的行列式 $|\mathbf{A}|\neq0$，则此方程组有唯一解. 解得 $k_1=2,k_2=1,k_3=-1$，故

$$\boldsymbol{\alpha}_4=2\boldsymbol{\alpha}_1+\boldsymbol{\alpha}_2-\boldsymbol{\alpha}_3.$$

向量组的线性相关性还有以下简单性质：

(1)单个非零向量线性无关；

(2)含有零向量的向量组线性相关；

(3)两个非零向量线性相关，当且仅当它们对应的分量成比例；

(4)向量组中一部分向量线性相关，则该向量组线性相关；

(5)若向量组线性无关，则其任一部分向量组线性无关.

仅证(4)，(5).

证　(4)设有向量组 $\boldsymbol{\alpha}_1,\boldsymbol{\alpha}_2,\cdots,\boldsymbol{\alpha}_m$，不妨设其前 $r(r<m)$ 个向量 $\boldsymbol{\alpha}_1,\boldsymbol{\alpha}_2,\cdots,\boldsymbol{\alpha}_r$ 线性相关，则存在不全为零的数 $k_1,k_2,\cdots,k_r$，使

$$k_1\boldsymbol{\alpha}_1+k_2\boldsymbol{\alpha}_2+\cdots+k_r\boldsymbol{\alpha}_r=\mathbf{0}.$$

取 $k_{r+1}=k_{r+2}=\cdots=k_m=0$，有

$$k_1\boldsymbol{\alpha}_1+k_2\boldsymbol{\alpha}_2+\cdots+k_r\boldsymbol{\alpha}_r+k_{r+1}\boldsymbol{\alpha}_{r+1}+\cdots+k_m\boldsymbol{\alpha}_m=\mathbf{0}.$$

而 $k_1,k_2,\cdots,k_r,k_{r+1},\cdots,k_m$ 不全为零，所以，向量组 $\boldsymbol{\alpha}_1,\boldsymbol{\alpha}_2,\cdots,\boldsymbol{\alpha}_m$ 线性相关.

(5)用反证法. 设向量组 $\boldsymbol{a}_1,\boldsymbol{a}_2,\cdots,\boldsymbol{a}_m$ 线性无关，而向量组 $\boldsymbol{a}_1,\boldsymbol{a}_2,\cdots,\boldsymbol{a}_r(r<m)$ 线性相关，则存在不全为零的数 $k_1,k_2,\cdots,k_r$，使

$$k_1\boldsymbol{a}_1+k_2\boldsymbol{a}_2+\cdots+k_r\boldsymbol{a}_r=\mathbf{0}.$$

取 $k_{r+1}=k_{r+2}=\cdots=k_m=0$，有

$$k_1\boldsymbol{a}_1+k_2\boldsymbol{a}_2+\cdots+k_r\boldsymbol{a}_r+k_{r+1}\boldsymbol{a}_{r+1}+\cdots+k_m\boldsymbol{a}_m=\mathbf{0}$$

而 $k_1,k_2,\cdots,k_r,k_{r+1},\cdots,k_m$ 不全为零，所以向量组 $\boldsymbol{a}_1,\boldsymbol{a}_2,\cdots,\boldsymbol{a}_m$ 线性相关. 此与假设矛盾，故 $\boldsymbol{a}_1,\boldsymbol{a}_2,\cdots,\boldsymbol{a}_m$ 线性无关.

§3.3　向量组的极大线性无关组与向量组的秩

3.3.1　向量组的等价

定义 1　设有两个向量组

$$(\text{Ⅰ})\boldsymbol{\alpha}_1,\boldsymbol{\alpha}_2,\cdots,\boldsymbol{\alpha}_r,\qquad(\text{Ⅱ})\boldsymbol{\beta}_1,\boldsymbol{\beta}_2,\cdots,\boldsymbol{\beta}_s,$$

如果向量组(Ⅰ)中的每个向量都可由向量组(Ⅱ)线性表示,则称向量组(Ⅰ)可由向量组(Ⅱ)线性表示;如果两个向量组可以互相线性表示,则称两个向量组是等价的.

设向量组(Ⅰ)可由(Ⅱ)线性表示,即

$$\begin{cases} \boldsymbol{\alpha}_1 = a_{11}\boldsymbol{\beta}_1 + a_{21}\boldsymbol{\beta}_2 + \cdots + a_{s1}\boldsymbol{\beta}_s, \\ \boldsymbol{\alpha}_2 = a_{12}\boldsymbol{\beta}_1 + a_{22}\boldsymbol{\beta}_2 + \cdots + a_{s2}\boldsymbol{\beta}_s, \\ \qquad \cdots\cdots \\ \boldsymbol{\alpha}_r = a_{1r}\boldsymbol{\beta}_1 + a_{2r}\boldsymbol{\beta}_2 + \cdots + a_{sr}\boldsymbol{\beta}_s. \end{cases} \tag{1}$$

其矩阵形式为

$$(\boldsymbol{\alpha}_1, \boldsymbol{\alpha}_2, \cdots, \boldsymbol{\alpha}_r) = (\boldsymbol{\beta}_1, \boldsymbol{\beta}_2, \cdots, \boldsymbol{\beta}_s) \begin{bmatrix} a_{11} & a_{12} & \cdots & a_{1r} \\ a_{21} & a_{22} & \cdots & a_{2r} \\ \vdots & \vdots & & \vdots \\ a_{s1} & a_{s2} & \cdots & a_{sr} \end{bmatrix}. \tag{2}$$

令 $\boldsymbol{R}=(\boldsymbol{\alpha}_1,\boldsymbol{\alpha}_2,\cdots,\boldsymbol{\alpha}_r)$,$\boldsymbol{S}=(\boldsymbol{\beta}_1,\boldsymbol{\beta}_2,\cdots,\boldsymbol{\beta}_s)$,$\boldsymbol{A}=(a_{ij})_{s\times r}$,则(2)可写成

$$\boldsymbol{R}=\boldsymbol{S}\boldsymbol{A}. \tag{3}$$

可见,向量组(Ⅰ)由(Ⅱ)线性表示的关系可由矩阵关系(3)表示;反之,若有式(3),则矩阵 $\boldsymbol{R}$ 的列向量可由矩阵 $\boldsymbol{S}$ 的列向量线性表示.

向量组之间的线性关系具有传递性,即若向量组(Ⅰ)由(Ⅱ)线性表示,向量组(Ⅱ)由(Ⅲ)线性表示,则向量组(Ⅰ)可由(Ⅲ)线性表示.

等价的向量组具有下述三个性质:

(1)自反性:向量组与其自身等价;

(2)对称性:若向量组(Ⅰ)等价于(Ⅱ),则向量组(Ⅱ)等价于(Ⅰ);

(3)传递性:若向量组(Ⅰ)等价于(Ⅱ),向量组(Ⅱ)等价于(Ⅲ),则向量组(Ⅰ)等价于(Ⅲ).

例 1 向量组 $\boldsymbol{\alpha}_1=(1,1,1)$,$\boldsymbol{\alpha}_2=(0,2,5)$,$\boldsymbol{\alpha}_3=(1,3,6)$ 等价于其部分向量组 $\boldsymbol{\alpha}_1,\boldsymbol{\alpha}_2$.

事实上,(1)$\boldsymbol{\alpha}_1,\boldsymbol{\alpha}_2,\boldsymbol{\alpha}_3$ 中的每一个向量可由 $\boldsymbol{\alpha}_1,\boldsymbol{\alpha}_2$ 线性表示:

$$\boldsymbol{\alpha}_1=\boldsymbol{\alpha}_1+0\boldsymbol{\alpha}_2, \quad \boldsymbol{\alpha}_2=0\boldsymbol{\alpha}_1+\boldsymbol{\alpha}_2, \quad \boldsymbol{\alpha}_3=\boldsymbol{\alpha}_1+\boldsymbol{\alpha}_2;$$

(2)$\boldsymbol{\alpha}_1,\boldsymbol{\alpha}_2$ 中的每一个向量可由 $\boldsymbol{\alpha}_1,\boldsymbol{\alpha}_2,\boldsymbol{\alpha}_3$ 线性表示:

$$\boldsymbol{\alpha}_1=\boldsymbol{\alpha}_1+0\boldsymbol{\alpha}_2+0\boldsymbol{\alpha}_3, \quad \boldsymbol{\alpha}_2=0\boldsymbol{\alpha}_1+\boldsymbol{\alpha}_2+0\boldsymbol{\alpha}_3.$$

因此,$\boldsymbol{\alpha}_1,\boldsymbol{\alpha}_2,\boldsymbol{\alpha}_3$ 等价于其部分向量组 $\boldsymbol{\alpha}_1,\boldsymbol{\alpha}_2$.

3.3.2 极大线性无关组与向量组的秩

定义 2 **如果向量组 $\boldsymbol{\alpha}_1,\boldsymbol{\alpha}_2,\cdots,\boldsymbol{\alpha}_m$ 的一个部分向量组 $\boldsymbol{\alpha}_{j1},\boldsymbol{\alpha}_{j2},\cdots,\boldsymbol{\alpha}_{jr}(r\leqslant m)$ 满足条件：**

(1)$\boldsymbol{\alpha}_{j1},\boldsymbol{\alpha}_{j2},\cdots,\boldsymbol{\alpha}_{jr}$ 线性无关；

(2)$\boldsymbol{\alpha}_1,\boldsymbol{\alpha}_2,\cdots,\boldsymbol{\alpha}_m$ 中的每一个向量都可由此部分向量组线性表示；

则称 $\boldsymbol{\alpha}_{j1},\boldsymbol{\alpha}_{j2},\cdots,\boldsymbol{\alpha}_{jr}$ 是向量组 $\boldsymbol{\alpha}_1,\boldsymbol{\alpha}_2,\cdots,\boldsymbol{\alpha}_m$ 的一个极大线性无关组.

显然,一个线性无关向量组的极大线性无关组是向量组本身.

例 1 中,$\boldsymbol{\alpha}_1,\boldsymbol{\alpha}_2$ 是 $\boldsymbol{\alpha}_1,\boldsymbol{\alpha}_2,\boldsymbol{\alpha}_3$ 的一个极大线性无关组.

例 2 记全体 n 维向量的集合为 $\mathbf{R}^n$,求 $\mathbf{R}^n$ 的一个极大线性无关组.

解 我们知道,n 维基本向量组 $\boldsymbol{e}_1=(1,0,\cdots,0),\boldsymbol{e}_2=(0,1,\cdots,0),\cdots,\boldsymbol{e}_n=(0,0,\cdots,1)$ 是线性无关的,任一 n 维向量 $\boldsymbol{\alpha}=(a_1,a_2,\cdots,a_n)$ 都可用 $\boldsymbol{e}_1,\boldsymbol{e}_2,\cdots,\boldsymbol{e}_n$ 线性表示,即

$$\boldsymbol{\alpha}=a_1\boldsymbol{e}_1+a_2\boldsymbol{e}_2+\cdots+a_n\boldsymbol{e}_n.$$

故 $\boldsymbol{e}_1,\boldsymbol{e}_2,\cdots,\boldsymbol{e}_n$ 是 $\mathbf{R}^n$ 的一个极大线性无关组.

一个向量组的极大线性无关组一般来说不是唯一的.可以验证,在例 1 中,$\boldsymbol{\alpha}_1,\boldsymbol{\alpha}_2$ 和 $\boldsymbol{\alpha}_2,\boldsymbol{\alpha}_3$ 都是 $\boldsymbol{\alpha}_1,\boldsymbol{\alpha}_2,\boldsymbol{\alpha}_3$ 的极大线性无关组.

例 2 中,$\mathbf{R}^n$ 的极大线性无关组也不唯一.任意一个线性无关的 n 维向量组 $\boldsymbol{\alpha}_1,\boldsymbol{\alpha}_2,\cdots,\boldsymbol{\alpha}_n$,必然是 $\mathbf{R}^n$ 的一个极大线性无关组.因为对于任一 n 维向量 $\boldsymbol{\alpha}$,由上节定理 5,$\boldsymbol{\alpha}_1,\boldsymbol{\alpha}_2,\cdots,\boldsymbol{\alpha}_n,\boldsymbol{\alpha}$ 是线性相关的.

虽然,一个向量组的极大线性无关组不唯一,但是,这些极大线性无关组都含有相同个数的向量.

定理 1 **若向量组 $\boldsymbol{\alpha}_1,\boldsymbol{\alpha}_2,\cdots,\boldsymbol{\alpha}_r$ 可由向量组 $\boldsymbol{\beta}_1,\boldsymbol{\beta}_2,\cdots,\boldsymbol{\beta}_s$ 线性表示,且 $\boldsymbol{\alpha}_1,\boldsymbol{\alpha}_2,\cdots,\boldsymbol{\alpha}_r$ 线性无关,则 $r\leqslant s$.**

证 用反证法.假设 $r>s$.

因 $\boldsymbol{\alpha}_1,\boldsymbol{\alpha}_2,\cdots,\boldsymbol{\alpha}_r$ 可由向量组 $\boldsymbol{\beta}_1,\boldsymbol{\beta}_2,\cdots,\boldsymbol{\beta}_s$ 线性表示,由式(3),则有

$$\boldsymbol{R}=\boldsymbol{S}\boldsymbol{A}.$$

其中 $\boldsymbol{A}=(a_{ij})_{s\times r},\boldsymbol{R}=(\boldsymbol{\alpha}_1,\boldsymbol{\alpha}_2,\cdots,\boldsymbol{\alpha}_r),\quad \boldsymbol{S}=(\boldsymbol{\beta}_1,\boldsymbol{\beta}_2,\cdots,\boldsymbol{\beta}_s)$.

设 $k_1\boldsymbol{\alpha}_1+k_2\boldsymbol{\alpha}_2+\cdots+k_r\boldsymbol{\alpha}_r=\boldsymbol{0}$,即

$$[\boldsymbol{\alpha}_1,\boldsymbol{\alpha}_2,\cdots,\boldsymbol{\alpha}_r]\begin{bmatrix}k_1\\k_2\\\vdots\\k_r\end{bmatrix}=\boldsymbol{0},\tag{4}$$

令 $\boldsymbol{K}=(k_1,k_2,\cdots,k_r)^{\mathrm{T}}$,则上式可表示为

$$\boldsymbol{R}\boldsymbol{K}=\boldsymbol{0}.\tag{5}$$

将 $\boldsymbol{R}=\boldsymbol{SA}$ 代入(5),得

$$\boldsymbol{S}(\boldsymbol{AK})=\boldsymbol{0}. \tag{6}$$

考虑 r 个未知量 s 个方程的齐次线性方程组 $\boldsymbol{AK}=\boldsymbol{0}$,由于 $r>s$,方程组系数矩阵的秩必小于未知量的个数,所以 $\boldsymbol{AK}=\boldsymbol{0}$ 一定有非零解.即存在不全为零的常数 $k_1,k_2,\cdots,k_r$,使等式 $k_1\boldsymbol{\alpha}_1+k_2\boldsymbol{\alpha}_2+\cdots+k_r\boldsymbol{\alpha}_r=\boldsymbol{0}$ 成立,即向量组 $\boldsymbol{\alpha}_1,\boldsymbol{\alpha}_2,\cdots,\boldsymbol{\alpha}_r$ 线性相关.此与已知矛盾,故 $r\leqslant s$.

推论 如果向量组 $\boldsymbol{\alpha}_1,\boldsymbol{\alpha}_2,\cdots,\boldsymbol{\alpha}_r$ 可由向量组 $\boldsymbol{\beta}_1,\boldsymbol{\beta}_2,\cdots,\boldsymbol{\beta}_s$ 线性表示,且 $r>s$,则 $\boldsymbol{\alpha}_1,\boldsymbol{\alpha}_2,\cdots,\boldsymbol{\alpha}_r$ 线性相关.

定理 2 一个向量组的极大线性无关组之间彼此等价并与向量组本身等价,而且一个向量组的所有极大线性无关组所含向量的个数相等.

证 设 $\boldsymbol{\alpha}_{j1},\boldsymbol{\alpha}_{j2},\cdots,\boldsymbol{\alpha}_{jr}$ 和 $\boldsymbol{\alpha}_{i1},\boldsymbol{\alpha}_{i2},\cdots,\boldsymbol{\alpha}_{is}$ 是向量组 $\boldsymbol{\alpha}_1,\boldsymbol{\alpha}_2,\cdots,\boldsymbol{\alpha}_m$ 的任意两个极大线性无关组.由极大线性无关组的定义,两者能够互相线性表示,故它们彼此等价.

两个极大线性无关组与向量组 $\boldsymbol{\alpha}_1,\boldsymbol{\alpha}_2,\cdots,\boldsymbol{\alpha}_m$ 均可互相线性表示,从而两个极大线性无关组与向量组 $\boldsymbol{\alpha}_1,\boldsymbol{\alpha}_2,\cdots,\boldsymbol{\alpha}_m$ 等价.

由于 $\boldsymbol{\alpha}_{j1},\boldsymbol{\alpha}_{j2},\cdots,\boldsymbol{\alpha}_{jr}$ 与 $\boldsymbol{\alpha}_{i1},\boldsymbol{\alpha}_{i2},\cdots,\boldsymbol{\alpha}_{is}$ 彼此等价,且 $\boldsymbol{\alpha}_{j1},\boldsymbol{\alpha}_{j2},\cdots,\boldsymbol{\alpha}_{jr}$ 与 $\boldsymbol{\alpha}_{i1},\boldsymbol{\alpha}_{i2},\cdots,\boldsymbol{\alpha}_{is}$ 都线性无关,由定理 1,$r\leqslant s$ 且 $s\leqslant r$.故 $r=s$.

这一结果表明:向量组的极大线性无关组所含向量的个数与极大线性无关组的选择无关,它反映了向量组本身固有的性质.

定义 3 向量组的极大线性无关组所含向量的个数称为向量组的秩.

由例 2 知,n 维基本向量组 $\boldsymbol{e}_1,\boldsymbol{e}_2,\cdots,\boldsymbol{e}_n$ 是 $\mathbf{R}^n$ 的一个极大线性无关组,它包含有 n 个向量,$\mathbf{R}^n$ 的秩为 n.

由于向量组的极大线性无关组与向量组等价,由等价的传递性,等价向量组的极大线性无关组等价,故有:

定理 3 等价的向量组有相同的秩.

对于一个线性相关的向量组 $\boldsymbol{\alpha}_1,\boldsymbol{\alpha}_2,\cdots,\boldsymbol{\alpha}_m$,要求一个极大线性无关组,可以采用逐个扩充法(或剔除法).例如取向量 $\boldsymbol{\alpha}_1\neq 0$,又取向量 $\boldsymbol{\alpha}_2$,使 $\boldsymbol{\alpha}_1,\boldsymbol{\alpha}_2$ 线性无关;再取向量 $\boldsymbol{\alpha}_3$,判别 $\boldsymbol{\alpha}_1,\boldsymbol{\alpha}_2,\boldsymbol{\alpha}_3$ 的线性关系.若它们线性相关,就把 $\boldsymbol{\alpha}_3$ 删去,若它们是线性无关,则保留之.继续这个过程,遍历了整个向量组,最后总可以求出一个极大线性无关组.

例 3 求向量组 $\boldsymbol{\alpha}_1=(1,2,0,1)^{\mathrm{T}},\boldsymbol{\alpha}_2=(1,3,5,1)^{\mathrm{T}},\boldsymbol{\alpha}_3=(0,-1,-5,0)^{\mathrm{T}},\boldsymbol{\alpha}_4=(2,1,0,0)^{\mathrm{T}}$ 的一个极大性无关组及该向量组的秩.

解 用扩充法,首先易见 $\boldsymbol{\alpha}_1,\boldsymbol{\alpha}_2$ 是线性无关的,取 $\boldsymbol{\alpha}_3$,判别 $\boldsymbol{\alpha}_1,\boldsymbol{\alpha}_2,\boldsymbol{\alpha}_3$ 的线性关系.因 $\boldsymbol{\alpha}_3=\boldsymbol{\alpha}_1-\boldsymbol{\alpha}_2$,故 $\boldsymbol{\alpha}_1,\boldsymbol{\alpha}_2,\boldsymbol{\alpha}_3$ 线性相关,舍去 $\boldsymbol{\alpha}_3$.再取 $\boldsymbol{\alpha}_4$,用定义可以判断 $\boldsymbol{\alpha}_1,\boldsymbol{\alpha}_2,\boldsymbol{\alpha}_4$ 是线性无关的,故 $\boldsymbol{\alpha}_1,\boldsymbol{\alpha}_2,\boldsymbol{\alpha}_4$ 就是该向量组的一个极大无关组,向量组的秩为 3.

3.3.3 向量组的秩与矩阵的秩的关系

对于 $m\times n$ 矩阵

$$\boldsymbol{A}=\begin{bmatrix} a_{11} & a_{12} & \cdots & a_{1n} \\ a_{21} & a_{22} & \cdots & a_{2n} \\ \vdots & \vdots & & \vdots \\ a_{m1} & a_{m2} & \cdots & a_{mn} \end{bmatrix},$$

若把 $\boldsymbol{A}$ 按列分块,令 $\boldsymbol{\alpha}_j=(a_{1j},a_{2j},\cdots,a_{mj})^{\mathrm{T}}(j=1,2,\cdots,n)$,则

$$\boldsymbol{A}=[\boldsymbol{\alpha}_1,\boldsymbol{\alpha}_2,\cdots,\boldsymbol{\alpha}_n],$$

$\boldsymbol{\alpha}_1,\boldsymbol{\alpha}_2,\cdots,\boldsymbol{\alpha}_n$ 组成的列向量组,称为**矩阵 $\boldsymbol{A}$ 的列向量组**;

若把 $\boldsymbol{A}$ 按行分块,令 $\boldsymbol{\beta}_i=(a_{i1},a_{i2},\cdots,a_{in})(i=1,2,\cdots,m)$,则

$$\boldsymbol{A}=\begin{bmatrix} \boldsymbol{\beta}_1 \\ \boldsymbol{\beta}_2 \\ \vdots \\ \boldsymbol{\beta}_m \end{bmatrix},$$

$\boldsymbol{\beta}_1,\boldsymbol{\beta}_2,\cdots,\boldsymbol{\beta}_m$ 组成的行向量组,称为**矩阵 $\boldsymbol{A}$ 的行向量组**.

定义 4　矩阵 $\boldsymbol{A}$ 的行向量组的秩称为矩阵 $\boldsymbol{A}$ 的行秩,列向量组的秩称为矩阵 $\boldsymbol{A}$ 的列秩.

定理 4　矩阵 $\boldsymbol{A}$ 的行秩等于列秩,且等于矩阵 $\boldsymbol{A}$ 的秩.

证　设 $\boldsymbol{A}=(\boldsymbol{\alpha}_1,\boldsymbol{\alpha}_2,\cdots,\boldsymbol{\alpha}_n)$,$r(\boldsymbol{A})=r$,则 $\boldsymbol{A}$ 中的某个 r 阶子式 $D_r\neq0$. 根据第二节定理 4,$\boldsymbol{A}$ 中 D_r 所在的 r 列线性无关;又因为 $\boldsymbol{A}$ 中所有的 $r+1$ 阶子式全为零,故 $\boldsymbol{A}$ 中任意 $r+1$ 个列向量线性相关. 因此,D_r 所在的 r 列就是 $\boldsymbol{A}$ 的列向量组的一个极大线性无关组,所以,$\boldsymbol{A}$ 的列秩为 r,等于 $\boldsymbol{A}$ 的秩.

同理,$\boldsymbol{A}$ 的行秩也等于 $\boldsymbol{A}$ 的秩.

从定理 4 的证明中可以看出:若 D_r 是矩阵 $\boldsymbol{A}$ 的一个最高阶非零子式,则 $\boldsymbol{A}$ 中 D_r 所在的 r 个列即为 $\boldsymbol{A}$ 的列向量组的一个极大线性无关组;D_r 所在的 r 行即为 $\boldsymbol{A}$ 的行向量组的一个极大线性无关组.

推论　设 $\boldsymbol{A}$ 为 $m\times n$ 矩阵,当 $\boldsymbol{A}$ 的列(行)向量个数 $n(m)$ 大于 $\boldsymbol{A}$ 的秩,则列(行)向量组线性相关;当 $\boldsymbol{A}$ 的列(行)向量个数等于矩阵 $\boldsymbol{A}$ 的秩,则列(行)向量组线性无关.

若 n 阶方阵 $\boldsymbol{A}$ 的行列式 $|A|=0$,则 $\boldsymbol{A}$ 的 n 列(行)向量线性相关;若 $|A|\neq0$,则 $\boldsymbol{A}$ 的 n 个列(行)向量线性无关.

由推论可得到一个判别向量组线性相关性的行之有效的方法. 这就是把向量组按列(行)排成一个矩阵,然后用行初等变换化矩阵为阶梯形矩阵,求矩阵的秩 r. 当秩 r 小于列(行)向量个数时,则向量组线性相关;当秩 r 等于列(行)向量个数时,则向量组线性无关.

例 4　设 $\boldsymbol{\alpha}_1=(1,-1,2,4)^{\mathrm{T}}$,$\boldsymbol{\alpha}_2=(3,0,7,14)^{\mathrm{T}}$,$\boldsymbol{\alpha}_3=(0,3,1,2)^{\mathrm{T}}$,$\boldsymbol{\alpha}_4=(1,-1,2,0)^{\mathrm{T}}$,$\boldsymbol{\alpha}_5=(2,1,5,6)^{\mathrm{T}}$,判断该向量组的线性相关性.

解　把向量组按列排成矩阵 $\boldsymbol{A}$,求 $\boldsymbol{A}$ 的秩:

$$A=\begin{bmatrix}1&3&0&1&2\\-1&0&3&-1&1\\2&7&1&2&5\\4&17&2&0&6\end{bmatrix}\to\begin{bmatrix}1&3&0&1&2\\0&3&3&0&3\\0&1&1&0&1\\0&2&2&-4&-2\end{bmatrix}\to\begin{bmatrix}1&3&0&1&2\\0&0&0&0&0\\0&1&1&0&1\\0&0&0&-4&-4\end{bmatrix}\to$$

$$\begin{bmatrix}1&3&0&1&2\\0&1&1&0&1\\0&0&0&1&1\\0&0&0&0&0\end{bmatrix}\to\begin{bmatrix}1&0&-3&0&-2\\0&1&1&0&1\\0&0&0&1&1\\0&0&0&0&0\end{bmatrix}.$$

因 $r(\boldsymbol{A})=3$，故 $\boldsymbol{\alpha}_1,\boldsymbol{\alpha}_2,\boldsymbol{\alpha}_3,\boldsymbol{\alpha}_4$ 线性相关.

定理 5　矩阵 $\boldsymbol{A}$ 经行初等变换化为 $\boldsymbol{B}$，则 $\boldsymbol{A}$ 的列向量组与 $\boldsymbol{B}$ 对应的列向量组有相同的线性组合关系(证明略).

例 5　求向量组 $\boldsymbol{\alpha}_1=(2,4,2),\boldsymbol{\alpha}_2=(1,1,0),\boldsymbol{\alpha}_3=(2,3,1),\boldsymbol{\alpha}_4=(3,5,2)$ 的一个极大线性无关组，并把其余向量用所求的极大线性无关组线性表出.

解　由定理 5，把向量组按列排成矩阵 $\boldsymbol{A}$，用初等行变换把 $\boldsymbol{A}$ 化为简化行阶梯形矩阵 $\boldsymbol{C}$，求出 $\boldsymbol{C}$ 的列向量组的一个极大线性无关组，与其相应的 $\boldsymbol{A}$ 中的列就是 $\boldsymbol{A}$ 的列向量组的一个极大线性无关组.

构造 $\boldsymbol{A}=(\boldsymbol{\alpha}_1^{\mathrm{T}},\boldsymbol{\alpha}_2^{\mathrm{T}},\boldsymbol{\alpha}_3^{\mathrm{T}},\boldsymbol{\alpha}_4^{\mathrm{T}})$，则

$$A=\begin{bmatrix}2&1&2&3\\4&1&3&5\\2&0&1&2\end{bmatrix}\to\begin{bmatrix}2&1&2&3\\0&-1&-1&-1\\0&-1&-1&-1\end{bmatrix}\to\begin{bmatrix}2&1&2&3\\0&1&1&1\\0&0&0&0\end{bmatrix}\to\begin{bmatrix}1&0&\frac{1}{2}&1\\0&1&1&1\\0&0&0&0\end{bmatrix}=\boldsymbol{C}.$$
$$\quad\beta_1\quad\beta_2\quad\beta_3\quad\beta_4$$

可见 $r(\boldsymbol{C})=2$，因此，向量组 $\boldsymbol{\beta}_1,\boldsymbol{\beta}_2,\boldsymbol{\beta}_3,\boldsymbol{\beta}_4$ 的极大线性无关组含有两个向量. 因为 $\boldsymbol{C}$ 第一列向量 $\boldsymbol{\beta}_1$ 和第二列向量 $\boldsymbol{\beta}_2$ 线性无关，故与其对应的矩阵 $\boldsymbol{A}$ 中的 $\boldsymbol{\alpha}_1,\boldsymbol{\alpha}_2$ 线性无关，从而 $\boldsymbol{\alpha}_1,\boldsymbol{\alpha}_2$ 就是所求向量组的一个极大线性无关组.

由矩阵 $\boldsymbol{C}$，$\boldsymbol{\beta}_3=\frac{1}{2}\boldsymbol{\beta}_1+\boldsymbol{\beta}_2,\boldsymbol{\beta}_4=\boldsymbol{\beta}_1+\boldsymbol{\beta}_2$，所以有

$$\boldsymbol{\alpha}_3=\frac{1}{2}\boldsymbol{\alpha}_1+\boldsymbol{\alpha}_2;\boldsymbol{\alpha}_4=\boldsymbol{\alpha}_1+\boldsymbol{\alpha}_2.$$

例 6　设向量组 $\boldsymbol{\alpha}_1,\boldsymbol{\alpha}_2,\cdots,\boldsymbol{\alpha}_m$ 和 $\boldsymbol{\beta}_1,\boldsymbol{\beta}_2,\cdots,\boldsymbol{\beta}_s$ 的秩分别为 r_1 和 r_2，若向量组 $\boldsymbol{\beta}_1,\boldsymbol{\beta}_2,\cdots,\boldsymbol{\beta}_s$ 可由向量组 $\boldsymbol{\alpha}_1,\boldsymbol{\alpha}_2,\cdots,\boldsymbol{\alpha}_m$ 线性表出，证明 $r_2\leqslant r_1$.

证　假设 $\boldsymbol{\alpha}_{i1},\boldsymbol{\alpha}_{i2},\cdots,\boldsymbol{\alpha}_{ir_1}$ 和 $\boldsymbol{\beta}_{j1},\boldsymbol{\beta}_{j2},\cdots,\boldsymbol{\beta}_{jr_2}$ 分别是向量组 $\boldsymbol{\alpha}_1,\boldsymbol{\alpha}_2,\cdots,\boldsymbol{\alpha}_m$ 和 $\boldsymbol{\beta}_1,\boldsymbol{\beta}_2,\cdots,\boldsymbol{\beta}_s$ 的极大线性无关组，则 $\boldsymbol{\beta}_{j1},\boldsymbol{\beta}_{j2},\cdots,\boldsymbol{\beta}_{jr_2}$ 可由 $\boldsymbol{\beta}_1,\boldsymbol{\beta}_2,\cdots,\boldsymbol{\beta}_s$ 线性表出. 由于向量组 $\boldsymbol{\beta}_1,\boldsymbol{\beta}_2,\cdots,\boldsymbol{\beta}_s$ 可由向量组 $\boldsymbol{\alpha}_1,\boldsymbol{\alpha}_2,\cdots,\boldsymbol{\alpha}_m$ 线性表出，所以 $\boldsymbol{\beta}_{j1},\boldsymbol{\beta}_{j2},\cdots,\boldsymbol{\beta}_{jr_2}$ 可由 $\boldsymbol{\alpha}_1,\boldsymbol{\alpha}_2,\cdots,\boldsymbol{\alpha}_m$ 线性表出；又因 $\boldsymbol{\alpha}_1$，

$\boldsymbol{\alpha}_2,\cdots,\boldsymbol{\alpha}_m$ 可由 $\boldsymbol{\alpha}_{i1},\boldsymbol{\alpha}_{i2},\cdots,\boldsymbol{\alpha}_{ir_1}$ 线性表出，所以 $\boldsymbol{\beta}_{j1},\boldsymbol{\beta}_{j2},\cdots,\boldsymbol{\beta}_{jr_2}$ 可由 $\boldsymbol{\alpha}_{i1},\boldsymbol{\alpha}_{i2},\cdots,\boldsymbol{\alpha}_{ir_1}$ 线性表出. 注意到 $\boldsymbol{\beta}_{j1},\boldsymbol{\beta}_{j2},\cdots,\boldsymbol{\beta}_{jr_2}$ 的线性无关性，由定理 1 可知 $r_2\leqslant r_1$.

例 7 设 $\boldsymbol{A},\boldsymbol{B}$ 均为 $n\times s$ 矩阵，证明，$r(\boldsymbol{A}+\boldsymbol{B})\leqslant r(\boldsymbol{A})+r(\boldsymbol{B})$.

证 将矩阵 $\boldsymbol{A},\boldsymbol{B}$ 写成列向量组的形式：

$$\boldsymbol{A}=(\boldsymbol{\alpha}_1,\boldsymbol{\alpha}_2,\cdots,\boldsymbol{\alpha}_s),\quad \boldsymbol{B}=(\boldsymbol{\beta}_1,\boldsymbol{\beta}_2,\cdots,\boldsymbol{\beta}_s),$$

于是

$$\boldsymbol{A}+\boldsymbol{B}=(\boldsymbol{\alpha}_1+\boldsymbol{\beta}_1,\boldsymbol{\alpha}_2+\boldsymbol{\beta}_2,\cdots,\boldsymbol{\alpha}_s+\boldsymbol{\beta}_s)=(\boldsymbol{\gamma}_1,\boldsymbol{\gamma}_2,\cdots,\boldsymbol{\gamma}_s).$$

假设 $\boldsymbol{\alpha}_{i1},\boldsymbol{\alpha}_{i2},\cdots,\boldsymbol{\alpha}_{ir_1}$ 和 $\boldsymbol{\beta}_{j1},\boldsymbol{\beta}_{j2},\cdots,\boldsymbol{\beta}_{jr_2}$ 分别是 $\boldsymbol{\alpha}_1,\boldsymbol{\alpha}_2,\cdots,\boldsymbol{\alpha}_s$ 和 $\boldsymbol{\beta}_1,\boldsymbol{\beta}_2,\cdots,\boldsymbol{\beta}_s$ 的极大线性无关组，显然向量组 $\boldsymbol{\gamma}_1,\boldsymbol{\gamma}_2,\cdots,\boldsymbol{\gamma}_s$ 可由向量组 $\boldsymbol{\alpha}_{i1},\boldsymbol{\alpha}_{i2},\cdots,\boldsymbol{\alpha}_{ir_1},\boldsymbol{\beta}_{j1},\boldsymbol{\beta}_{j2},\cdots,\boldsymbol{\beta}_{jr_2}$ 线性表示. 从而，由例 5 可知，

$$r(\boldsymbol{\gamma}_1,\boldsymbol{\gamma}_2,\cdots,\boldsymbol{\gamma}_s)\leqslant r(\boldsymbol{\alpha}_{i1},\boldsymbol{\alpha}_{i2},\cdots,\boldsymbol{\alpha}_{ir_1},\boldsymbol{\beta}_{j1},\boldsymbol{\beta}_{j2},\cdots,\boldsymbol{\beta}_{jr_2})\leqslant r_1+r_2.$$

由于 $r(\boldsymbol{\gamma}_1,\boldsymbol{\gamma}_2,\cdots,\boldsymbol{\gamma}_s)$ 就是矩阵 $\boldsymbol{A}+\boldsymbol{B}$ 的列向量组的秩，由定理 4，

$$r(\boldsymbol{A}+\boldsymbol{B})\leqslant r_1+r_2=r(\boldsymbol{A})+r(\boldsymbol{B}).$$

§3.4 向量空间

本节引入向量空间，将 n 维向量的概念一般化，进一步加深对线性方程组和矩阵概念的理解.

3.4.1 向量空间的定义

定义 1 设 $\mathbf{V}$ 是数域 F 上的 n 维向量构成的非空集合，若

(1) $\forall\,\boldsymbol{\alpha},\boldsymbol{\beta}\in\mathbf{V},\boldsymbol{\alpha}+\boldsymbol{\beta}\in\mathbf{V}$；

(2) $\forall\,\boldsymbol{\alpha}\in\mathbf{V},k\in F,k\boldsymbol{\alpha}\in\mathbf{V}$；

则称集合 $\mathbf{V}$ 为数域 F 上的向量空间. 若 F 为实数域 $\mathbf{R}$，则称 $\mathbf{V}$ 为实向量空间.

定义中条件(1)、(2)称为集合 $\mathbf{V}$ 关于加法及数乘这两种运算封闭. 一个 n 维向量的集合要构成向量空间，必须关于加法及数乘运算封闭.

除非特别说明，今后所指的向量空间都是实数域 $\mathbf{R}$ 上的向量空间.

例 1 实数域 $\mathbf{R}$ 上所有 n 维向量的集合 $\mathbf{R}^n$ 构成一个向量空间.

因为 $\forall\,\boldsymbol{\alpha}=(a_1,a_2,\cdots,a_n),\boldsymbol{\beta}=(b_1,b_2,\cdots,b_n)\in\mathbf{R}^n$，$\boldsymbol{\alpha}+\boldsymbol{\beta}$ 是一个 n 维向量，$\boldsymbol{\alpha}+\boldsymbol{\beta}=(a_1+b_1,a_2+b_2,\cdots,a_n+b_n)\in\mathbf{R}^n$，而且，$\forall\,\boldsymbol{\alpha}=(a_1,a_2,\cdots,a_n)\in\mathbf{R}^n,k\in\mathbf{R}$，$k\boldsymbol{\alpha}$ 仍是一个 n 维向量，$k\boldsymbol{\alpha}=(ka_1,ka_2,\cdots,ka_n)\in\mathbf{R}^n$，所以 $\mathbf{R}$ 上所有 n 维向量的集合 $\mathbf{R}^n$ 构成一个向量空间.

特别地，当 $n=1$ 时，即实数作为向量，全体实数的集合 $\mathbf{R}^1$ 是一个向量空间；当 $n=2$ 时，平面上以坐标原点为起点的有向线段的全体构成一个向量空间；$n=3$ 时，空间上以坐标原

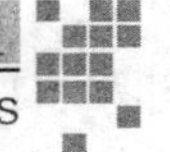

点为起点的有向线段的全体构成一个向量空间.

单独一个零向量构成一个向量空间，称为**零空间**.

例 2 集合 $\mathbf{V}=\{\boldsymbol{x}=(0,x_2,x_3,\cdots,x_n)^{\mathrm{T}}\mid x_2,x_3,\cdots x_n\in\mathbf{R}\}$ 是一个向量空间.

因为，对 $\forall\boldsymbol{\alpha}=(0,a_2,a_3,\cdots,a_n)^{\mathrm{T}}\in\mathbf{V},\boldsymbol{\beta}=(0,b_2,b_3,\cdots,b_n)^{\mathrm{T}}\in\mathbf{V},k\in\mathbf{R}$，有

$$\boldsymbol{\alpha}+\boldsymbol{\beta}=(0,a_2+b_2,a_3+b_3,\cdots,a_n+b_n)^{\mathrm{T}}\in\mathbf{V},$$

$$k\boldsymbol{\alpha}=(0,ka_2,ka_3,\cdots,ka_n)^{\mathrm{T}}\in\mathbf{V}.$$

例 3 集合 $\mathbf{V}=\{\boldsymbol{x}=(1,x_2,\cdots,x_n)^{\mathrm{T}}\mid x_2,x_3,\cdots,x_n\in\mathbf{R}\}$ 不是向量空间.

因为 $\forall\boldsymbol{\alpha}=(1,a_2,a_3,\cdots,a_n)^{\mathrm{T}}\in\mathbf{V}$，但 $2\boldsymbol{\alpha}=(2,2a_2,2a_3,\cdots,2a_n)^{\mathrm{T}}\notin\mathbf{V}$.

例 4 设 $\boldsymbol{\alpha},\boldsymbol{\beta}$ 为两个已知的 n 维向量，集合 $\mathbf{V}=\{\boldsymbol{x}=k\boldsymbol{\alpha}+l\boldsymbol{\beta}\mid k,l\in\mathbf{R}\}$ 是一个向量空间.

因为，若 $\boldsymbol{x}_1=k_1\boldsymbol{\alpha}+l_1\boldsymbol{\beta},\boldsymbol{x}_2=k_2\boldsymbol{\alpha}+l_2\boldsymbol{\beta}\in\mathbf{V}$，则

$$\boldsymbol{x}_1+\boldsymbol{x}_2=(k_1+k_2)\boldsymbol{\alpha}+(l_1+l_2)\boldsymbol{\beta}\in\mathbf{V},$$

$$p\boldsymbol{x}_1=(pk_1)\boldsymbol{\alpha}+(pl_1)\boldsymbol{\beta}\in\mathbf{V}.$$

其中，$k_1,l_1,k_2,l_2,p\in\mathbf{R}$.

该向量空间称为由**向量 $\boldsymbol{\alpha},\boldsymbol{\beta}$ 的线性组合生成的向量空间**，记为 $L[\boldsymbol{\alpha},\boldsymbol{\beta}]$.

一般地，由向量组 $\boldsymbol{\alpha}_1,\boldsymbol{\alpha}_2,\cdots,\boldsymbol{\alpha}_m$ 的线性组合生成的向量空间为

$$L[\boldsymbol{\alpha}_1,\boldsymbol{\alpha}_2,\cdots,\boldsymbol{\alpha}_m]=\{\boldsymbol{x}=k_1\boldsymbol{\alpha}_1+k_2\boldsymbol{\alpha}_2+\cdots+k_m\boldsymbol{\alpha}_m\mid k_1,k_2,\cdots,k_m\in\mathbf{R}\}.$$

定义 2 设 $\boldsymbol{W}$ 是向量空间 $\mathbf{V}$ 的一个非空子集，若 $\boldsymbol{W}$ 中的所有元素对 $\mathbf{V}$ 中定义的加法和数乘运算也构成一个向量空间，则称 $\boldsymbol{W}$ 是 $\mathbf{V}$ 的一个子空间.

例如，由 n 维向量组 $\boldsymbol{\alpha}_1,\boldsymbol{\alpha}_2,\cdots,\boldsymbol{\alpha}_m$ 所生成的向量空间 $L[\boldsymbol{\alpha}_1,\boldsymbol{\alpha}_2,\cdots,\boldsymbol{\alpha}_m]$ 为 $\mathbf{R}^n$ 的子空间. 一般地，由 n 维向量所生成的任何向量空间 $\mathbf{V}$，总是 $\mathbf{R}^n$ 的子空间.

例 5 证明两个等价的向量组生成的子空间相等.

证 设向量组 $\boldsymbol{\alpha}_1,\boldsymbol{\alpha}_2,\cdots,\boldsymbol{\alpha}_r$ 和 $\boldsymbol{\beta}_1,\boldsymbol{\beta}_2,\cdots,\boldsymbol{\beta}_s$ 等价，且生成的向量空间分别为 $\mathbf{V}_1$ 和 $\mathbf{V}_2$.

$\forall\boldsymbol{\alpha}\in\mathbf{V}_1$，则 $\boldsymbol{\alpha}$ 可以由 $\boldsymbol{\alpha}_1,\boldsymbol{\alpha}_2,\cdots,\boldsymbol{\alpha}_r$ 线性表示，由向量组等价性，$\boldsymbol{\alpha}_1,\boldsymbol{\alpha}_2,\cdots,\boldsymbol{\alpha}_r$ 可由 $\boldsymbol{\beta}_1,\boldsymbol{\beta}_2,\cdots,\boldsymbol{\beta}_s$ 线性表示，从而 $\boldsymbol{\alpha}$ 也可以由 $\boldsymbol{\beta}_1,\boldsymbol{\beta}_2,\cdots,\boldsymbol{\beta}_s$ 线性表示，即 $\boldsymbol{\alpha}\in\mathbf{V}_2$. 因而 $\mathbf{V}_1\subseteq\mathbf{V}_2$.

同理可证，$\mathbf{V}_2\subseteq\mathbf{V}_1$，即有 $\mathbf{V}_1=\mathbf{V}_2$.

3.4.2 向量空间的基和维数

定义 3 设 $\mathbf{V}$ 为向量空间，如果存在 r 个向量 $\boldsymbol{\alpha}_1,\boldsymbol{\alpha}_2,\cdots,\boldsymbol{\alpha}_r\in\mathbf{V}$，满足：

(1) $\boldsymbol{\alpha}_1,\boldsymbol{\alpha}_2,\cdots,\boldsymbol{\alpha}_r$ 线性无关；

(2) $\mathbf{V}$ 中任一向量都可由 $\boldsymbol{\alpha}_1,\boldsymbol{\alpha}_2,\cdots,\boldsymbol{\alpha}_r$ 线性表示；

则向量组 $\boldsymbol{\alpha}_1,\boldsymbol{\alpha}_2,\cdots,\boldsymbol{\alpha}_r$ 称为向量空间 $\mathbf{V}$ 的一个基，r 称为向量空间 $\mathbf{V}$ 的维数，记为 $\dim\mathbf{V}=r$，并称 $\mathbf{V}$ 为 r 维向量空间.

规定,零空间的维数为 0.

显然,若把向量空间看作向量组,则 $\mathbf{V}$ 的基就是向量组的极大线性无关组;$\mathbf{V}$ 的维数就是向量组的秩.

例 6 在 $\mathbf{R}^n$ 中,n 维基本向量组 $\boldsymbol{e}_1=(1,0,\cdots,0),\boldsymbol{e}_2=(0,1,\cdots,0),\cdots,\boldsymbol{e}_n=(0,0,\cdots,1)$ 是 $\mathbf{R}^n$ 的一个基,$\dim\mathbf{R}^n=n$.

定理 1 n **维向量空间 $\mathbf{V}$ 的任意 n 个线性无关的向量都是向量空间 $\mathbf{V}$ 的基.**

证 设 $\boldsymbol{\alpha}_1,\boldsymbol{\alpha}_2,\cdots,\boldsymbol{\alpha}_n$ 是 $\mathbf{V}$ 的任意 n 个线性无关的向量,$\forall\boldsymbol{\alpha}\in\mathbf{V}$,由第二节定理 5、6,向量组 $\boldsymbol{\alpha}_1,\boldsymbol{\alpha}_2,\cdots,\boldsymbol{\alpha}_n,\boldsymbol{\alpha}$ 线性相关,且向量 $\boldsymbol{\alpha}$ 可由 $\boldsymbol{\alpha}_1,\boldsymbol{\alpha}_2,\cdots,\boldsymbol{\alpha}_n$ 线性表示. 由基的定义知,$\boldsymbol{\alpha}_1,\boldsymbol{\alpha}_2,\cdots,\boldsymbol{\alpha}_n$ 是向量空间 $\mathbf{V}$ 的基.

例 7 证明 $\boldsymbol{\alpha}_1=(1,0,2,1)^{\mathrm{T}},\boldsymbol{\alpha}_2=(0,1,0,1)^{\mathrm{T}},\boldsymbol{\alpha}_3=(-1,2,0,1)^{\mathrm{T}},\boldsymbol{\alpha}_4=(0,0,0,1)^{\mathrm{T}}$ 是 $\mathbf{R}^4$ 的一个基.

解 由于矩阵 $\mathbf{A}=(\boldsymbol{\alpha}_1,\boldsymbol{\alpha}_2,\boldsymbol{\alpha}_3,\boldsymbol{\alpha}_4)$ 的行列式

$$|\mathbf{A}|=\begin{vmatrix}1&0&-1&0\\0&1&2&0\\2&0&0&0\\1&1&1&1\end{vmatrix}=2\neq0,$$

所以,$\boldsymbol{\alpha}_1,\boldsymbol{\alpha}_2,\boldsymbol{\alpha}_3,\boldsymbol{\alpha}_4$ 线性无关. 故 $\boldsymbol{\alpha}_1,\boldsymbol{\alpha}_2,\boldsymbol{\alpha}_3,\boldsymbol{\alpha}_4$ 是 $\mathbf{R}^4$ 的一个基.

例 8 设 $\boldsymbol{\alpha}_1=(1,1,2,3)^{\mathrm{T}},\boldsymbol{\alpha}_2=(-1,1,-4,-5)^{\mathrm{T}},\boldsymbol{\alpha}_3=(1,-3,6,7)^{\mathrm{T}}$,求 $L[\boldsymbol{\alpha}_1,\boldsymbol{\alpha}_2,\boldsymbol{\alpha}_3]$ 的一个基和维数.

解 令 $\mathbf{A}=(\boldsymbol{\alpha}_1,\boldsymbol{\alpha}_2,\boldsymbol{\alpha}_3)$,用行初等变换将 $\mathbf{A}$ 化为行阶梯形矩阵:

$$\mathbf{A}=(\boldsymbol{\alpha}_1,\boldsymbol{\alpha}_2,\boldsymbol{\alpha}_3)=\begin{bmatrix}1&-1&1\\1&1&-3\\2&-4&6\\3&-5&7\end{bmatrix}\longrightarrow\begin{bmatrix}1&-1&1\\0&1&-2\\0&0&0\\0&0&0\end{bmatrix}.$$

因 $r(\mathbf{A})=2$,所以 $\boldsymbol{\alpha}_1,\boldsymbol{\alpha}_2,\boldsymbol{\alpha}_3$ 线性相关;而 $\boldsymbol{\alpha}_1,\boldsymbol{\alpha}_2$ 线性无关,故 $\boldsymbol{\alpha}_1,\boldsymbol{\alpha}_2$ 是 $L[\boldsymbol{\alpha}_1,\boldsymbol{\alpha}_2,\boldsymbol{\alpha}_3]$ 的一个基. 当然 $\boldsymbol{\alpha}_2,\boldsymbol{\alpha}_3$ 也是 $L[\boldsymbol{\alpha}_1,\boldsymbol{\alpha}_2,\boldsymbol{\alpha}_3]$ 的基,且

$$\dim L[\boldsymbol{\alpha}_1,\boldsymbol{\alpha}_2,\boldsymbol{\alpha}_3]=2.$$

例 9 向量空间

$\mathbf{V}=\{\boldsymbol{x}=(0,x_2,x_3,\cdots,x_n)^{\mathrm{T}}\mid x_2,x_3,\cdots,x_n\in\mathbf{R}\}$ 的一个基可取为 $\boldsymbol{e}_2=(0,1,0,\cdots0,0)^{\mathrm{T}},\cdots,\boldsymbol{e}_n=(0,0,0,\cdots,0,1)^{\mathrm{T}}$,并由此可知它是 $n-1$ 维向量空间.

显然,由向量组 $\boldsymbol{\alpha}_1,\boldsymbol{\alpha}_2,\cdots,\boldsymbol{\alpha}_m$ 的线性组合生成的向量空间 $L[\boldsymbol{\alpha}_1,\boldsymbol{\alpha}_2,\cdots,\boldsymbol{\alpha}_m]$ 与向量组 $\boldsymbol{\alpha}_1,\boldsymbol{\alpha}_2,\cdots,\boldsymbol{\alpha}_m$ 等价,所以向量组 $\boldsymbol{\alpha}_1,\boldsymbol{\alpha}_2,\cdots,\boldsymbol{\alpha}_m$ 的极大线性无关组就是 $L[\boldsymbol{\alpha}_1,\boldsymbol{\alpha}_2,\cdots,\boldsymbol{\alpha}_m]$ 的一

个基，向量组 $\boldsymbol{\alpha}_1,\boldsymbol{\alpha}_2,\cdots,\boldsymbol{\alpha}_m$ 的秩就是向量空间 $L[\boldsymbol{\alpha}_1,\boldsymbol{\alpha}_2,\cdots,\boldsymbol{\alpha}_m]$ 的维数.

若向量空间 $\mathbf{V}\subset\mathbf{R}^n$，则 $\mathbf{V}$ 的维数不会超过 n，并且，当 $\mathbf{V}$ 的维数为 n 时，$\mathbf{V}=\mathbf{R}^n$.

若向量组 $\boldsymbol{\alpha}_1,\boldsymbol{\alpha}_2,\cdots,\boldsymbol{\alpha}_r$ 是向量空间 $\mathbf{V}$ 的一个基，则 $\mathbf{V}$ 可表示为

$$\mathbf{V}=\{\boldsymbol{x}=k_1\boldsymbol{\alpha}_1+k_2\boldsymbol{\alpha}_2+\cdots+k_r\boldsymbol{\alpha}_r\,|\,k_1,k_2,\cdots,k_r\in\mathbf{R}\}.$$

由此可知，如果找到向量空间的一个基，向量空间的结构就比较清楚了.

3.4.3 向量空间的坐标

根据基的定义及第二节定理6，我们有：

定义4 **设向量组 $\boldsymbol{\alpha}_1,\boldsymbol{\alpha}_2,\cdots,\boldsymbol{\alpha}_r$ 是向量空间 $\mathbf{V}$ 的一个基，向量空间 $\mathbf{V}$ 中的任一向量 $\boldsymbol{\alpha}$ 的唯一表示式**

$$\boldsymbol{\alpha}=x_1\boldsymbol{\alpha}_1+x_2\boldsymbol{\alpha}_2+\cdots+x_r\boldsymbol{\alpha}_r$$

中 $\boldsymbol{\alpha}_1,\boldsymbol{\alpha}_2,\cdots,\boldsymbol{\alpha}_r$ 的系数构成的有序数组 $x_1,x_2,\cdots,x_r$ 称为向量 $\boldsymbol{\alpha}$ 关于基 $\boldsymbol{\alpha}_1,\boldsymbol{\alpha}_2,\cdots,\boldsymbol{\alpha}_r$ 的坐标，记为

$$\boldsymbol{x}=(x_1,x_2,\cdots,x_r)^{\mathrm{T}}.$$

例10 设有 $\mathbf{R}^4$ 的一个基 $\boldsymbol{\alpha}_1=(1,0,2,1)^{\mathrm{T}},\boldsymbol{\alpha}_2=(0,1,0,1)^{\mathrm{T}},\boldsymbol{\alpha}_3=(-1,2,0,1)^{\mathrm{T}},\boldsymbol{\alpha}_4=(0,0,0,1)^{\mathrm{T}}$，求向量 $\boldsymbol{\alpha}=(1,-1,4,5)^{\mathrm{T}}$ 在此基下的坐标.

解 设 $\boldsymbol{\alpha}=x_1\boldsymbol{\alpha}_1+x_2\boldsymbol{\alpha}_2+x_3\boldsymbol{\alpha}_3+x_4\boldsymbol{\alpha}_4$，则有非齐次线性方程组

$$\begin{bmatrix}1&0&-1&0\\0&1&2&0\\2&0&0&0\\1&1&1&1\end{bmatrix}\begin{bmatrix}x_1\\x_2\\x_3\\x_4\end{bmatrix}=\begin{bmatrix}1\\-1\\4\\5\end{bmatrix}.$$

对方程组的增广矩阵作行初等变换，有

$$\left[\begin{array}{cccc|c}1&0&-1&0&1\\0&1&2&0&-1\\2&0&0&0&4\\1&1&1&1&5\end{array}\right]\longrightarrow\left[\begin{array}{cccc|c}1&0&0&0&2\\0&1&0&0&-3\\0&0&1&0&1\\0&0&0&1&5\end{array}\right].$$

解得方程组的解 $(x_1,x_2,x_3,x_4)^{\mathrm{T}}=(2,-3,1,5)^{\mathrm{T}}$，此即 $\boldsymbol{\alpha}$ 关于基 $\boldsymbol{\alpha}_1,\boldsymbol{\alpha}_2,\boldsymbol{\alpha}_3,\boldsymbol{\alpha}_4$ 的坐标，且

$$\boldsymbol{\alpha}=2\boldsymbol{\alpha}_1-3\boldsymbol{\alpha}_2+\boldsymbol{\alpha}_3+5\boldsymbol{\alpha}_4.$$

3.4.4 基变换与坐标变换

在向量空间中，任一向量 $\boldsymbol{\alpha}$ 在取定基下的坐标是唯一的，但在不同基下的坐标一般是不

同的. 例如,例 10 中的向量 $\boldsymbol{\alpha}=(1,-1,4,5)^{\mathrm{T}}$,在 $\mathbf{R}^4$ 的另一个基

$$\boldsymbol{e}_1=(1,0,0,0)^{\mathrm{T}},\boldsymbol{e}_2=(0,1,0,0)^{\mathrm{T}},\boldsymbol{e}_3=(0,0,1,0)^{\mathrm{T}},\boldsymbol{e}_4=(0,0,0,1)^{\mathrm{T}}$$

之下的坐标为$(1,-1,4,5)^{\mathrm{T}}$,这与 $\boldsymbol{\alpha}$ 在例 10 基下的坐标是不同的.

下面研究同一向量在不同基下的坐标之间的关系. 首先介绍过渡矩阵的概念.

定义 5　设向量组 $\boldsymbol{\alpha}_1,\boldsymbol{\alpha}_2,\cdots,\boldsymbol{\alpha}_n$ 和 $\boldsymbol{\beta}_1,\boldsymbol{\beta}_2,\cdots,\boldsymbol{\beta}_n$ 是 n 维向量空间 $\boldsymbol{V}$ 的两个基,若它们之间的关系可表示为

$$\begin{cases}\boldsymbol{\beta}_1=c_{11}\boldsymbol{\alpha}_1+c_{21}\boldsymbol{\alpha}_2+\cdots+c_{n1}\boldsymbol{\alpha}_n,\\ \boldsymbol{\beta}_2=c_{12}\boldsymbol{\alpha}_1+c_{22}\boldsymbol{\alpha}_2+\cdots+c_{n2}\boldsymbol{\alpha}_n,\\ \qquad\cdots\cdots\cdots\\ \boldsymbol{\beta}_n=c_{1n}\boldsymbol{\alpha}_1+c_{2n}\boldsymbol{\alpha}_2+\cdots+c_{nn}\boldsymbol{\alpha}_n.\end{cases}\tag{1}$$

即

$$\begin{aligned}(\boldsymbol{\beta}_1,\boldsymbol{\beta}_2,\cdots,\boldsymbol{\beta}_n)&=(\boldsymbol{\alpha}_1,\boldsymbol{\alpha}_2,\cdots,\boldsymbol{\alpha}_n)\begin{bmatrix}c_{11}&c_{12}&\cdots&c_{1n}\\c_{21}&c_{22}&\cdots&c_{2n}\\\vdots&\vdots&\ddots&\vdots\\c_{n1}&c_{n2}&\cdots&c_{nn}\end{bmatrix}\\&=(\boldsymbol{\alpha}_1,\boldsymbol{\alpha}_2,\cdots,\boldsymbol{\alpha}_n)\boldsymbol{C},\end{aligned}\tag{2}$$

则称矩阵 $\boldsymbol{C}=(c_{ij})_{n\times n}$ 为从基 $\boldsymbol{\alpha}_1,\boldsymbol{\alpha}_2,\cdots,\boldsymbol{\alpha}_n$ 到基 $\boldsymbol{\beta}_1,\boldsymbol{\beta}_2,\cdots,\boldsymbol{\beta}_n$ 的过渡矩阵(或基变换矩阵). 式(1)或式(2)称为基变换公式.

n 维向量空间 $\boldsymbol{V}$ 的两个基通过其过渡矩阵相联系. 显然过渡矩阵 $\boldsymbol{C}$ 具有如下性质:

(1)$\boldsymbol{C}$ 的第 i 列是向量 $\boldsymbol{\beta}_i$ 在基 $\boldsymbol{\alpha}_1,\boldsymbol{\alpha}_2,\cdots,\boldsymbol{\alpha}_n$ 下的坐标,即

$$\boldsymbol{\beta}_i=c_{1i}\boldsymbol{\alpha}_1+c_{2i}\boldsymbol{\alpha}_2+\cdots+c_{ni}\boldsymbol{\alpha}_n=(\boldsymbol{\alpha}_1,\boldsymbol{\alpha}_2,\cdots,\boldsymbol{\alpha}_n)\begin{bmatrix}c_{1i}\\c_{2i}\\\vdots\\c_{ni}\end{bmatrix};$$

(2)$\boldsymbol{C}$ 是可逆矩阵,且 $\boldsymbol{C}^{-1}$ 是从基 $\boldsymbol{\beta}_1,\boldsymbol{\beta}_2,\cdots,\boldsymbol{\beta}_n$ 到基 $\boldsymbol{\alpha}_1,\boldsymbol{\alpha}_2,\cdots,\boldsymbol{\alpha}_n$ 的过渡矩阵,即

$$(\boldsymbol{\alpha}_1,\boldsymbol{\alpha}_2,\cdots,\boldsymbol{\alpha}_n)=(\boldsymbol{\beta}_1,\boldsymbol{\beta}_2,\cdots,\boldsymbol{\beta}_n)\boldsymbol{C}^{-1}.$$

例 11　设 $\mathbf{R}^3$ 中的两个基 $\boldsymbol{\alpha}_1,\boldsymbol{\alpha}_2,\boldsymbol{\alpha}_3$ 和 $\boldsymbol{\beta}_1,\boldsymbol{\beta}_2,\boldsymbol{\beta}_3$ 的关系为

$$\boldsymbol{\beta}_1=\boldsymbol{\alpha}_1+\boldsymbol{\alpha}_2,\boldsymbol{\beta}_2=\boldsymbol{\alpha}_2+\boldsymbol{\alpha}_3,\boldsymbol{\beta}_3=\boldsymbol{\alpha}_3+\boldsymbol{\alpha}_1,$$

(1)求 $\boldsymbol{\alpha}_1,\boldsymbol{\alpha}_2,\boldsymbol{\alpha}_3$ 到 $\boldsymbol{\beta}_1,\boldsymbol{\beta}_2,\boldsymbol{\beta}_3$ 的过渡矩阵;

(2)求 $\boldsymbol{\beta}_1,\boldsymbol{\beta}_2,\boldsymbol{\beta}_3$ 到 $\boldsymbol{\alpha}_1,\boldsymbol{\alpha}_2,\boldsymbol{\alpha}_3$ 的过渡矩阵.

解　(1)因为

$$\begin{cases}\boldsymbol{\beta}_1=\boldsymbol{\alpha}_1+\boldsymbol{\alpha}_2+0\boldsymbol{\alpha}_3,\\ \boldsymbol{\beta}_2=0\boldsymbol{\alpha}_1+\boldsymbol{\alpha}_2+\boldsymbol{\alpha}_3,\\ \boldsymbol{\beta}_3=\boldsymbol{\alpha}_1+0\boldsymbol{\alpha}_2+\boldsymbol{\alpha}_3.\end{cases}$$

即

$$(\boldsymbol{\beta}_1,\boldsymbol{\beta}_2,\boldsymbol{\beta}_3)=(\boldsymbol{\alpha}_1,\boldsymbol{\alpha}_2,\boldsymbol{\alpha}_3)\begin{bmatrix}1&0&1\\1&1&0\\0&1&1\end{bmatrix}.$$

故 $\boldsymbol{\alpha}_1,\boldsymbol{\alpha}_2,\boldsymbol{\alpha}_3$ 到 $\boldsymbol{\beta}_1,\boldsymbol{\beta}_2,\boldsymbol{\beta}_3$ 的过渡矩阵为 $\boldsymbol{C}=\begin{bmatrix}1&0&1\\1&1&0\\0&1&1\end{bmatrix}$.

(2) $\boldsymbol{C}^{-1}=\begin{bmatrix}1&0&1\\1&1&0\\0&1&1\end{bmatrix}^{-1}=\dfrac{1}{2}\begin{bmatrix}1&1&-1\\-1&1&1\\1&-1&1\end{bmatrix}$，该矩阵为 $\boldsymbol{\beta}_1,\boldsymbol{\beta}_2,\boldsymbol{\beta}_3$ 到 $\boldsymbol{\alpha}_1,\boldsymbol{\alpha}_2,\boldsymbol{\alpha}_3$ 的过渡矩阵.

例 12 设 $\mathbf{R}^3$ 中的两个基为 $\boldsymbol{\alpha}_1=(1,0,1)^{\mathrm{T}},\boldsymbol{\alpha}_2=(1,1,0)^{\mathrm{T}},\boldsymbol{\alpha}_3=(0,1,1)^{\mathrm{T}}$ 和 $\boldsymbol{\beta}_1=(1,1,1)^{\mathrm{T}},\boldsymbol{\beta}_2=(1,1,2)^{\mathrm{T}},\boldsymbol{\beta}_3=(1,2,1)^{\mathrm{T}}$，求 $\boldsymbol{\alpha}_1,\boldsymbol{\alpha}_2,\boldsymbol{\alpha}_3$ 到 $\boldsymbol{\beta}_1,\boldsymbol{\beta}_2,\boldsymbol{\beta}_3$ 的过渡矩阵.

解法 1 由 $(\boldsymbol{\beta}_1,\boldsymbol{\beta}_2,\boldsymbol{\beta}_3)=(\boldsymbol{\alpha}_1,\boldsymbol{\alpha}_2,\boldsymbol{\alpha}_3)\boldsymbol{C}$ 得

$$\begin{bmatrix}1&1&1\\1&1&2\\1&2&1\end{bmatrix}=\begin{bmatrix}1&1&0\\0&1&1\\1&0&1\end{bmatrix}\boldsymbol{C}.$$

解得

$$\boldsymbol{C}=\begin{bmatrix}1&1&0\\0&1&1\\1&0&1\end{bmatrix}^{-1}\begin{bmatrix}1&1&1\\1&1&2\\1&2&1\end{bmatrix}=\frac{1}{2}\begin{bmatrix}1&-1&1\\1&1&-1\\-1&1&1\end{bmatrix}\begin{bmatrix}1&1&1\\1&1&2\\1&2&1\end{bmatrix}=\begin{bmatrix}\frac{1}{2}&1&0\\\frac{1}{2}&0&1\\\frac{1}{2}&1&1\end{bmatrix}.$$

解法 2 由 $(\boldsymbol{\beta}_1,\boldsymbol{\beta}_2,\boldsymbol{\beta}_3)=(\boldsymbol{\alpha}_1,\boldsymbol{\alpha}_2,\boldsymbol{\alpha}_3)\boldsymbol{C}$，得 $\boldsymbol{C}=(\boldsymbol{\alpha}_1,\boldsymbol{\alpha}_2,\boldsymbol{\alpha}_3)^{-1}(\boldsymbol{\beta}_1,\boldsymbol{\beta}_2,\boldsymbol{\beta}_3)$. 令 $\boldsymbol{A}=(\boldsymbol{\alpha}_1,\boldsymbol{\alpha}_2,\boldsymbol{\alpha}_3),\boldsymbol{B}=(\boldsymbol{\beta}_1,\boldsymbol{\beta}_2,\boldsymbol{\beta}_3)$，则 $\boldsymbol{C}=\boldsymbol{A}^{-1}\boldsymbol{B}$. 由第二章第五节例题 6，$(\boldsymbol{A}|\boldsymbol{B})\xrightarrow{\text{行变换}}(\boldsymbol{E}|\boldsymbol{C})$，即

$$(\boldsymbol{A}|\boldsymbol{B})=\left[\begin{array}{ccc|ccc}1&1&0&1&1&1\\0&1&1&1&1&2\\1&0&1&1&2&1\end{array}\right]\rightarrow\left[\begin{array}{ccc|ccc}1&0&0&\frac{1}{2}&1&0\\0&1&0&\frac{1}{2}&0&1\\0&0&1&\frac{1}{2}&1&1\end{array}\right]=(\boldsymbol{E}|\boldsymbol{C}),$$

故
$$C=\begin{bmatrix}\frac{1}{2} & 1 & 0\\ \frac{1}{2} & 0 & 1\\ \frac{1}{2} & 1 & 1\end{bmatrix}.$$

对向量 $\gamma\in V$，设 γ 在基 $\alpha_1,\alpha_2,\cdots,\alpha_n$ 和基 $\beta_1,\beta_2,\cdots,\beta_n$ 下的坐标分别为 x,y，即

$$\gamma=(\alpha_1,\alpha_2,\alpha_3)x;\tag{3}$$

$$\gamma=(\beta_1,\beta_2,\beta_3)y;\tag{4}$$

则

$$\gamma=(\beta_1,\beta_2,\beta_3)y=(\alpha_1,\alpha_2,\alpha_3)Cy.\tag{5}$$

比较式(3)和(5)，有 $x=Cy$. 因此有如下结论：

定理 2 **设向量空间 V 的一组基 $\alpha_1,\alpha_2,\cdots,\alpha_n$ 到另一组基 $\beta_1,\beta_2,\cdots,\beta_n$ 的过渡矩阵为 C，V 中一个向量在这两组基下的坐标分别为 x,y，则**

$$x=Cy.\tag{6}$$

例 13 设 $\mathbf{R}^3$ 中的两个基为 $\alpha_1=(1,0,1)^T,\alpha_2=(1,1,0)^T,\alpha_3=(0,1,1)^T$ 和 $\beta_1=(1,1,1)^T,\beta_2=(1,1,2)^T,\beta_3=(1,2,1)^T$，求向量 $\alpha=\alpha_1+2\alpha_2+3\alpha_3$ 在基 β_1,β_2,β_3 下的坐标.

解 由例 12，$\alpha_1,\alpha_2,\alpha_3$ 到 β_1,β_2,β_3 的过渡矩阵及其逆矩阵分别为

$$C=\begin{bmatrix}\frac{1}{2} & 1 & 0\\ \frac{1}{2} & 0 & 1\\ \frac{1}{2} & 1 & 1\end{bmatrix},C^{-1}=\begin{bmatrix}2 & 2 & -2\\ 0 & -1 & 1\\ -1 & 0 & 1\end{bmatrix}.$$

而 $\alpha=\alpha_1+2\alpha_2+3\alpha_3$ 在基 $\alpha_1,\alpha_2,\alpha_3$ 下的坐标为 $x=(1,2,3)^T$. 由定理 2，α 在基 β_1,β_2,β_3 下的坐标为

$$y=C^{-1}x=\begin{bmatrix}2 & 2 & -2\\ 0 & -1 & 1\\ -1 & 0 & 1\end{bmatrix}\begin{bmatrix}1\\2\\3\end{bmatrix}=\begin{bmatrix}0\\1\\2\end{bmatrix}.$$

本题还可以这样求解：

因为 $\alpha=\alpha_1+2\alpha_2+3\alpha_3=(1,0,1)^T+2(1,1,0)^T+3(0,1,1)^T=(3,5,4)^T$，令

$$\alpha=y_1\beta_1+y_2\beta_2+y_3\beta_3,$$

求解线性方程组
$$\begin{bmatrix}1&1&1\\1&1&2\\1&2&1\end{bmatrix}\begin{bmatrix}y_1\\y_2\\y_3\end{bmatrix}=\begin{bmatrix}3\\5\\4\end{bmatrix}.$$

解得 $\boldsymbol{y}=(y_1,y_2,y_3)^{\mathrm{T}}=(0,1,2)^{\mathrm{T}}$.

§3.5 线性方程组解的结构

本节应用 n 维向量的理论和方法，进一步讨论齐次和非齐次线性方程组有无穷多解时解的结构及性质. 在下面的讨论中，把线性方程组的解看作向量，并称其为方程组的**解向量**.

3.5.1 齐次线性方程组解的结构

设齐次线性方程组为
$$\boldsymbol{Ax}=\boldsymbol{0}, \tag{1}$$
其中
$$\boldsymbol{A}=\begin{bmatrix}a_{11}&a_{12}&\cdots&a_{1n}\\a_{21}&a_{22}&\cdots&a_{2n}\\\vdots&\vdots&&\vdots\\a_{m1}&a_{m2}&\cdots&a_{mn}\end{bmatrix},\boldsymbol{x}=\begin{bmatrix}x_1\\x_2\\\vdots\\x_n\end{bmatrix},\boldsymbol{0}=\begin{bmatrix}0\\0\\\vdots\\0\end{bmatrix}.$$

若把矩阵 $\boldsymbol{A}$ 按列分块为
$$\boldsymbol{A}=(\boldsymbol{A}_1,\boldsymbol{A}_2,\cdots,\boldsymbol{A}_n),$$
则 $\boldsymbol{Ax}=\boldsymbol{0}$ 可表示为向量组合
$$x_1\boldsymbol{A}_1+x_2\boldsymbol{A}_2+\cdots+x_n\boldsymbol{A}_n=\boldsymbol{0}. \tag{2}$$

根据向量组相关性的定义，有：

定理 1　齐次线性方程组 $\boldsymbol{Ax}=\boldsymbol{0}$ 有非零解的充要条件是：矩阵 $\boldsymbol{A}$ 的列向量组 $\boldsymbol{A}_1,\boldsymbol{A}_2,\cdots,\boldsymbol{A}_n$ 线性相关.

根据第二节定理 4，列向量组 $\boldsymbol{A}_1,\boldsymbol{A}_2,\cdots,\boldsymbol{A}_n$ 线性相关的充要条件是 $r(\boldsymbol{A})<n$，即 $\boldsymbol{Ax}=\boldsymbol{0}$ 有非零解的充要条件是 $r(\boldsymbol{A})<n$. 这与第一节利用高斯消元法得到的结论是一致的.

在 $r(\boldsymbol{A})<n$ 的情况下，齐次线性方程组 $\boldsymbol{Ax}=\boldsymbol{0}$ 有无穷多解. 为了研究无穷多解的结构，首先讨论齐次线性方程组解的性质.

性质 1　若 ξ_1,ξ_2 是方程组(1)的解，则 $\xi_1+\xi_2$ 也是(1)的解.

证　因 ξ_1,ξ_2 是方程组 $\boldsymbol{Ax}=\boldsymbol{0}$ 的解，所以 $\boldsymbol{A}\xi_1=\boldsymbol{0},\boldsymbol{A}\xi_2=\boldsymbol{0}$，从而
$$\boldsymbol{A}(\xi_1+\xi_2)=\boldsymbol{A}\xi_1+\boldsymbol{A}\xi_2=\boldsymbol{0}+\boldsymbol{0}=\boldsymbol{0},$$
即 $\xi_1+\xi_2$ 是 $\boldsymbol{Ax}=\boldsymbol{0}$ 的解.

性质 2　若 ξ 是方程组(1)的解,则对任一常数 k,$k\xi$ 也是(1)的解.

证　ξ 是方程组 $\boldsymbol{Ax}=\boldsymbol{0}$ 的解,所以 $\boldsymbol{A\xi}=\boldsymbol{0}$,于是

$$\boldsymbol{A}(k\boldsymbol{\xi})=k(\boldsymbol{A\xi})=k\cdot\boldsymbol{0}=\boldsymbol{0},$$

即 $k\xi$ 是 $\boldsymbol{Ax}=\boldsymbol{0}$ 的解.

推论　如果 $\xi_1,\xi_2\cdots,\xi_s$ 是齐次线性方程组(1)的解,则其线性组合

$$k_1\boldsymbol{\xi}_1+k_2\boldsymbol{\xi}_2+\cdots+k_s\boldsymbol{\xi}_s$$

仍是(1)的解,其中 $k_1,k_2\cdots,k_s$ 为任意常数.

由此可见,当 $r(\boldsymbol{A})<n$ 时,若用 $\mathbf{Q}$ 表示 $\boldsymbol{Ax}=\boldsymbol{0}$ 全体解的集合,则

(1)若 $\boldsymbol{\xi}_1\in\mathbf{Q},\boldsymbol{\xi}_2\in\mathbf{Q}$,则 $\boldsymbol{\xi}_1+\boldsymbol{\xi}_2\in\mathbf{Q}$;

(2)若 $\boldsymbol{\xi}_1\in\mathbf{Q},k\in\mathbf{R}$,则 $k\boldsymbol{\xi}_1\in\mathbf{Q}$.

这就说明解集合 $\mathbf{Q}$ 对于 $\boldsymbol{Ax}=\boldsymbol{0}$ 解向量的线性运算是封闭的,所以解集合 $\mathbf{Q}$ 是一个向量空间,称其为齐次线性方程组 $\boldsymbol{Ax}=\boldsymbol{0}$ 的解空间.

定义 1　设 $\xi_1,\xi_2,\cdots,\xi_s\in\mathbf{Q}$,并且

(1)$\xi_1,\xi_2,\cdots,\xi_s$ 线性无关;

(2)$\mathbf{Q}$ 中的任一个解向量都能够由 $\xi_1,\xi_2,\cdots,\xi_s$ 线性表示;

则称 $\xi_1,\xi_2,\cdots,\xi_s$ 为线性方程组 $\boldsymbol{Ax}=\boldsymbol{0}$ 的一个基础解系.

显然,齐次线性方程组 $\boldsymbol{Ax}=\boldsymbol{0}$ 的基础解系,就是其解空间 $\mathbf{Q}$ 的一个基,或者说是齐次线性方程组 $\boldsymbol{Ax}=\boldsymbol{0}$ 全体解向量构成的向量组的一个极大线性无关组.

下面我们来确定解空间 $\mathbf{Q}$ 的基和维数.

定理 2　设 $\boldsymbol{A}$ 是 $m\times n$ 矩阵,$r(\boldsymbol{A})=r<n$,则齐次线性方程组(1)的基础解系含有 $n-r$ 个解向量.

证　首先证明,方程组(1)全体解的集合存在着 $n-r$ 个线性无关的解向量.

因为 $r(\boldsymbol{A})=r<n$,不妨设 $\boldsymbol{A}$ 的左上角的 r 阶子式不等于零,对系数矩阵 $\boldsymbol{A}$ 作行初等变换,将 $\boldsymbol{A}$ 化为简化阶梯形矩阵 $\boldsymbol{C}_r$:

$$\boldsymbol{C}_r=\begin{bmatrix}1 & 0 & \cdots & 0 & c_{1r+1} & \cdots & c_{1n}\\ 0 & 1 & \cdots & 0 & c_{2r+1} & \cdots & c_{2n}\\ \vdots & \vdots & & \vdots & \vdots & & \vdots\\ 0 & 0 & \cdots & 1 & c_{rr+1} & \cdots & c_{rn}\\ 0 & 0 & \cdots & 0 & 0 & \cdots & 0\\ \vdots & \vdots & & \vdots & \vdots & & \vdots\\ 0 & 0 & \cdots & 0 & 0 & \cdots & 0\end{bmatrix}.$$

与 $\boldsymbol{C}_r$ 对应的齐次线性方程组为

$$\begin{cases}x_1+c_{1r+1}x_{r+1}+c_{1r+2}x_{r+2}+\cdots+c_{1n}x_n=0,\\ x_2+c_{2r+1}x_{r+1}+c_{2r+2}x_{r+2}+\cdots+c_{2n}x_n=0,\\ \quad\vdots\\ x_r+c_{rr+1}x_{r+1}+c_{rr+2}x_{r+2}+\cdots+c_{rn}x_n=0.\end{cases}\tag{3}$$

因为 $r(\boldsymbol{C}_r)=r<n$，所以方程组(3)含有 $n-r$ 个自由未知量. 取 $x_{r+1},x_{r+2},\cdots,x_n$ 为自由未知量，并使 $(x_{r+1},x_{r+2},\cdots,x_n)^{\mathrm{T}}$ 依次取值

$$\begin{bmatrix}1\\0\\\vdots\\0\end{bmatrix},\begin{bmatrix}0\\1\\\vdots\\0\end{bmatrix},\cdots,\begin{bmatrix}0\\0\\\vdots\\1\end{bmatrix},$$

可得方程组的 $n-r$ 个解

$$\boldsymbol{\xi}_1=\begin{bmatrix}-c_{1r+1}\\-c_{2r+1}\\\vdots\\-c_{rr+1}\\1\\0\\\vdots\\0\end{bmatrix},\boldsymbol{\xi}_2=\begin{bmatrix}-c_{1r+2}\\-c_{2r+2}\\\vdots\\-c_{rr+2}\\0\\1\\\vdots\\0\end{bmatrix},\cdots,\boldsymbol{\xi}_{n-r}=\begin{bmatrix}-c_{1n}\\-c_{2n}\\\vdots\\-c_{rn}\\0\\0\\\vdots\\1\end{bmatrix}.$$

由于 $\boldsymbol{\xi}_1,\boldsymbol{\xi}_2,\cdots,\boldsymbol{\xi}_{n-r}$ 构成的矩阵 $\boldsymbol{M}=(\boldsymbol{\xi}_1,\boldsymbol{\xi}_2,\cdots,\boldsymbol{\xi}_{n-r})$ 含有 $n-r$ 阶单位阵，所以 $\boldsymbol{M}$ 的秩为 $n-r$，因此 $\boldsymbol{\xi}_1,\boldsymbol{\xi}_2,\cdots,\boldsymbol{\xi}_{n-r}$ 线性无关.

其次证明，齐次线性方程组(1)的任一解都可以表示为 $\boldsymbol{\xi}_1,\boldsymbol{\xi}_2,\cdots,\boldsymbol{\xi}_{n-r}$ 的线性组合.

设 $\boldsymbol{\xi}=(a_1,a_2,\cdots,a_r,a_{r+1},\cdots,a_n)^{\mathrm{T}}$ 是方程组(1)的任意一个解，构造向量

$$\boldsymbol{\eta}=a_{r+1}\boldsymbol{\xi}_1+a_{r+2}\boldsymbol{\xi}_2+\cdots+a_n\boldsymbol{\xi}_{n-r},$$

即

$$\boldsymbol{\eta}=\begin{bmatrix}-c_{1r+1}a_{r+1}\\-c_{2r+1}a_{r+1}\\\vdots\\-c_{rr+1}a_{r+1}\\a_{r+1}\\0\\\vdots\\0\end{bmatrix}+\begin{bmatrix}-c_{1r+2}a_{r+2}\\-c_{2r+2}a_{r+2}\\\vdots\\-c_{rr+2}a_{r+2}\\0\\a_{r+2}\\\vdots\\0\end{bmatrix}+\cdots+\begin{bmatrix}-c_{1n}a_n\\-c_{2n}a_n\\\vdots\\-c_{rn}a_n\\0\\0\\\vdots\\a_n\end{bmatrix}$$

$$=\begin{bmatrix}-c_{1r+1}a_{r+1}-c_{1r+2}a_{r+2}-\cdots-c_{1n}a_n\\-c_{2r+1}a_{r+1}-c_{2r+2}a_{r+2}-\cdots-c_{2n}a_n\\\vdots\\-c_{rr+1}a_{r+1}-c_{rr+2}a_{r+2}-\cdots-c_{rn}a_n\\a_{r+1}\\a_{r+2}\\\vdots\\a_n\end{bmatrix}.$$

因为 $\boldsymbol{\xi}_1,\boldsymbol{\xi}_2,\cdots,\boldsymbol{\xi}_{n-r}$ 是(1)的解，由性质1、2之推论，$\boldsymbol{\eta}$ 也是(1)的解. 比较 $\boldsymbol{\eta}$ 与 $\boldsymbol{\xi}$，它们后面的 $n-r$ 个分量对应相等. 由于 $\boldsymbol{\eta}$ 和 $\boldsymbol{\xi}$ 也都是方程组(3)的解，而方程组(3)的解由后面 $n-r$ 个分量所唯一确定，所以，$\boldsymbol{\eta}$ 与 $\boldsymbol{\xi}$ 的前 $n-r$ 分量也对应相等. 因此 $\boldsymbol{\xi}=\boldsymbol{\eta}$，即

$$\boldsymbol{\xi}=a_{r+1}\boldsymbol{\xi}_1+a_{r+2}\boldsymbol{\xi}_2+\cdots+a_n\boldsymbol{\xi}_{n-r},$$

亦即齐次线性方程组(1)的任意解都可以表示为 $\boldsymbol{\xi}_1,\boldsymbol{\xi}_2,\cdots,\boldsymbol{\xi}_{n-r}$ 的线性组合.

因此，$\boldsymbol{\xi}_1,\boldsymbol{\xi}_2,\cdots,\boldsymbol{\xi}_{n-r}$ 是方程组(1)的一个含有 $n-r$ 个解向量的基础解系.

此定理说明 $\boldsymbol{\xi}_1,\boldsymbol{\xi}_2,\cdots,\boldsymbol{\xi}_{n-r}$ 是方程组(1)的解空间 $\mathbf{Q}$ 的一个基，解空间 $\mathbf{Q}$ 的维数为 $n-r$，且

$$\mathbf{Q}=L[\boldsymbol{\xi}_1,\boldsymbol{\xi}_2,\cdots,\boldsymbol{\xi}_{n-r}]=\{\boldsymbol{\xi}=k_1\boldsymbol{\xi}_1+k_2\boldsymbol{\xi}_2+\cdots+k_{n-r}\boldsymbol{\xi}_{n-r}\mid k_1,k_2,\cdots,k_{n-r}\in\mathbf{R}\}.$$

即，如果 $\boldsymbol{\xi}_1,\boldsymbol{\xi}_2,\cdots,\boldsymbol{\xi}_{n-r}$ 是齐次线性方程组 $\boldsymbol{A}\boldsymbol{x}=\boldsymbol{0}(r(\boldsymbol{A})=r<n)$ 的一个基础解系，则方程组的任一解向量 ξ 可由这 $n-r$ 个解向量线性表示，即

$$\boldsymbol{\xi}=k_1\boldsymbol{\xi}_1+k_2\boldsymbol{\xi}_2+\cdots+k_{n-r}\boldsymbol{\xi}_{n-r}. \tag{4}$$

其中 $k_1,k_2,\cdots,k_{n-r}$ 为任意常数.

式(4)描述了齐次线性方程组的解的结构，通常我们把式(4)称为齐次线性方程组的**通解**(或一般解).

例1 求解齐次线性方程组

$$\begin{cases}x_1-x_2+2x_4+x_5=0,\\3x_1-3x_2+7x_4=0,\\x_1-x_2+2x_3+3x_4+2x_5=0,\\2x_1-2x_2+2x_3+7x_4-3x_5=0.\end{cases}$$

解 对方程组的系数矩阵 $\boldsymbol{A}$ 作行初等变换化为简化行阶梯形矩阵：

$$\boldsymbol{A}=\begin{bmatrix}1&-1&0&2&1\\3&-3&0&7&0\\1&-1&2&3&2\\2&-2&2&7&-3\end{bmatrix}\longrightarrow\begin{bmatrix}1&-1&0&0&7\\0&0&1&0&2\\0&0&0&1&-3\\0&0&0&0&0\end{bmatrix}.$$

因为 $r(\boldsymbol{A})=3<n=5$(未知量的个数)，所以方程组有非零解(无穷多解)且基础解系含有 $n-r(\boldsymbol{A})=5-3=2$ 个解向量. 与原方程组同解的齐次线性方程组为

$$\begin{cases}x_1-x_2+7x_5=0,\\x_3+2x_5=0,\\x_4-3x_5=0.\end{cases}$$

选取 x_2,x_5 为自由未知量，并分别令 $\begin{bmatrix}x_2\\x_5\end{bmatrix}=\begin{bmatrix}1\\0\end{bmatrix},\begin{bmatrix}0\\1\end{bmatrix}$，代入同解方程组，则得方程组的一个

基础解系

$$\boldsymbol{\xi}_1=\begin{bmatrix}1\\1\\0\\0\\0\end{bmatrix},\quad \boldsymbol{\xi}_2=\begin{bmatrix}-7\\0\\-2\\3\\1\end{bmatrix}.$$

因此方程组的通解为 $\boldsymbol{\xi}=k_1\boldsymbol{\xi}_1+k_2\boldsymbol{\xi}_2$，即

$$\begin{bmatrix}x_1\\x_2\\x_3\\x_4\\x_5\end{bmatrix}=k_1\begin{bmatrix}1\\1\\0\\0\\0\end{bmatrix}+k_2\begin{bmatrix}-7\\0\\-2\\3\\1\end{bmatrix},$$

其中 k_1,k_2 为任意常数.

这与第一节例 5 的结论是一致的.

例 2 若 $\boldsymbol{A},\boldsymbol{B}$ 均为 n 阶方阵，$\boldsymbol{AB}=\boldsymbol{O}$，则 $r(\boldsymbol{A})+r(\boldsymbol{B})\leqslant n$.

证 设矩阵 $\boldsymbol{B}$ 的列向量为 $\boldsymbol{\beta}_1,\boldsymbol{\beta}_2,\cdots,\boldsymbol{\beta}_n$，则

$$\boldsymbol{AB}=(\boldsymbol{A\beta}_1,\boldsymbol{A\beta}_2,\cdots,\boldsymbol{A\beta}_n)=(\mathbf{0},\mathbf{0},\cdots,\mathbf{0}).$$

于是 $\boldsymbol{A\beta}_j=\mathbf{0}(j=1,2,\cdots,n)$，即 $\boldsymbol{B}$ 的列向量 $\boldsymbol{\beta}_1,\boldsymbol{\beta}_2,\cdots,\boldsymbol{\beta}_n$ 是齐次线性方程组 $\boldsymbol{Ax}=\mathbf{0}$ 的解向量.

设 $r(\boldsymbol{A})=r$，则齐次线性方程组 $\boldsymbol{Ax}=\mathbf{0}$ 的基础解系含有 $n-r$ 个解向量，于是向量组 $\boldsymbol{\beta}_1,\boldsymbol{\beta}_2,\cdots,\boldsymbol{\beta}_n$ 的秩$\leqslant n-r$，即 $r(\boldsymbol{B})\leqslant n-r$，于是 $r(\boldsymbol{A})+r(\boldsymbol{B})\leqslant n$.

例 3 设 $\boldsymbol{A}=\begin{bmatrix}1&2&1&2\\0&1&t&t\\1&t&0&1\end{bmatrix}$，方程组 $\boldsymbol{Ax}=\mathbf{0}$ 的解空间的维数为 2，求 $\boldsymbol{Ax}=\mathbf{0}$ 的通解.

解 由于解空间的维数等于 $\boldsymbol{Ax}=\mathbf{0}$ 基础解系中所含向量的个数，所以基础解系中所含向量的个数$[n-r(\boldsymbol{A})]=2$，而方程组未知量的个数 $n=4$，所以，$r(\boldsymbol{A})=n-2=2$.

对系数矩阵 $\boldsymbol{A}$ 作行初等变换，化为简化行阶梯形矩阵：

$$\boldsymbol{A}=\begin{bmatrix}1&2&1&2\\0&1&t&t\\1&t&0&1\end{bmatrix}\longrightarrow\begin{bmatrix}1&0&1-2t&2-2t\\0&1&t&t\\0&0&-(t-1)^2&-(t-1)^2\end{bmatrix},$$

由 $r(\boldsymbol{A})=2$，必有 $(t-1)^2=0$，即 $t=1$. 此时方程组 $\boldsymbol{Ax}=\mathbf{0}$ 为

$$\begin{cases}x_1+2x_2+x_3+2x_4=0,\\ \quad\ \ x_2+x_3+\ x_4=0,\\ x_1+\ x_2\qquad\ +\ x_4=0.\end{cases}$$

它同解于方程组

$$\begin{cases} x_1 \quad -x_3 \qquad =0, \\ \qquad x_2+x_3+x_4=0. \end{cases}$$

选取 x_3,x_4 为自由未知量，$(x_3,x_4)^T$ 分别取 $(1,0)^T,(0,1)^T$，代入该方程，得到 $\boldsymbol{Ax}=\boldsymbol{0}$ 的一个基础解系 $\boldsymbol{\xi}_1=(1,-1,1,0)^T,\boldsymbol{\xi}_2=(0,-1,0,1)^T$. 故 $\boldsymbol{Ax}=\boldsymbol{0}$ 的通解为

$$k_1\boldsymbol{\xi}_1+k_2\boldsymbol{\xi}_2=k_1(1,-1,1,0)^T+k_2(0,-1,0,1)^T,$$

其中 k_1,k_2 为任意常数.

例 4 设 $\boldsymbol{A}=\begin{bmatrix}1&1&2\\2&2&4\\3&3&6\end{bmatrix}$，求一个秩为 2 的三阶方阵 $\boldsymbol{B}$，使 $\boldsymbol{AB}=\boldsymbol{O}$.

解 设矩阵 $\boldsymbol{B}$ 的列向量为 $\boldsymbol{\beta}_1,\boldsymbol{\beta}_2,\boldsymbol{\beta}_3$，即 $\boldsymbol{B}=(\boldsymbol{\beta}_1,\boldsymbol{\beta}_2,\boldsymbol{\beta}_3)$. 由 $\boldsymbol{AB}=\boldsymbol{O}$，得

$$\boldsymbol{AB}=(\boldsymbol{A\beta}_1,\boldsymbol{A\beta}_2,\boldsymbol{A\beta}_3)=(\boldsymbol{0},\boldsymbol{0},\boldsymbol{0}).$$

由例 2，$\boldsymbol{B}$ 的列向量 $\boldsymbol{\beta}_1,\boldsymbol{\beta}_2,\boldsymbol{\beta}_3$ 是齐次线性方程组 $\boldsymbol{Ax}=\boldsymbol{0}$ 的解向量.

显然，$r(\boldsymbol{A})=1$，于是方程组 $\boldsymbol{Ax}=\boldsymbol{0}$ 解空间的维数是 $3-1=2$. 因此可取 $\boldsymbol{Ax}=\boldsymbol{0}$ 的两个线性无关的解向量作为 $\boldsymbol{B}$ 的前两列，而 $\boldsymbol{B}$ 的第三列可取 $\boldsymbol{Ax}=\boldsymbol{0}$ 的任一解向量（如零向量），此时 $r(\boldsymbol{B})=2$.

容易求得 $\boldsymbol{Ax}=\boldsymbol{0}$ 的基础解系为 $\begin{bmatrix}-1\\1\\0\end{bmatrix},\begin{bmatrix}-2\\0\\1\end{bmatrix}$，故所求矩阵 $\boldsymbol{B}$ 为 $\begin{bmatrix}-1&-2&0\\1&0&0\\0&1&0\end{bmatrix}$.

3.5.2 非齐次线性方程组解的结构

设非齐次线性方程组为

$$\boldsymbol{Ax}=\boldsymbol{b}, \tag{5}$$

其中

$$\boldsymbol{A}=\begin{bmatrix}a_{11}&a_{12}&\cdots&a_{1n}\\a_{21}&a_{22}&\cdots&a_{2n}\\\vdots&\vdots&&\vdots\\a_{m1}&a_{m2}&\cdots&a_{mn}\end{bmatrix},\quad \boldsymbol{x}=\begin{bmatrix}x_1\\x_2\\\vdots\\x_n\end{bmatrix},\boldsymbol{b}=\begin{bmatrix}b_1\\b_2\\\vdots\\b_m\end{bmatrix}.$$

若把矩阵 $\boldsymbol{A}$ 按列分块为

$$\boldsymbol{A}=(\boldsymbol{A}_1,\boldsymbol{A}_2,\cdots,\boldsymbol{A}_n),$$

则 $\boldsymbol{Ax}=\boldsymbol{b}$ 可表示为向量组合式

$$x_1\boldsymbol{A}_1+x_2\boldsymbol{A}_2+\cdots+x_n\boldsymbol{A}_n=\boldsymbol{b}. \tag{6}$$

根据向量组线性组合的定义，有：

定理3　非齐次线性方程组 $\boldsymbol{A}\boldsymbol{x}=\boldsymbol{b}$ 有解的充要条件是列向量 $\boldsymbol{b}$ 是系数矩阵 $\boldsymbol{A}$ 的 n 个列向量 $\boldsymbol{A}_1,\boldsymbol{A}_2,\cdots,\boldsymbol{A}_n$ 的线性组合.

证明（必要性）　若 $\boldsymbol{A}\boldsymbol{x}=\boldsymbol{b}$ 有解，即式(6)成立，这表明 $\boldsymbol{b}$ 是系数矩阵 $\boldsymbol{A}$ 的 n 个列向量 $\boldsymbol{A}_1,\boldsymbol{A}_2,\cdots,\boldsymbol{A}_n$ 的线性组合.

（充分性）　若 $\boldsymbol{b}$ 可由 $\boldsymbol{A}$ 的 n 个列向量线性表示，由第二节定理1，非齐次线性方程组 $\boldsymbol{A}\boldsymbol{x}=\boldsymbol{b}$ 有解.

$\boldsymbol{A}\boldsymbol{x}=\boldsymbol{b}$ 与其导出方程组 $\boldsymbol{A}\boldsymbol{x}=\boldsymbol{0}$ 的解之间有如下关系：

性质3　如果 $\boldsymbol{\eta}_1,\boldsymbol{\eta}_2$ 是 $\boldsymbol{A}\boldsymbol{x}=\boldsymbol{b}$ 的解，则 $\boldsymbol{\eta}_1-\boldsymbol{\eta}_2$ 是其导出方程组 $\boldsymbol{A}\boldsymbol{x}=\boldsymbol{0}$ 的解.

证　因为 $\boldsymbol{\eta}_1,\boldsymbol{\eta}_2$ 是 $\boldsymbol{A}\boldsymbol{x}=\boldsymbol{b}$ 的解，所以

$$\boldsymbol{A}(\boldsymbol{\eta}_1-\boldsymbol{\eta}_2)=\boldsymbol{A}\boldsymbol{\eta}_1-\boldsymbol{A}\boldsymbol{\eta}_2=\boldsymbol{b}-\boldsymbol{b}=\boldsymbol{0},$$

故 $\boldsymbol{\eta}_1-\boldsymbol{\eta}_2$ 是 $\boldsymbol{A}\boldsymbol{x}=\boldsymbol{0}$ 的解.

性质4　如果 $\boldsymbol{\eta}$ 是 $\boldsymbol{A}\boldsymbol{x}=\boldsymbol{b}$ 的解，$\boldsymbol{\xi}$ 是其导出方程组 $\boldsymbol{A}\boldsymbol{x}=\boldsymbol{0}$ 的解，则 $\boldsymbol{\xi}+\boldsymbol{\eta}$ 是 $\boldsymbol{A}\boldsymbol{x}=\boldsymbol{b}$ 的解.

证　因为 $\boldsymbol{\eta}$ 是 $\boldsymbol{A}\boldsymbol{x}=\boldsymbol{b}$ 的解，$\boldsymbol{\xi}$ 是 $\boldsymbol{A}\boldsymbol{x}=\boldsymbol{0}$ 的解，所以

$$\boldsymbol{A}(\boldsymbol{\xi}+\boldsymbol{\eta})=\boldsymbol{A}\boldsymbol{\xi}+\boldsymbol{A}\boldsymbol{\eta}=\boldsymbol{0}+\boldsymbol{b}=\boldsymbol{b},$$

故 $\boldsymbol{\xi}+\boldsymbol{\eta}$ 是 $\boldsymbol{A}\boldsymbol{x}=\boldsymbol{b}$ 的解.

由性质3、4可以得到非齐次线性方程组解的结构定理：

定理4　设 $\boldsymbol{\eta}_0$ 是 $\boldsymbol{A}\boldsymbol{x}=\boldsymbol{b}$ 的一个特解，$\boldsymbol{\xi}_1,\boldsymbol{\xi}_2,\cdots,\boldsymbol{\xi}_{n-r}$ 是其导出方程组 $\boldsymbol{A}\boldsymbol{x}=\boldsymbol{0}$ 的基础解系，则 $\boldsymbol{A}\boldsymbol{x}=\boldsymbol{b}$ 的一般解（通解）为

$$\boldsymbol{\eta}=\boldsymbol{\eta}_0+k_1\boldsymbol{\xi}_1+k_2\boldsymbol{\xi}_2+\cdots+k_{n-r}\boldsymbol{\xi}_{n-r}. \tag{7}$$

其中 $k_1,k_2\cdots,k_s$ 为任意常数，$r(\boldsymbol{A})=r$.

证　设 $\boldsymbol{\eta}$ 是 $\boldsymbol{A}\boldsymbol{x}=\boldsymbol{b}$ 的任一解，因 $\boldsymbol{\eta}_0$ 是 $\boldsymbol{A}\boldsymbol{x}=\boldsymbol{b}$ 的一个特解，由性质3知 $\boldsymbol{\eta}-\boldsymbol{\eta}_0$ 是 $\boldsymbol{A}\boldsymbol{x}=\boldsymbol{0}$ 的解. 根据齐次线性方程组解的结构定理，$\boldsymbol{\eta}-\boldsymbol{\eta}_0$ 可以表示成 $\boldsymbol{A}\boldsymbol{x}=\boldsymbol{0}$ 的基础解系 $\boldsymbol{\xi}_1,\boldsymbol{\xi}_2,\cdots,\boldsymbol{\xi}_{n-r}$ 的线性组合，即

$$\boldsymbol{\eta}=\boldsymbol{\eta}_0+k_1\boldsymbol{\xi}_1+k_2\boldsymbol{\xi}_2+\cdots+k_{n-r}\boldsymbol{\xi}_{n-r}.$$

由 $\boldsymbol{\eta}$ 的任意性，所以式(7)是非齐次线性方程组 $\boldsymbol{A}\boldsymbol{x}=\boldsymbol{b}$ 的一般解.

例5　求解非齐次线性方程组

$$\begin{cases} x_1+x_2+x_3+x_4+x_5=7, \\ 3x_1+2x_2+x_3+x_4-3x_5=-2, \\ x_2+2x_3+2x_4+6x_5=23, \\ 5x_1+4x_2+3x_3+3x_4-x_5=12. \end{cases}$$

解　1)求特解. 对方程组的增广矩阵 $\widetilde{\boldsymbol{A}}$ 作行初等变换，将其化为简化行阶梯形矩阵.

$$\widetilde{\boldsymbol{A}}=(\boldsymbol{A}\mid\boldsymbol{b})=\left[\begin{array}{ccccc|c}1&1&1&1&1&7\\3&2&1&1&-3&-2\\0&1&2&2&6&23\\5&4&3&3&-1&12\end{array}\right]\longrightarrow\left[\begin{array}{ccccc|c}1&0&-1&-1&-5&-16\\0&1&2&2&6&23\\0&0&0&0&0&0\\0&0&0&0&0&0\end{array}\right]$$

由此可见，$r(\widetilde{\boldsymbol{A}})=r(\boldsymbol{A})=2<5$（未知量的个数），故方程组有无穷多解，且与其同解的方程组为

$$\begin{cases}x_1-\ x_3-\ x_4-5x_5=-16,\\x_2+2x_3+2x_4+6x_5=23.\end{cases}$$

令$(x_3,x_4,x_5)^{\mathrm{T}}=(0,0,0)^{\mathrm{T}}$，得方程组的一个特解

$$\boldsymbol{\eta}_0=(-16,23,0,0,0)^{\mathrm{T}}.$$

2)求导出方程组的基础解系. 根据1)中增广矩阵$\widetilde{\boldsymbol{A}}$中的系数矩阵$\boldsymbol{A}$的初等变换结果，导出方程组同解于

$$\begin{cases}x_1-x_2\qquad\quad -x_4-5x_5=0,\\\qquad x_2+2x_3+2x_4+6x_5=0.\end{cases}$$

因$r(\boldsymbol{A})=2<5$（未知量的个数），故导出方程组有无穷多解，且方程组自由未知量个数为$n-r(\boldsymbol{A})=5-2=3$. 选取$x_3,x_4,x_5$为自由未知量，并分别令

$$\begin{bmatrix}x_3\\x_4\\x_5\end{bmatrix}=\begin{bmatrix}1\\0\\0\end{bmatrix},\begin{bmatrix}0\\1\\0\end{bmatrix},\begin{bmatrix}0\\0\\1\end{bmatrix},$$

代入方程组，则得导出方程组的一个基础解系

$$\boldsymbol{\xi}_1=\begin{bmatrix}1\\-2\\1\\0\\0\end{bmatrix},\boldsymbol{\xi}_2=\begin{bmatrix}1\\-2\\0\\1\\0\end{bmatrix},\boldsymbol{\xi}_3=\begin{bmatrix}5\\-6\\0\\0\\1\end{bmatrix},$$

3)由式(7)，非齐次线性方程组的一般解为

$$\boldsymbol{\eta}=\boldsymbol{\eta}_0+k_1\boldsymbol{\xi}_1+k_2\boldsymbol{\xi}_2+k_3\boldsymbol{\xi}_3=\begin{bmatrix}-16\\23\\0\\0\\0\end{bmatrix}+k_1\begin{bmatrix}1\\-2\\1\\0\\0\end{bmatrix}+k_2\begin{bmatrix}1\\-2\\0\\1\\0\end{bmatrix}+k_3\begin{bmatrix}5\\-6\\0\\0\\1\end{bmatrix},$$

其中k_1,k_2,k_3为任意常数.

例 6 已知向量 $\boldsymbol{\eta}_1=\begin{bmatrix}1\\-1\\0\\2\end{bmatrix},\boldsymbol{\eta}_2=\begin{bmatrix}2\\1\\-1\\4\end{bmatrix},\boldsymbol{\eta}_3=\begin{bmatrix}4\\5\\-3\\11\end{bmatrix}$ 是非齐次线性方程组

$$\begin{cases}a_1x_1+2x_2+a_3x_3+a_4x_4=d_1,\\4x_1+b_2x_2+3x_3+b_4x_4=d_2,\\3x_1+c_2x_2+5x_3+c_4x_4=d_3.\end{cases}$$

的三个解,求该方程组的通解.

解 设该非齐次线性方程组为 $\boldsymbol{Ax}=\boldsymbol{b}$. 由于 $\boldsymbol{\eta}_1,\boldsymbol{\eta}_2,\boldsymbol{\eta}_3$ 是 $\boldsymbol{Ax}=\boldsymbol{b}$ 的解,所以

$$\boldsymbol{\eta}_2-\boldsymbol{\eta}_1=\begin{bmatrix}1\\2\\-1\\2\end{bmatrix},\quad \boldsymbol{\eta}_3-\boldsymbol{\eta}_1=\begin{bmatrix}3\\6\\-3\\9\end{bmatrix},$$

是其对应的齐次线性方程组 $\boldsymbol{Ax}=\boldsymbol{0}$ 的解. 因向量 $\boldsymbol{\eta}_2-\boldsymbol{\eta}_1,\boldsymbol{\eta}_3-\boldsymbol{\eta}_1$ 对应的分量不成比例,故 $\boldsymbol{\eta}_2-\boldsymbol{\eta}_1,\boldsymbol{\eta}_3-\boldsymbol{\eta}_1$ 线性无关. 因此 $\boldsymbol{Ax}=\boldsymbol{0}$ 的基础解系所含向量的个数$[4-r(\boldsymbol{A})]\geqslant 2$,即 $r(\boldsymbol{A})\leqslant 2$.

又由于 $\boldsymbol{A}$ 中有二阶子式 $\begin{vmatrix}4&3\\3&5\end{vmatrix}\neq 0$,则 $r(\boldsymbol{A})\geqslant 2$. 所以,$r(\boldsymbol{A})=2$.

这就是说,$\boldsymbol{Ax}=\boldsymbol{0}$ 的基础解系含有两个向量,故 $\boldsymbol{\eta}_2-\boldsymbol{\eta}_1,\boldsymbol{\eta}_3-\boldsymbol{\eta}_1$ 是 $\boldsymbol{Ax}=\boldsymbol{0}$ 的基础解系. 所以 $\boldsymbol{Ax}=\boldsymbol{b}$ 的通解为

$$\boldsymbol{\eta}_1+k_1(\boldsymbol{\eta}_2-\boldsymbol{\eta}_1)+k_2(\boldsymbol{\eta}_3-\boldsymbol{\eta}_1)\ (k_1,k_2\text{ 为任意常数}).$$

需要指出,非齐次线性方程组 $\boldsymbol{Ax}=\boldsymbol{b}$ 的解向量的集合不构成向量空间. 这是因为,若用 $\boldsymbol{P}$ 表示 $\boldsymbol{Ax}=\boldsymbol{b}$ 全体解的集合,集合 $\boldsymbol{P}$ 对于 $\boldsymbol{Ax}=\boldsymbol{b}$ 的解向量的线性运算是不封闭的.

□ 习题三

1. 判断下列命题是否正确并说明理由.

(1)用高斯消元法解线性方程组时,对增广矩阵的初等变换,仅限于行及交换两列的变换;

(2)无论对于齐次还是非齐次的线性方程组,只要系数矩阵的秩等于未知量的个数,则方程组就有唯一解;

(3)n 个方程 n 个未知量的线性方程组有唯一解的充要条件是方程组的系数矩阵满秩;

(4)非齐次线性方程组有唯一解时,方程的个数必等于未知量的个数;

(5)若齐次线性方程组系数矩阵的列数大于行数,则该方程组有非零解;

(6)三个方程四个未知量的线性方程组有无穷多解;

(7)两个同解的线性方程组的系数矩阵有相同的秩；

(8)两个皆为三个方程四个未知量的方程组，若它们的系数矩阵有相同的秩，则两个方程组同解.

2.用高斯消元法解下列线性方程组：

(1) $\begin{cases}2x_1-x_2+3x_3=3,\\3x_1+x_2-5x_3=0,\\4x_1-x_2+x_3=3,\\x_1+3x_2-13x_3=-6,\end{cases}$ (2) $\begin{cases}2x_1+3x_2+5x_3+x_4=3,\\3x_1+4x_2+2x_3+3x_4=-2,\\x_1+2x_2+8x_3-x_4=8,\\7x_1+9x_2+x_3+8x_4=0.\end{cases}$

(3) $\begin{cases}x_1-x_2-x_3+x_4=0,\\x_1-x_2+x_3-3x_4=1,\\x_1-x_2-2x_3+3x_4=-\dfrac{1}{2}.\end{cases}$ (4) $\begin{cases}2x_1-4x_2+2x_3+7x_4=0,\\3x_1-6x_2+4x_3+3x_4=0,\\5x_1-10x_2+4x_3+25x_4=0.\end{cases}$

3.讨论 p 取何值时，下述非齐次线性方程组无解，有唯一解，有无穷多解？在有解时求解.

$$\begin{cases}x_1+x_2+px_3=4,\\-x_1+px_2+x_3=p^2,\\x_1-x_2+2x_3=-4.\end{cases}$$

4.当 a,b 取何值时，线性方程组无解？有唯一解？有无穷多解？在有解的情况下求出它的全部解.

$$\begin{cases}x_1+x_2+x_3+x_4=0,\\x_2+2x_3+2x_4=1,\\-x_2+(a-3)x_3-2x_4=b,\\3x_1+2x_2+x_3+ax_4=-1.\end{cases}$$

5.设

$$\begin{cases}x_1-x_2=a_1,\\x_2-x_3=a_2,\\x_3-x_4=a_3,\\x_4-x_5=a_4,\\x_5-x_1=a_5.\end{cases}$$

证明该方程组有解的充分必要条件是 $\sum_{i=1}^{5}a_i=0$.在有解的情况下，求出它的全部解.

6.判断下列命题是否正确并说明理由.

(1)两个向量线性相关，则这两个向量可互相线性表示；

(2)向量组 $\boldsymbol{\alpha}_1,\boldsymbol{\alpha}_2,\cdots,\boldsymbol{\alpha}_s(s\geqslant 3)$ 两两线性无关，则该向量组线性无关；

(3)向量组 $\boldsymbol{\alpha}_1,\boldsymbol{\alpha}_2,\boldsymbol{\alpha}_3$ 线性相关，则 $\boldsymbol{\alpha}_3$ 必可由 $\boldsymbol{\alpha}_1,\boldsymbol{\alpha}_2$ 线性表示；

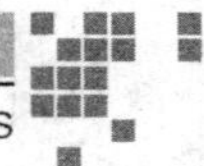

(4)若对于任意一组不全为零的数 $k_1,k_2,\cdots,k_m$，都有 $k_1\boldsymbol{\alpha}_1+k_2\boldsymbol{\alpha}_2+\cdots+k_m\boldsymbol{\alpha}_m\neq\boldsymbol{0}$，则 $\boldsymbol{\alpha}_1,\boldsymbol{\alpha}_2,\cdots,\boldsymbol{\alpha}_m$ 线性无关；

(5)若对任意一组不全为零的数 $k_1,k_2,\cdots,k_m$，使得

$$k_1\boldsymbol{\alpha}_1+k_2\boldsymbol{\alpha}_2+\cdots+k_m\boldsymbol{\alpha}_m+k_1\boldsymbol{\beta}_1+k_2\boldsymbol{\beta}_2+\cdots+k_m\boldsymbol{\beta}_m=\boldsymbol{0},$$

则 $\boldsymbol{\alpha}_1,\boldsymbol{\alpha}_2,\cdots,\boldsymbol{\alpha}_m$ 线性相关，$\boldsymbol{\beta}_1,\boldsymbol{\beta}_2,\cdots,\boldsymbol{\beta}_m$ 线性相关；

(6)$\boldsymbol{A}$ 为 n 阶方阵，$|\boldsymbol{A}|=0$，则 $\boldsymbol{A}$ 中必有某一行(列)可以由其余行(列)线性表示.

7. 已知向量 $\boldsymbol{\alpha}=(3,5,7,9)$， $\boldsymbol{\beta}=(-1,5,2,0)$，

(1)如果 $\boldsymbol{\alpha}+\boldsymbol{\xi}=\boldsymbol{\beta}$，求 $\boldsymbol{\xi}$；(2)如果 $3\boldsymbol{\alpha}-2\boldsymbol{\xi}=5\boldsymbol{\beta}$，求 $\boldsymbol{\xi}$.

8. 设 $3(\boldsymbol{\alpha}_1-\boldsymbol{\alpha})+2(\boldsymbol{\alpha}_2+\boldsymbol{\alpha})=5(\boldsymbol{\alpha}_3+\boldsymbol{\alpha})$，求 $\boldsymbol{\alpha}$. 其中

$$\boldsymbol{\alpha}_1=(2,5,1,3)^{\mathrm{T}},\boldsymbol{\alpha}_2=(10,1,5,10)^{\mathrm{T}},\boldsymbol{\alpha}_3=(4,1,-1,1)^{\mathrm{T}}.$$

9. 把向量 $\boldsymbol{\beta}$ 表示成向量 $\boldsymbol{\alpha}_1,\boldsymbol{\alpha}_2,\boldsymbol{\alpha}_3,\boldsymbol{\alpha}_4$ 的线性组合.

(1)$\boldsymbol{\alpha}_1=(1,1,1,1),\boldsymbol{\alpha}_2=(1,1,-1,-1),\boldsymbol{\alpha}_3=(1,-1,1,-1),\boldsymbol{\alpha}_4=(1,-1,-1,1),\boldsymbol{\beta}=(1,2,1,1)$；

(2)$\boldsymbol{\alpha}_1=(1,1,0,1),\boldsymbol{\alpha}_2=(2,1,3,1),\boldsymbol{\alpha}_3=(1,1,0,0),\boldsymbol{\alpha}_4=(0,1,-1,-1),\boldsymbol{\beta}=(0,0,0,1)$.

10. 判断下列向量组的线性相关性：

(1)$\boldsymbol{\alpha}_1=(1,1,1),\boldsymbol{\alpha}_2=(0,2,5),\boldsymbol{\alpha}_3=(1,3,6)$；

(2)$\boldsymbol{\beta}_1=(1,-1,2,4)^{\mathrm{T}},\boldsymbol{\beta}_2=(0,3,1,2)^{\mathrm{T}},\boldsymbol{\beta}_3=(3,0,7,14)^{\mathrm{T}}$；

(3)$\boldsymbol{\gamma}_1=(1,1,3,1)^{\mathrm{T}},\boldsymbol{\gamma}_2=(4,1,-3,2)^{\mathrm{T}},\boldsymbol{\gamma}_3=(1,0,-1,2)^{\mathrm{T}}$.

11. 设 $\boldsymbol{\beta}_1=\boldsymbol{\alpha}_1+\boldsymbol{\alpha}_2,\boldsymbol{\beta}_2=\boldsymbol{\alpha}_2+\boldsymbol{\alpha}_3,\boldsymbol{\beta}_3=\boldsymbol{\alpha}_3+\boldsymbol{\alpha}_4,\boldsymbol{\beta}_4=\boldsymbol{\alpha}_4+\boldsymbol{\alpha}_1$，证明向量组 $\boldsymbol{\beta}_1,\boldsymbol{\beta}_2,\boldsymbol{\beta}_3,\boldsymbol{\beta}_4$ 线性相关.

12. 设 $\boldsymbol{\beta}_1=\boldsymbol{\alpha}_1,\boldsymbol{\beta}_2=\boldsymbol{\alpha}_1+\boldsymbol{\alpha}_2,\cdots,\boldsymbol{\beta}_r=\boldsymbol{\alpha}_1+\boldsymbol{\alpha}_2+\cdots+\boldsymbol{\alpha}_r$，且向量组 $\boldsymbol{\alpha}_1,\boldsymbol{\alpha}_2,\cdots,\boldsymbol{\alpha}_r$ 线性无关，证明向量组 $\boldsymbol{\beta}_1,\boldsymbol{\beta}_2\cdots,\boldsymbol{\beta}_r$ 线性无关.

13. 证明向量组 $\boldsymbol{\alpha}_1=(1,-1,4),\boldsymbol{\alpha}_2=(1,0,3)$ 与向量组 $\boldsymbol{\beta}_1=(1,1,2),\boldsymbol{\beta}_2=(0,-1,1)$ 等价.

14. 判断下列命题是否正确并说明理由.

(1)等价的向量组所含向量的个数相同；

(2)向量组 Q_1 与 Q_2 的极大线性无关组等价，则 Q_1 与 Q_2 等价；

(3)若向量组的秩为 r，则向量组中任意 r 个线性无关的向量构成向量组的极大线性无关组；

(4)对矩阵作行初等变换不改变矩阵的行秩；

(5)对矩阵作列初等变换不改变矩阵的行秩；

(6)因为矩阵的行向量组的秩等于列向量组的秩，所以矩阵的行向量组与列向量组等价.

15. 用求矩阵秩的方法分别判断下列各组向量的线性相关性，然后求出各向量组的秩及各向量组的一个极大线性无关组，并将各向量组其余的向量用其极大线性无关组线性表示.

(1)$\boldsymbol{\alpha}_1=(1,1,1),\boldsymbol{\alpha}_2=(1,1,0),\boldsymbol{\alpha}_3=(1,0,0),\boldsymbol{\alpha}_4=(1,2,-3)$；

(2)$\boldsymbol{\alpha}_1=(5,3,1,8)^{\mathrm{T}}$,$\boldsymbol{\alpha}_2=(2,1,0,3)^{\mathrm{T}}$,$\boldsymbol{\alpha}_3=(1,1,1,2)^{\mathrm{T}}$,;

$\boldsymbol{\alpha}_4=(1,0,-1,1)^{\mathrm{T}}$,$\boldsymbol{\alpha}_5=(3,2,1,5)^{\mathrm{T}}$

(3)$\boldsymbol{\alpha}_1=(1,-2,-1,0,2)$,$\boldsymbol{\alpha}_2=(1,-2,-1,-3,3)$,

$\boldsymbol{\alpha}_3=(2,-1,0,2,3)$,$\boldsymbol{\alpha}_4=(3,3,3,3,4)$.

16. 设有向量组

$\boldsymbol{\beta}_1=(1,-1,2,4)$,$\boldsymbol{\beta}_2=(0,3,1,2)$,$\boldsymbol{\beta}_3=(3,0,7,14)$,$\boldsymbol{\beta}_4=(1,-1,2,0)$,$\boldsymbol{\beta}_5=(2,1,5,6)$,(1)证明 $\boldsymbol{\beta}_1,\boldsymbol{\beta}_2$ 线性无关;(2)求包含 $\boldsymbol{\beta}_1,\boldsymbol{\beta}_2$ 的极大线性无关组.

17. 设向量组 $\boldsymbol{\alpha}_1,\boldsymbol{\alpha}_2,\cdots,\boldsymbol{\alpha}_r$ 线性无关,若向量组 $\boldsymbol{\beta}_1,\boldsymbol{\beta}_2,\cdots,\boldsymbol{\beta}_s$ 中的每个向量都可由向量组 $\boldsymbol{\alpha}_1,\boldsymbol{\alpha}_2,\cdots,\boldsymbol{\alpha}_r$ 线性表出,且 $s>r$,则 $\boldsymbol{\beta}_1,\boldsymbol{\beta}_2,\cdots,\boldsymbol{\beta}_s$ 线性相关.

18. 证明秩为 r 的向量组中,任何 $r+1$ 个向量一定线性相关.

19. 若向量 $\boldsymbol{\alpha}$ 可由向量组 $\boldsymbol{\alpha}_1,\boldsymbol{\alpha}_2,\cdots,\boldsymbol{\alpha}_m$ 线性表示,而向量 $\boldsymbol{\alpha}_1,\boldsymbol{\alpha}_2,\cdots,\boldsymbol{\alpha}_m$ 又可由向量组 $\boldsymbol{\beta}_1,\boldsymbol{\beta}_2,\cdots,\boldsymbol{\beta}_p$ 线性表示,证明向量 $\boldsymbol{\alpha}$ 可由向量组 $\boldsymbol{\beta}_1,\boldsymbol{\beta}_2,\cdots,\boldsymbol{\beta}_p$ 线性表示.

20. 设 $\mathbf{V}_1=\{\boldsymbol{x}=(x_1,x_2,\cdots,x_n)^{\mathrm{T}}\mid x_1,x_2,\cdots,x_n\in\mathbf{R},x_1+x_2+\cdots+x_n=0\}$,

$\mathbf{V}_2=\{\boldsymbol{x}=(x_1,x_2,\cdots,x_n)^{\mathrm{T}}\mid x_1,x_2,\cdots,x_n\in\mathbf{R},x_1+x_2+\cdots+x_n=1\}$.

问 $\mathbf{V}_1,\mathbf{V}_2$ 是不是向量空间,为什么? 若是向量空间,求其基和维数.

21. 验证 $\boldsymbol{\alpha}_1=(1,-1,0)^{\mathrm{T}}$,$\boldsymbol{\alpha}_2=(2,1,3)^{\mathrm{T}}$,$\boldsymbol{\alpha}_3=(3,1,2)^{\mathrm{T}}$ 是 $\mathbf{R}^3$ 的一个基,并用这个基分别表示向量 $\boldsymbol{\beta}_1=(5,0,7)^{\mathrm{T}}$ 和 $\boldsymbol{\beta}_2=(-9,-8,-13)^{\mathrm{T}}$.

22. 证明向量组 $\boldsymbol{\alpha}_1=(1,1,0,1)^{\mathrm{T}}$,$\boldsymbol{\alpha}_2=(2,1,3,1)^{\mathrm{T}}$,$\boldsymbol{\alpha}_3=(1,1,0,0)^{\mathrm{T}}$,$\boldsymbol{\alpha}_4=(0,1,-1,-1)^{\mathrm{T}}$ 构成了 $\mathbf{R}^4$ 的一个基,并求 $\boldsymbol{\beta}=(2,2,4,1)^{\mathrm{T}}$ 在此基下的坐标.

23. 设向量组 $\boldsymbol{\alpha}_1=(1,0,-1)^{\mathrm{T}}$,$\boldsymbol{\alpha}_2=(2,1,1)^{\mathrm{T}}$,$\boldsymbol{\alpha}_3=(1,1,1)^{\mathrm{T}}$ 和 $\boldsymbol{\beta}_1=(0,1,1)^{\mathrm{T}}$,$\boldsymbol{\beta}_2=(-1,1,0)^{\mathrm{T}}$,$\boldsymbol{\beta}_3=(1,2,1)^{\mathrm{T}}$ 为 $\mathbf{R}^3$ 中的两个基,

(1)求 $\boldsymbol{\alpha}_1,\boldsymbol{\alpha}_2,\boldsymbol{\alpha}_3$ 到 $\boldsymbol{\beta}_1,\boldsymbol{\beta}_2,\boldsymbol{\beta}_3$ 的过渡矩阵 $\boldsymbol{C}$ 及 $\boldsymbol{\beta}_1,\boldsymbol{\beta}_2,\boldsymbol{\beta}_3$ 到 $\boldsymbol{\alpha}_1,\boldsymbol{\alpha}_2,\boldsymbol{\alpha}_3$ 的过渡矩阵 $\boldsymbol{C}^{-1}$;

(2)求向量 $\boldsymbol{\alpha}=\boldsymbol{\alpha}_1+2\boldsymbol{\alpha}_2-3\boldsymbol{\alpha}_3$ 在基 $\boldsymbol{\beta}_1,\boldsymbol{\beta}_2,\boldsymbol{\beta}_3$ 下的坐标 $\boldsymbol{y}$.

24. 判断下列命题是否正确并说明理由.

(1)齐次线性方程组的基础解系不是唯一的;

(2)如果齐次线性方程组有两个不同的解,则必有无穷多解;

(3)齐次线性方程组和非齐次线性方程组的解集都构成解空间;

(4)若齐次线性方程组 $\boldsymbol{Ax}=\boldsymbol{0}$ 有无穷多解,则非齐次线性方程组 $\boldsymbol{Ax}=\boldsymbol{b}$ 有解;

(5)相容的非齐次线性方程组 $\boldsymbol{Ax}=\boldsymbol{b}$ 有唯一解的充要条件是其导出组 $\boldsymbol{Ax}=\boldsymbol{0}$ 仅有零解;

(6)齐次线性方程组 $\boldsymbol{Ax}=\boldsymbol{0}$ 有非零解当且仅当 $\boldsymbol{A}$ 的行向量线性相关;

(7)若非齐次线性方程组 $\boldsymbol{Ax}=\boldsymbol{b}$ 有解,且 $\boldsymbol{A}$ 的列向量组线性无关,则向量 $\boldsymbol{b}$ 可由 $\boldsymbol{A}$ 的列向量组线性表示且表示式唯一;

(8)设 $\boldsymbol{A}$ 为 $m\times n$ 矩阵,若 $r(\boldsymbol{A})=m$,则非齐次线性方程组 $\boldsymbol{Ax}=\boldsymbol{b}$ 有解.

25. 求下列齐次线性方程组的一个基础解系及通解.

(1)$\begin{cases}x_1+x_2+x_3-x_4=0,\\x_1-x_2+x_3-3x_4=0,\\x_1+3x_2+x_3+x_4=0.\end{cases}$ (2)$\begin{cases}x_1-x_2-x_3+x_4=0,\\x_1-x_2+x_3-3x_4=0,\\x_1-x_2-2x_3+3x_4=0.\end{cases}$

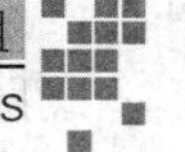

(3)$\begin{cases} x_1 - x_2 + 5x_3 - x_4 = 0, \\ x_1 + x_2 - 2x_3 + 3x_4 = 0, \\ 3x_1 - x_2 + 8x_3 + x_4 = 0, \\ x_1 + 3x_2 - 9x_3 + 7x_4 = 0. \end{cases}$ (4)$\begin{cases} x_1 - 2x_2 + 3x_3 - 4x_4 + 2x_5 = 0, \\ x_1 + 3x_2 - 3x_4 + 2x_5 = 0, \\ x_2 - x_3 + x_4 = 0, \\ x_1 - 4x_2 + 3x_3 - 2x_4 + 2x_5 = 0. \end{cases}$

26. 求出下列非齐次线性方程组解的结构.

(1)$\begin{cases} 2x_1 + x_2 - x_3 + x_4 = 1, \\ 4x_1 + 2x_2 - 2x_3 + x_4 = 2, \\ 2x_1 + x_2 - x_3 - x_4 = 1. \end{cases}$ (2)$\begin{cases} x_1 + x_2 - 2x_3 - x_4 = 1, \\ 3x_1 - x_2 + x_3 + 4x_4 = 4, \\ x_1 + 5x_2 - 9x_3 - 8x_4 = 0. \end{cases}$

(3)$\begin{cases} x_1 + x_2 + x_3 + x_4 + x_5 = 0, \\ 2x_1 + x_3 + x_4 - 4x_5 = -1, \\ x_2 + 2x_3 + 2x_4 + 6x_5 = 2, \\ 5x_1 + 4x_2 + 3x_3 + 3x_4 - x_5 = -2. \end{cases}$

(4)$\begin{cases} x_1 + 3x_2 + x_4 = 2, \\ x_1 - 3x_2 + x_4 = -1, \\ 2x_1 + x_2 + 7x_3 + 2x_4 = 5, \\ 4x_1 + 2x_2 + 14x_3 = 6. \end{cases}$

27. 问 a,b 取何值时，下列线性方程组有无穷多解？并给出无穷多解的结构.

(1)$\begin{cases} -2x_1 + x_2 + x_3 = -2, \\ x_1 - 2x_2 + x_3 = a, \\ x_1 + x_2 - 2x_3 = a^2. \end{cases}$ (2)$\begin{cases} x_1 + x_2 + x_3 + x_4 + x_5 = 1, \\ 3x_1 + 2x_2 + x_3 + x_4 - 3x_5 = a, \\ x_2 + 2x_3 + 2x_4 + 6x_5 = 1, \\ 5x_1 + 4x_2 + 3x_3 + 3x_4 - x_5 = b. \end{cases}$

28. 设 $\boldsymbol{\eta}^*$ 是非齐次线性方程组 $\boldsymbol{Ax}=\boldsymbol{b}$ 的一个解，$\boldsymbol{\xi}_1,\boldsymbol{\xi}_2,\cdots,\boldsymbol{\xi}_{n-r}$ 是对应的齐次线性方程组的一个基础解系，证明：

(1)$\boldsymbol{\eta}^*,\boldsymbol{\xi}_1,\boldsymbol{\xi}_2,\cdots,\boldsymbol{\xi}_{n-r}$ 线性无关；

(2)$\boldsymbol{\eta}^*,\boldsymbol{\eta}^*+\boldsymbol{\xi}_1,\boldsymbol{\eta}^*+\boldsymbol{\xi}_2,\cdots,\boldsymbol{\eta}^*+\boldsymbol{\xi}_{n-r}$ 线性无关.

29. 设 $\boldsymbol{A}$ 为 $m\times n$ 矩阵，证明：若任一个 n 维向量都是 $\boldsymbol{Ax}=\boldsymbol{0}$ 的解，则 $\boldsymbol{A}=\boldsymbol{O}$.

□ 综合练习题三

1. 填空题

(1)若 $\boldsymbol{\beta}=(1,2,t)^{\mathrm{T}}$ 可由 $\boldsymbol{\alpha}_1=(2,1,1)^{\mathrm{T}},\boldsymbol{\alpha}_2=(-1,2,7)^{\mathrm{T}},\boldsymbol{\alpha}_3=(1,-1,-4)^{\mathrm{T}}$ 线性表示，则 $t=$________.

(2)若 $\boldsymbol{\alpha}_1=(1,0,5,2),\boldsymbol{\alpha}_2=(3,-2,3,-4),\boldsymbol{\alpha}_3=(-1,1,t,3)$ 线性相关，则 $t=$________.

(3)若 $\boldsymbol{\alpha}_1=(1,-1,2,4)^{\mathrm{T}},\boldsymbol{\alpha}_2=(0,3,1,2)^{\mathrm{T}},\boldsymbol{\alpha}_3=(3,0,7,t)^{\mathrm{T}},\boldsymbol{\alpha}_4=(1,-2,2,0)^{\mathrm{T}}$ 线性无

关,则 $t=$________.

(4)设向量组 $\boldsymbol{\alpha}_1=(1,1,2,-2)$,$\boldsymbol{\alpha}_2=(1,3,-x,-2x)$,$\boldsymbol{\alpha}_3=(1,-1,6,0)$的秩为 2,则 $x=$________.

(5)设有向量组 $\boldsymbol{\alpha}_1=(2,3,4,5)^{\mathrm{T}}$,$\boldsymbol{\alpha}_2=(3,4,5,6)^{\mathrm{T}}$,$\boldsymbol{\alpha}_3=(4,5,6,7)^{\mathrm{T}}$,$\boldsymbol{\alpha}_4=(5,6,7,8)^{\mathrm{T}}$,则 $r(\boldsymbol{\alpha}_1,\boldsymbol{\alpha}_2,\boldsymbol{\alpha}_3,\boldsymbol{\alpha}_4)=$________.

(6)已知 $\boldsymbol{A}=\begin{bmatrix}2&0&2&0\\0&2&1&0\\0&0&-1&3\\0&0&0&0\end{bmatrix}$, $\boldsymbol{B}=\begin{bmatrix}1&0&0&0\\0&2&0&0\\3&0&-1&0\\0&0&0&4\end{bmatrix}$,则 $r(\boldsymbol{AB})=$________.

(7)设 $\boldsymbol{A}=\begin{bmatrix}1&2&1\\2&3&a+2\\1&a&-2\end{bmatrix}$,$\boldsymbol{b}=\begin{bmatrix}1\\3\\1\end{bmatrix}$,$\boldsymbol{x}=\begin{bmatrix}x_1\\x_2\\x_3\end{bmatrix}$,若 $\boldsymbol{Ax}=\boldsymbol{0}$ 只有零解,则 $a=$________;若 $\boldsymbol{Ax}=\boldsymbol{b}$ 无解,则 $a=$________.

(8)已知 $\boldsymbol{\alpha}_1,\boldsymbol{\alpha}_2$ 是方程组 $\begin{cases}x_1-x_2+2x_3=3,\\2x_1-3x_3=1,\\-2x_1+ax_2+10x_3=4.\end{cases}$ 的两个不同的解向量,则 $a=$________.

(9)已知 $\boldsymbol{\alpha}_1,\boldsymbol{\alpha}_2,\cdots,\boldsymbol{\alpha}_t$ 是方程组 $\boldsymbol{Ax}=\boldsymbol{b}$ 的解,如果 $c_1\boldsymbol{\alpha}_1+c_2\boldsymbol{\alpha}_2+\cdots+c_t\boldsymbol{\alpha}_t$ 仍是 $\boldsymbol{Ax}=\boldsymbol{b}$ 的解,则 $c_1+c_2+\cdots+c_t=$________.

(10)$\boldsymbol{A}$ 是 n 阶矩阵,且 $\boldsymbol{A}$ 中每行元素的和均为零,$r(\boldsymbol{A})=n-1$,则 $\boldsymbol{Ax}=\boldsymbol{0}$ 的通解为________.

2. 选择题

(1)下列各向量组线性无关的是________.

(a)$(1,2,3,4),(4,3,2,1),(0,0,0,0)$;

(b)$(a,b,c),(b,c,d),(c,d,e),(d,e,f)$;

(c)$(a,1,b,0,0),(c,0,d,2,3),(e,4,f,5,6)$;

(d)$(a,1,2,3),(b,1,2,3),(c,4,2,3),(d,0,0,0)$.

(2)已知 $\boldsymbol{\alpha}_1,\boldsymbol{\alpha}_2,\boldsymbol{\alpha}_3,\boldsymbol{\alpha}_4$ 线性无关,则命题正确的是________.

(a)$\boldsymbol{\alpha}_1+\boldsymbol{\alpha}_2,\boldsymbol{\alpha}_2+\boldsymbol{\alpha}_3,\boldsymbol{\alpha}_3+\boldsymbol{\alpha}_4,\boldsymbol{\alpha}_4+\boldsymbol{\alpha}_1$ 线性无关;

(b)$\boldsymbol{\alpha}_1-\boldsymbol{\alpha}_2,\boldsymbol{\alpha}_2-\boldsymbol{\alpha}_3,\boldsymbol{\alpha}_3-\boldsymbol{\alpha}_4,\boldsymbol{\alpha}_4-\boldsymbol{\alpha}_1$ 线性无关;

(c)$\boldsymbol{\alpha}_1+\boldsymbol{\alpha}_2,\boldsymbol{\alpha}_2+\boldsymbol{\alpha}_3,\boldsymbol{\alpha}_3-\boldsymbol{\alpha}_4,\boldsymbol{\alpha}_4-\boldsymbol{\alpha}_1$ 线性无关;

(d)$\boldsymbol{\alpha}_1+\boldsymbol{\alpha}_2,\boldsymbol{\alpha}_2-\boldsymbol{\alpha}_3,\boldsymbol{\alpha}_3-\boldsymbol{\alpha}_4,\boldsymbol{\alpha}_4-\boldsymbol{\alpha}_1$ 线性无关.

(3)设 $\boldsymbol{\alpha}_1,\boldsymbol{\alpha}_2,\cdots,\boldsymbol{\alpha}_s$ 是 n 维向量,下列命题正确的是________.

(a)若 $\boldsymbol{\alpha}_s$ 不能用 $\boldsymbol{\alpha}_1,\boldsymbol{\alpha}_2,\cdots,\boldsymbol{\alpha}_{s-1}$ 线性表示,则 $\boldsymbol{\alpha}_1,\boldsymbol{\alpha}_2,\cdots,\boldsymbol{\alpha}_s$ 线性无关;

(b)若 $\boldsymbol{\alpha}_1,\boldsymbol{\alpha}_2,\cdots,\boldsymbol{\alpha}_s$ 线性相关,$\boldsymbol{\alpha}_s$ 不能用 $\boldsymbol{\alpha}_1,\boldsymbol{\alpha}_2,\cdots,\boldsymbol{\alpha}_{s-1}$ 线性表示,则 $\boldsymbol{\alpha}_1,\boldsymbol{\alpha}_2,\cdots,\boldsymbol{\alpha}_{s-1}$ 线性相关;

(c)若 $\boldsymbol{\alpha}_1,\boldsymbol{\alpha}_2,\cdots,\boldsymbol{\alpha}_s$ 中,任意 $s-1$ 个向量线性无关,则 $\boldsymbol{\alpha}_1,\boldsymbol{\alpha}_2,\cdots,\boldsymbol{\alpha}_s$ 线性无关;

(d)零向量不能用 $\boldsymbol{\alpha}_1,\boldsymbol{\alpha}_2,\cdots,\boldsymbol{\alpha}_s$ 线性表示.

(4)若 $\boldsymbol{\alpha},\boldsymbol{\beta},\boldsymbol{\gamma}$ 线性无关，$\boldsymbol{\alpha},\boldsymbol{\beta},\boldsymbol{\delta}$ 线性相关，则________.

(a)$\boldsymbol{\alpha}$ 能由 $\boldsymbol{\beta},\boldsymbol{\gamma},\boldsymbol{\delta}$ 线性表示；　　(b)$\boldsymbol{\beta}$ 不能由 $\boldsymbol{\alpha},\boldsymbol{\gamma},\boldsymbol{\delta}$ 线性表示；

(c)$\boldsymbol{\delta}$ 能由 $\boldsymbol{\alpha},\boldsymbol{\beta},\boldsymbol{\gamma}$ 线性表示；　　(d)$\boldsymbol{\delta}$ 不能由 $\boldsymbol{\alpha},\boldsymbol{\beta},\boldsymbol{\gamma}$ 线性表示.

(5)n 维向量组 $\boldsymbol{\alpha}_1,\boldsymbol{\alpha}_2,\cdots,\boldsymbol{\alpha}_s$ 线性相关的充分必要条件是________.

(a)$\boldsymbol{\alpha}_1,\boldsymbol{\alpha}_2,\cdots,\boldsymbol{\alpha}_s$ 中有一个零向量；

(b)$\boldsymbol{\alpha}_1,\boldsymbol{\alpha}_2,\cdots,\boldsymbol{\alpha}_s$ 中任意两个向量的分量成比例；

(c)$\boldsymbol{\alpha}_1,\boldsymbol{\alpha}_2,\cdots,\boldsymbol{\alpha}_s$ 中有一个向量是其余向量的线性组合；

(d)$\boldsymbol{\alpha}_1,\boldsymbol{\alpha}_2,\cdots,\boldsymbol{\alpha}_s$ 中任意一个向量是其余向量的线性组合.

(6)向量组 $\boldsymbol{\alpha}_1,\boldsymbol{\alpha}_2,\cdots,\boldsymbol{\alpha}_s$ 的秩不为零的充分必要条件是________.

(a)$\boldsymbol{\alpha}_1,\boldsymbol{\alpha}_2,\cdots,\boldsymbol{\alpha}_s$ 中至少有一个非零向量；

(b)$\boldsymbol{\alpha}_1,\boldsymbol{\alpha}_2,\cdots,\boldsymbol{\alpha}_s$ 全是非零向量；

(c)$\boldsymbol{\alpha}_1,\boldsymbol{\alpha}_2,\cdots,\boldsymbol{\alpha}_s$ 线性无关；

(d)$\boldsymbol{\alpha}_1,\boldsymbol{\alpha}_2,\cdots,\boldsymbol{\alpha}_s$ 线性相关.

(7)若向量组 $\boldsymbol{\alpha}_1,\boldsymbol{\alpha}_2,\cdots,\boldsymbol{\alpha}_s$ 的秩为 r，则________.

(a)$r<s$；

(b)向量组中任何小于 r 个向量的部分组皆线性无关；

(c)向量组中任意 r 个向量线性无关；

(d)向量组中任意 $r+1$ 个向量皆线性相关.

(8)下列命题中，________不是 n 阶矩阵 $\boldsymbol{A}$ 可逆的充分必要条件.

(a)$\boldsymbol{A}$ 的列秩为 n；

(b)$\boldsymbol{A}$ 的列向量组线性无关；

(c)$\boldsymbol{A}$ 的每个列向量都是非零向量；

(d)当且仅当 $\boldsymbol{x}=\boldsymbol{0}$ 时，有 $\boldsymbol{Ax}=\boldsymbol{0}$，其中 $\boldsymbol{x}=(x_1,x_2,\cdots,x_n)^{\mathrm{T}}$.

(9)已知 $\boldsymbol{\xi}_1,\boldsymbol{\xi}_2,\boldsymbol{\xi}_3,\boldsymbol{\xi}_4$ 是 $\boldsymbol{Ax}=\boldsymbol{0}$ 的基础解系，则此方程组的基础解系还可以选用________.

(a)$\boldsymbol{\xi}_1+\boldsymbol{\xi}_2,\boldsymbol{\xi}_2+\boldsymbol{\xi}_3,\boldsymbol{\xi}_3+\boldsymbol{\xi}_4,\boldsymbol{\xi}_4+\boldsymbol{\xi}_1$；

(b)$\boldsymbol{\xi}_1,\boldsymbol{\xi}_2,\boldsymbol{\xi}_3,\boldsymbol{\xi}_4$ 的等价向量组 $\boldsymbol{\zeta}_1,\boldsymbol{\zeta}_2,\boldsymbol{\zeta}_3,\boldsymbol{\zeta}_4$；

(c)$\boldsymbol{\xi}_1,\boldsymbol{\xi}_2,\boldsymbol{\xi}_3,\boldsymbol{\xi}_4$ 的等秩向量组 $\boldsymbol{\alpha}_1,\boldsymbol{\alpha}_2,\boldsymbol{\alpha}_3,\boldsymbol{\alpha}_4$；

(d)$\boldsymbol{\xi}_1+\boldsymbol{\xi}_2,\boldsymbol{\xi}_2+\boldsymbol{\xi}_3,\boldsymbol{\xi}_3-\boldsymbol{\xi}_4,\boldsymbol{\xi}_4-\boldsymbol{\xi}_1$.

(10)$\boldsymbol{\beta}_1,\boldsymbol{\beta}_2$ 是 $\boldsymbol{Ax}=\boldsymbol{b}$ 的两个不同的解，$\boldsymbol{\alpha}_1,\boldsymbol{\alpha}_2$ 是其导出组 $\boldsymbol{Ax}=\boldsymbol{0}$ 的基础解系，k_1,k_2 为任意常数，则 $\boldsymbol{Ax}=\boldsymbol{b}$ 的通解为________.

(a)$k_1\boldsymbol{\alpha}_1+k_2(\boldsymbol{\alpha}_1+\boldsymbol{\alpha}_2)+\dfrac{\boldsymbol{\beta}_1-\boldsymbol{\beta}_2}{2}$；　　(b)$k_1\boldsymbol{\alpha}_1+k_2(\boldsymbol{\alpha}_1-\boldsymbol{\alpha}_2)+\dfrac{\boldsymbol{\beta}_1+\boldsymbol{\beta}_2}{2}$；

(c)$k_1\boldsymbol{\alpha}_1+k_2(\boldsymbol{\beta}_1-\boldsymbol{\beta}_2)+\dfrac{\boldsymbol{\beta}_1-\boldsymbol{\beta}_2}{2}$；　　(d)$k_1\boldsymbol{\alpha}_1+k_2(\boldsymbol{\beta}_1-\boldsymbol{\beta}_2)+\dfrac{\boldsymbol{\beta}_1+\boldsymbol{\beta}_2}{2}$.

3. 设 $\boldsymbol{\alpha}_1=(1,1,1),\boldsymbol{\alpha}_2=(1,2,3),\boldsymbol{\alpha}_3=(1,3,t)$，

(1)t 为何值时，$\boldsymbol{\alpha}_1,\boldsymbol{\alpha}_2,\boldsymbol{\alpha}_3$ 线性相关？

(2)t 为何值时，$\boldsymbol{\alpha}_1,\boldsymbol{\alpha}_2,\boldsymbol{\alpha}_3$ 线性无关？

(3)当线性相关时,将 $\boldsymbol{\alpha}_3$ 表示为 $\boldsymbol{\alpha}_1,\boldsymbol{\alpha}_2$ 的线性组合.

4. 若 $\boldsymbol{\beta}=(4,t^2,-4)^{\mathrm{T}}$ 可由 $\boldsymbol{\alpha}_1=(1,-1,1)^{\mathrm{T}},\boldsymbol{\alpha}_2=(1,t,-1)^{\mathrm{T}},\boldsymbol{\alpha}_3=(t,1,2)^{\mathrm{T}}$ 线性表示且表示方法不唯一,求 t 及 $\boldsymbol{\beta}$ 的表达式.

5. 已知 $\boldsymbol{\alpha}_1=(1,1,1,1)^{\mathrm{T}},\boldsymbol{\alpha}_2=(1,1,-1,-1)^{\mathrm{T}},\boldsymbol{\alpha}_3=(1,-1,1,-1)^{\mathrm{T}},\boldsymbol{\alpha}_4=(1,-1,-1,1)^{\mathrm{T}}$ 是 $\boldsymbol{R}^4$ 的一组基,求 $\boldsymbol{\beta}=(1,2,1,1)^{\mathrm{T}}$ 在该基下的坐标.

6. 设线性方程组 $\begin{cases}x_1+2x_2-2x_3=0,\\x_1-x_2+px_3=0,\\3x_1+x_2-x_3=0.\end{cases}$ 的系数矩阵为 $\boldsymbol{A}$,三阶矩阵 $\boldsymbol{B}\neq\boldsymbol{O}$,且 $\boldsymbol{AB}=\boldsymbol{O}$,求 p 的值.

7. 设 $\boldsymbol{A}=\begin{bmatrix}2&-2&1&3\\9&-5&2&8\end{bmatrix}$,求一个 4×2 矩阵 $\boldsymbol{B}$,使得 $\boldsymbol{AB}=\boldsymbol{O}$,且 $r(\boldsymbol{B})=2$.

8. 求一个齐次线性方程组,使它的基础解系为

$$\boldsymbol{\xi}_1=\begin{bmatrix}0\\1\\2\\3\end{bmatrix},\quad \boldsymbol{\xi}_2=\begin{bmatrix}3\\2\\1\\0\end{bmatrix}.$$

9. 设四元非齐次线性方程组的系数矩阵的秩为 3,$\boldsymbol{\eta}_1,\boldsymbol{\eta}_2,\boldsymbol{\eta}_3$ 是它的三个解向量,且

$$\boldsymbol{\eta}_1=\begin{bmatrix}2\\3\\4\\5\end{bmatrix},\quad \boldsymbol{\eta}_2+\boldsymbol{\eta}_3=\begin{bmatrix}1\\2\\3\\4\end{bmatrix},$$

求该方程组的通解.

10. 设 n 维向量组 $\boldsymbol{\alpha}_1,\boldsymbol{\alpha}_2,\boldsymbol{\alpha}_3(n\geqslant3)$ 线性无关,讨论当 $a\boldsymbol{\alpha}_2-\boldsymbol{\alpha}_1,b\boldsymbol{\alpha}_3-\boldsymbol{\alpha}_2,a\boldsymbol{\alpha}_1-b\boldsymbol{\alpha}_3$ 线性相关时,方程组

$$\begin{cases}x_1+x_2+x_3+2x_4=3,\\2x_1+3x_2+ax_3+7x_4=8,\\x_1+2x_2+3x_4=4,\\-x_2+x_3+(a-2)x_4=b-1.\end{cases}$$

解的情况.当有无穷多解时,写出解的结构.

11. 设 $\boldsymbol{\alpha}_1,\boldsymbol{\alpha}_2,\cdots,\boldsymbol{\alpha}_n$ 是 n 维向量组,基本向量 $\boldsymbol{e}_1,\boldsymbol{e}_2,\cdots,\boldsymbol{e}_n$ 可由它们线性表示,证明 $\boldsymbol{\alpha}_1,\boldsymbol{\alpha}_2,\cdots,\boldsymbol{\alpha}_n$ 线性无关.

12. 设 $\boldsymbol{\alpha}_1,\boldsymbol{\alpha}_2,\cdots,\boldsymbol{\alpha}_n$ 是一组 n 维向量,证明它们线性无关的充要条件是:任一 n 维向量都可由它们线性表示.

13. 设 $\boldsymbol{A}$ 是 n 阶矩阵,证明:对于任意的 $\boldsymbol{b}$,$\boldsymbol{Ax}=\boldsymbol{b}$ 都有解的充分必要条件是 $|\boldsymbol{A}|\neq0$.

14. $\boldsymbol{A}$ 是 $n\times m$ 矩阵,$\boldsymbol{B}$ 是 $m\times n$ 矩阵,其中 $n<m$.若 $\boldsymbol{AB}=\boldsymbol{E}$,证明 $\boldsymbol{B}$ 的列向量线性无关.

15. 已知 $\boldsymbol{\alpha}_1,\boldsymbol{\alpha}_2,\boldsymbol{\alpha}_3$ 是 $\boldsymbol{Ax}=\boldsymbol{0}$ 的一个基础解系,证明 $\boldsymbol{\alpha}_1+\boldsymbol{\alpha}_2,\boldsymbol{\alpha}_2+\boldsymbol{\alpha}_3,\boldsymbol{\alpha}_3+\boldsymbol{\alpha}_1$ 也是该方程组的一个基础解系.

Chapter 4 第4章

相似矩阵

Similar Matrix

形式最简单的矩阵是对角矩阵. 在实际应用中,经常需要将一个方阵化为对角矩阵,即方阵相似化简问题. 本章首先给出方阵的特征值与特征向量的概念,在此基础上,讨论方阵的相似对角化问题.

§4.1 方阵的特征值与特征向量

方阵的特征值与特征向量是讨论方阵相似化前首先要建立的概念,也是研究动力系统、最优控制、经济管理、评价方法等问题要涉及的重要概念。

4.1.1 特征值与特征向量的概念

定义1 设 $\boldsymbol{A}=(a_{ij})_{n\times n}$ 为 n 阶方阵,含有数 λ 的矩阵

$$(\lambda\boldsymbol{E}-\boldsymbol{A})=\begin{bmatrix}\lambda-a_{11} & -a_{12} & \cdots & -a_{1n}\\ -a_{21} & \lambda-a_{22} & \cdots & -a_{2n}\\ \vdots & \vdots & \ddots & \vdots\\ -a_{n1} & -a_{n2} & \cdots & \lambda-a_{nn}\end{bmatrix} \tag{1}$$

称为 $\boldsymbol{A}$ 的特征矩阵;$\boldsymbol{A}$ 的特征矩阵的行列式 $|\lambda\boldsymbol{E}-\boldsymbol{A}|$ 称为 $\boldsymbol{A}$ 的特征多项式.

$\boldsymbol{A}$ 的特征多项式 $|\lambda\boldsymbol{E}-\boldsymbol{A}|$ 是 λ 的 n 次多项式:

$$f(\lambda)=|\lambda\boldsymbol{E}-\boldsymbol{A}|=\lambda^n+a_1\lambda^{n-1}+\cdots+a_n. \tag{2}$$

定义2 方程

$$|\lambda\boldsymbol{E}-\boldsymbol{A}|=0 \tag{3}$$

称为 $\boldsymbol{A}$ 的特征方程;特征方程的根称为 $\boldsymbol{A}$ 的特征值(或特征根).

特征多项式 $f(\lambda)$ 在复数域内有 n 个根 $\lambda_1,\lambda_2,\cdots,\lambda_n$,这 n 个根就是方阵 $\boldsymbol{A}$ 的全部特征值,即 n 阶方阵 $\boldsymbol{A}$ 在复数域内有 n 个特征值.

定义 3 设 λ 是 $\boldsymbol{A}$ 的一个特征值，则齐次线性方程组

$$(\lambda\boldsymbol{E}-\boldsymbol{A})\boldsymbol{x}=\boldsymbol{0} \tag{4}$$

的任意一个非零解 ξ，称为方阵 $\boldsymbol{A}$ 对应于特征值 λ 的特征向量.

显然，式(4)有非零解的必要条件是

$$|\lambda\boldsymbol{E}-\boldsymbol{A}|=0.$$

根据上述定义，求 $\boldsymbol{A}$ 的特征值与特征向量的步骤如下：

(1)由 $f(\lambda)=|\lambda\boldsymbol{E}-\boldsymbol{A}|=0$，求出方阵 $\boldsymbol{A}$ 的全部特征值 $\lambda_1,\lambda_2,\cdots,\lambda_n$，其中 $f(\lambda)=0$ 的 r 重根，对应 $\boldsymbol{A}$ 的 r 个数值相同的特征值.

(2)把特征值 λ_i 代入式(4)，求 $(\lambda_i\boldsymbol{E}-\boldsymbol{A})\boldsymbol{x}=\boldsymbol{0}$ 的全部非零解，得到 $\boldsymbol{A}$ 的对应于 λ_i 的全部特征向量.

例 1 求方阵 $\boldsymbol{A}=\begin{bmatrix}3 & -1\\ -1 & 3\end{bmatrix}$ 的特征值与特征向量.

解 $\boldsymbol{A}$ 的特征多项式为

$|\lambda\boldsymbol{E}-A|=\begin{vmatrix}\lambda-3 & 1\\ 1 & \lambda-3\end{vmatrix}=(\lambda-4)(\lambda-2)$. 由 $|\lambda\boldsymbol{E}-\boldsymbol{A}|=0$，得 $\boldsymbol{A}$ 的特征值为 $\lambda_1=4$，$\lambda_2=2$.

当 $\lambda_1=4$ 时，解方程组 $(4\boldsymbol{E}-\boldsymbol{A})\boldsymbol{x}=\boldsymbol{0}$，即解

$$\begin{bmatrix}1 & 1\\ 1 & 1\end{bmatrix}\begin{bmatrix}x_1\\ x_2\end{bmatrix}=\begin{bmatrix}0\\ 0\end{bmatrix},$$

解得基础解系为 $\boldsymbol{\xi}_1=(-1,1)^{\mathrm{T}}$，于是 $\lambda_1=4$ 对应的特征向量为 $k_1\boldsymbol{\xi}_1=k_1(-1,1)^{\mathrm{T}},k_1\neq0$；

当 $\lambda_2=2$ 时，解方程组 $(2\boldsymbol{E}-\boldsymbol{A})\boldsymbol{x}=\boldsymbol{0}$，即解

$$\begin{bmatrix}-1 & 1\\ 1 & -1\end{bmatrix}\begin{bmatrix}x_1\\ x_2\end{bmatrix}=\begin{bmatrix}0\\ 0\end{bmatrix},$$

解得基础解系为 $\boldsymbol{\xi}_2=(1,1)^{\mathrm{T}}$，于是 $\lambda_2=2$ 对应的特征向量为 $k_2\boldsymbol{\xi}_2=k_2(1,1)^{\mathrm{T}},k_2\neq0$.

例 2 求方阵 $\boldsymbol{A}=\begin{bmatrix}-1 & 1 & 0\\ -4 & 3 & 0\\ 1 & 0 & 2\end{bmatrix}$ 的特征值与特征向量.

解 $\boldsymbol{A}$ 的特征多项式为

$$|\lambda\boldsymbol{E}-A|=\begin{vmatrix}\lambda+1 & -1 & 0\\ 4 & \lambda-3 & 0\\ -1 & 0 & \lambda-2\end{vmatrix}=(\lambda-2)(\lambda-1)^2.$$ 由 $|\lambda\boldsymbol{E}-\boldsymbol{A}|=0$，得

$\boldsymbol{A}$ 的特征值为 $\lambda_1=2,\lambda_2=\lambda_3=1$.

当 $\lambda_1=2$ 时，解方程组

$$\begin{bmatrix} 3 & -1 & 0 \\ 4 & -1 & 0 \\ -1 & 0 & 0 \end{bmatrix}\begin{bmatrix} x_1 \\ x_2 \\ x_3 \end{bmatrix}=\begin{bmatrix} 0 \\ 0 \\ 0 \end{bmatrix},$$

解得基础解系为 $\boldsymbol{\xi}_1=(0,0,1)^{\mathrm{T}}$，于是 $\lambda_1=2$ 对应的特征向量为 $k_1\boldsymbol{\xi}_1=k_1(0,0,1)^{\mathrm{T}}, k_1\neq 0$；

当 $\lambda_2=\lambda_3=1$ 时，解方程组

$$\begin{bmatrix} 2 & -1 & 0 \\ 4 & -2 & 0 \\ -1 & 0 & -1 \end{bmatrix}\begin{bmatrix} x_1 \\ x_2 \\ x_3 \end{bmatrix}=\begin{bmatrix} 0 \\ 0 \\ 0 \end{bmatrix},$$

解得基础解系为 $\boldsymbol{\xi}_2=(-1,-2,1)^{\mathrm{T}}$，于是 $\lambda_2=\lambda_3=1$ 对应的特征向量为 $k_2\boldsymbol{\xi}_2=k_2(-1,-2,1)^{\mathrm{T}}, k_2\neq 0$.

例 3 求方阵 $\boldsymbol{A}=\begin{bmatrix} -2 & 1 & 1 \\ 0 & 2 & 0 \\ -4 & 1 & 3 \end{bmatrix}$ 的特征值与特征向量.

解 $\boldsymbol{A}$ 的特征多项式为

$$|\lambda\boldsymbol{E}-\boldsymbol{A}|=\begin{vmatrix} \lambda+2 & -1 & -1 \\ 0 & \lambda-2 & 0 \\ 4 & -1 & \lambda-3 \end{vmatrix}=(\lambda+1)(\lambda-2)^2.$$ 由 $(\lambda\boldsymbol{E}-\boldsymbol{A})=0$，得

$\boldsymbol{A}$ 的特征值为 $\lambda_1=-1, \lambda_2=\lambda_3=2$.

当 $\lambda_1=-1$ 时，解方程组

$$\begin{bmatrix} 1 & -1 & -1 \\ 0 & -3 & 0 \\ 4 & -1 & -4 \end{bmatrix}\begin{bmatrix} x_1 \\ x_2 \\ x_3 \end{bmatrix}=\begin{bmatrix} 0 \\ 0 \\ 0 \end{bmatrix},$$

解得基础解系为 $\boldsymbol{\xi}_1=(1,0,1)^{\mathrm{T}}$，于是 $\lambda_1=-1$ 对应的特征向量为 $k_1\boldsymbol{\xi}_1=k_1(1,0,1)^{\mathrm{T}}, k_1\neq 0$；

当 $\lambda_2=\lambda_3=2$ 时，解方程组

$$\begin{bmatrix} 4 & -1 & -1 \\ 0 & 0 & 0 \\ 4 & -1 & -1 \end{bmatrix}\begin{bmatrix} x_1 \\ x_2 \\ x_3 \end{bmatrix}=\begin{bmatrix} 0 \\ 0 \\ 0 \end{bmatrix},$$

解得基础解系为 $\boldsymbol{\xi}_2=\left(\frac{1}{4},1,0\right)^{\mathrm{T}}, \boldsymbol{\xi}_3=\left(\frac{1}{4},0,1\right)^{\mathrm{T}}$，于是 $\lambda_2=\lambda_3=2$ 对应的特征向量为 $k_2\boldsymbol{\xi}_2+k_3\boldsymbol{\xi}_3=k_2\left(\frac{1}{4},1,0\right)^{\mathrm{T}}+k_3\left(\frac{1}{4},0,1\right)^{\mathrm{T}}$，$k_2, k_3$ 不全为零.

例 4 求 n 阶数量矩阵 $\boldsymbol{A}=\begin{bmatrix} a & 0 & \cdots & 0 \\ 0 & a & \cdots & 0 \\ \vdots & \vdots & & \vdots \\ 0 & 0 & \cdots & a \end{bmatrix}$ 的特征值和特征向量.

解 $\boldsymbol{A}$ 的特征多项式为

$$|\lambda\boldsymbol{E}-\boldsymbol{A}|=\begin{vmatrix}\lambda-a & 0 & \cdots & 0\\ 0 & \lambda-a & \cdots & 0\\ \vdots & \vdots & & \vdots\\ 0 & 0 & \cdots & \lambda-a\end{vmatrix}=(\lambda-a)^n.\ 由\ |\lambda\boldsymbol{E}-\boldsymbol{A}|=0,得$$

$\boldsymbol{A}$ 的特征值为 $\lambda_1=\lambda_2=\cdots\lambda_n=a$.

把 $\lambda=a$ 代入 $(\lambda\boldsymbol{E}-\boldsymbol{A})\boldsymbol{x}=\boldsymbol{0}$,得

$$0\cdot x_1=0,0\cdot x_2=0,\cdots,0\cdot x_n=0.$$

这个方程组的系数矩阵是零矩阵,所以任意 n 个线性无关的向量都是它的基础解系. 取单位向量组

$$\boldsymbol{e}_1=\begin{bmatrix}1\\0\\\vdots\\0\end{bmatrix},\boldsymbol{e}_2=\begin{bmatrix}0\\1\\\vdots\\0\end{bmatrix},\cdots,\boldsymbol{e}_n=\begin{bmatrix}0\\0\\\vdots\\1\end{bmatrix}$$

作为基础解系,于是 $\boldsymbol{A}$ 的全部特征向量为

$$k_1\boldsymbol{e}_1+k_2\boldsymbol{e}_2+\cdots+k_n\boldsymbol{e}_n(k_1,k_2,\cdots,k_n\ 不全为\ 0).$$

4.1.2 特征值与特征向量的性质

由定义 3,若 $\boldsymbol{\xi}$ 是 $\boldsymbol{A}$ 对应于特征值 λ 的特征向量,则 $(\lambda\boldsymbol{E}-\boldsymbol{A})\boldsymbol{\xi}=\boldsymbol{0}$,即 $\lambda\boldsymbol{E}\boldsymbol{\xi}-\boldsymbol{A}\boldsymbol{\xi}=\boldsymbol{0}$,也就是 $\boldsymbol{A}\boldsymbol{\xi}=\lambda\boldsymbol{\xi}$;反之亦然. 从而有如下定理:

定理 1　设有 n 阶方阵 $\boldsymbol{A}$、常数 λ 及 n 维向量 $\boldsymbol{\xi}$,向量 $\boldsymbol{\xi}$ 是方阵 $\boldsymbol{A}$ 对应于特征值 λ 的特征向量的充分必要条件是

$$\boldsymbol{A}\boldsymbol{\xi}=\lambda\boldsymbol{\xi}. \tag{5}$$

例 5　设 n 阶方阵 $\boldsymbol{A}$ 满足等式 $\boldsymbol{A}^2=\boldsymbol{A}$,证明 $\boldsymbol{A}$ 的特征值为 1 或 0.

证　设 $\boldsymbol{\xi}$ 为 $\boldsymbol{A}$ 对应于特征值 λ 的特征向量,则由定理 1,有 $\boldsymbol{A}\boldsymbol{\xi}=\lambda\boldsymbol{\xi}$. 由此,

$$\boldsymbol{A}^2\boldsymbol{\xi}=\boldsymbol{A}(\boldsymbol{A}\boldsymbol{\xi})=\boldsymbol{A}(\lambda\boldsymbol{\xi})=\lambda(\boldsymbol{A}\boldsymbol{\xi})=\lambda^2\boldsymbol{\xi},$$

又 $\boldsymbol{A}^2=\boldsymbol{A}$,故 $\lambda\boldsymbol{\xi}=\boldsymbol{A}\boldsymbol{\xi}=\lambda^2\boldsymbol{\xi}$,即

$$(\lambda-\lambda^2)\boldsymbol{\xi}=\boldsymbol{0}.$$

因 $\boldsymbol{\xi}\neq\boldsymbol{0}$,所以 $(\lambda-\lambda^2)=0$,即 $\lambda=1$ 或 0.

例 6　设 $\boldsymbol{\xi}$ 为方阵 $\boldsymbol{A}$ 对应于特征值 λ_0 的特征向量,证明:

(1) $k\lambda_0$ 为 $k\boldsymbol{A}$ 的特征值(k 为常数);

(2)λ_0^k 为 $\boldsymbol{A}^k$ 的特征值(k 为大于1的正整数);

(3)若 $\boldsymbol{A}$ 可逆,则 λ_0^{-1} 为 $\boldsymbol{A}^{-1}$ 的特征值($\lambda_0\neq0$);

(4)若 $\boldsymbol{A}$ 可逆,则 $\lambda_0^{-1}|\boldsymbol{A}|$ 为 $\boldsymbol{A}^*$ 的特征值($\lambda_0\neq0$).

证 由题意,$\boldsymbol{A\xi}=\lambda_0\boldsymbol{\xi},\boldsymbol{\xi}\neq0$.

(1)$(k\boldsymbol{A})\boldsymbol{\xi}=k(\boldsymbol{A\xi})=k(\lambda_0\boldsymbol{\xi})=(k\lambda_0)\boldsymbol{\xi}$,即 $k\lambda_0$ 为 $k\boldsymbol{A}$ 的特征值;

(2)$\boldsymbol{A}^k\boldsymbol{\xi}=\boldsymbol{A}^{k-1}(\boldsymbol{A\xi})=\boldsymbol{A}^{k-1}(\lambda_0\boldsymbol{\xi})=\lambda_0(\boldsymbol{A}^{k-1}\boldsymbol{\xi})=\lambda_0\boldsymbol{A}^{k-2}(\boldsymbol{A\xi})=\lambda_0\boldsymbol{A}^{k-2}(\lambda_0\boldsymbol{\xi})=\lambda_0^2(\boldsymbol{A}^{k-2}\boldsymbol{\xi})=\cdots=\lambda_0^k\boldsymbol{\xi}$,即 λ_0^k 为 $\boldsymbol{A}^k$ 的特征值.

(3)用 $\boldsymbol{A}^{-1}$ 左乘以 $\boldsymbol{A\xi}=\lambda_0\boldsymbol{\xi}$ 两端,有 $\boldsymbol{\xi}=\lambda_0\boldsymbol{A}^{-1}\boldsymbol{\xi}$,即 $\lambda_0^{-1}\boldsymbol{\xi}=\boldsymbol{A}^{-1}\boldsymbol{\xi}$,因此 λ_0^{-1} 为 $\boldsymbol{A}^{-1}$ 的特征值;

(4)因为 $\boldsymbol{A}^*=|\boldsymbol{A}|\boldsymbol{A}^{-1}$,由(1)和(3),$\lambda_0^{-1}|\boldsymbol{A}|$ 为 $\boldsymbol{A}^*$ 的特征值.

在例6的条件下,可以证明,若 $g(x)$ 是一个 m 次多项式

$$g(x)=b_mx^m+b_{m-1}x^{m-1}+\cdots+b_0,$$

则矩阵多项式 $g(\boldsymbol{A})=b_m\boldsymbol{A}^m+b_{m-1}\boldsymbol{A}^{m-1}+\cdots+b_0\boldsymbol{E}$ 的特征值为

$$g(\lambda_0)=b_m\lambda_0^m+b_{m-1}\lambda_0^{m-1}+\cdots+b_0. \tag{6}$$

特别地,若 $g(\boldsymbol{A})=b_m\boldsymbol{A}^m+b_{m-1}\boldsymbol{A}^{m-1}+\cdots+b_0\boldsymbol{E}=\boldsymbol{0}$,则必有

$$g(\lambda_0)=b_m\lambda_0^m+b_{m-1}\lambda_0^{m-1}+\cdots+b_0=0. \tag{7}$$

例7 (1)设三阶方阵 $\boldsymbol{A}$ 的三个特征值为 $\lambda_1=1,\lambda_2=0,\lambda_3=-1$,求矩阵 $\boldsymbol{B}=\boldsymbol{A}^2+3\boldsymbol{A}+2\boldsymbol{E}$ 的特征值;

(2)设三阶方阵 $\boldsymbol{A}$ 满足 $\boldsymbol{A}^2+3\boldsymbol{A}+2\boldsymbol{E}=\boldsymbol{O}$,求 $\boldsymbol{A}$ 的特征值.

解(1)设 $g(x)=x^2+3x+2$,则相应的矩阵多项式 $\boldsymbol{B}=g(\boldsymbol{A})=\boldsymbol{A}^2+3\boldsymbol{A}+2\boldsymbol{E}$. 由式(6),对应于 $\boldsymbol{A}$ 的特征值 $\lambda_i(i=1,2,3)$,$\boldsymbol{B}=g(\boldsymbol{A})=\boldsymbol{A}^2+3\boldsymbol{A}+2\boldsymbol{E}$ 的特征值为

$$\tau_i=g(\lambda_i)=\lambda_i^2+3\lambda_i+2(i=1,2,3).$$

将 $\boldsymbol{A}$ 的三个特征值依次代入上式,则 $\boldsymbol{B}$ 的三个特征值依次为:

$$\tau_1=\lambda_1^2+3\lambda_1+2=1^2+3\cdot1+2=6;$$

$$\tau_2=\lambda_2^2+3\lambda_2+2=0^2+3\cdot0+2=2;$$

$$\tau_3=\lambda_3^2+3\lambda_3+2=(-1)^2+3\cdot(-1)+2=0.$$

(2)设 $\boldsymbol{A}$ 的特征值为 λ,由于 $\boldsymbol{A}^2+3\boldsymbol{A}+2\boldsymbol{E}=\boldsymbol{O}$ 及式(7),则 $\lambda^2+3\lambda+2=0$,故 $\boldsymbol{A}$ 有特征值 $\lambda_1=-1,\lambda_2=-2$.

定理2 **n 阶方阵 $\boldsymbol{A}$ 与其转置矩阵 $\boldsymbol{A}^{\mathrm{T}}$ 有相同的特征值.**

证 因为 $|\lambda\boldsymbol{E}-\boldsymbol{A}^{\mathrm{T}}|=|(\lambda\boldsymbol{E}-\boldsymbol{A})^{\mathrm{T}}|=|\lambda\boldsymbol{E}-\boldsymbol{A}|$,所以 $\boldsymbol{A}$ 与 $\boldsymbol{A}^{\mathrm{T}}$ 有相同的特征多项式,因而特征值相同.

定理3 **设 n 阶方阵 $\boldsymbol{A}=(a_{ij})_{n\times n}$ 的 n 个特征值为 $\lambda_1,\lambda_2,\cdots,\lambda_n$,则**

(1) $\lambda_1\lambda_2\cdots\lambda_n=|\boldsymbol{A}|$; (8)

(2) $\lambda_1+\lambda_2+\cdots+\lambda_n=a_{11}+a_{22}+\cdots+a_{nn}$. (9)

证 (1)当 $\lambda_1,\lambda_2,\cdots,\lambda_n$ 为 $\boldsymbol{A}$ 的 n 个特征值时,$\boldsymbol{A}$ 的特征多项式 $|\lambda\boldsymbol{E}-\boldsymbol{A}|$ 可写成

$$f(\lambda)=|\lambda\boldsymbol{E}-\boldsymbol{A}|=(\lambda-\lambda_1)(\lambda-\lambda_2)\cdots(\lambda-\lambda_n)$$
$$=\lambda^n-(\lambda_1+\lambda_2+\cdots+\lambda_n)\lambda^{n-1}+\cdots+(-1)^n\lambda_1\lambda_2\cdots\lambda_n. \quad (10)$$

令 $\lambda=0$,得 $|-\boldsymbol{A}|=(-\lambda_1)(-\lambda_2)\cdots(-\lambda_n)=(-1)^n\lambda_1\lambda_2\cdots\lambda_n$,即

$$|\boldsymbol{A}|=\lambda_1\lambda_2\cdots\lambda_n.$$

(2)因为在行列式

$$|\lambda\boldsymbol{E}-\boldsymbol{A}|=\begin{vmatrix}\lambda-a_{11} & -a_{12} & \cdots & -a_{1n}\\ -a_{21} & \lambda-a_{22} & \cdots & -a_{2n}\\ \vdots & \vdots & \ddots & \vdots\\ -a_{n1} & -a_{n2} & \cdots & \lambda-a_{nn}\end{vmatrix}$$

的展开项中,主对角线上元素的乘积这一项为

$$(\lambda-a_{11})(\lambda-a_{22})\cdots(\lambda-a_{nn}),$$

由行列式的定义,除了主对角线上元素的乘积这一项外,展开式的其余项至多包含 $n-2$ 个主对角线上的元素,因此特征多项式中含 λ^n 与 λ^{n-1} 的项只能在主对角线元素的乘积项中出现,其他项不会包含 λ^n 与 λ^{n-1} 的项. 而 $(\lambda-a_{11})(\lambda-a_{22})\cdots(\lambda-a_{nn})=\lambda^n-(a_{11}+a_{22}+\cdots+a_{nn})\lambda^{n-1}+\cdots$,该式与式(10)相比较,则有 $\lambda_1+\lambda_2+\cdots+\lambda_n=a_{11}+a_{22}+\cdots+a_{nn}$.

矩阵 $\boldsymbol{A}$ 的主对角线上元素的和称为**矩阵 $\boldsymbol{A}$ 的迹**,记作 $Tr(\boldsymbol{A})$,即

$$Tr(\boldsymbol{A})=a_{11}+a_{22}+\cdots+a_{nn}.$$

因此式(9)可写为 $Tr(\boldsymbol{A})=\sum_{i=1}^{n}\lambda_i$.

推论 **n 阶方阵 $\boldsymbol{A}$ 可逆的充要条件是 $\boldsymbol{A}$ 的特征值不等于零.**

由此可见,0 是 $\boldsymbol{A}$ 的特征值 $\Leftrightarrow|\boldsymbol{A}|=0$.

例 8 设三阶方阵 $\boldsymbol{A}$ 的三个特征值分别为 3,4,7,求行列式 $|6\boldsymbol{A}+\boldsymbol{E}|$

解 设 λ_i 是 $\boldsymbol{A}$ 的特征值,由式(6),$(6\lambda_i+1)$ 是 $(6\boldsymbol{A}_i+\boldsymbol{E})$ 的特征值,即 $(6\boldsymbol{A}_i+\boldsymbol{E})$ 有特征值

$$6\times3+1=19,6\times4+1=25,6\times7+1=43.$$

由式(8) $|6\boldsymbol{A}+\boldsymbol{E}|=19\times25\times43=20\ 425$.

定理 4 **特征多项式的展开式为**

$$|\lambda \boldsymbol{E}-\boldsymbol{A}| = \lambda^n - \sum_{i=1}^{n} a_{ii}\lambda^{n-1} + \cdots + (-1)^k S_k \lambda^{n-k} + \cdots + (-1)^n |\boldsymbol{A}|. \tag{11}$$

其中 S_k 是 $\boldsymbol{A}$ 的全体 k 阶主子式的和.

例如,当 $n=3$ 时,有

$$|\lambda \boldsymbol{E}-\boldsymbol{A}|=\lambda^3-(a_{11}+a_{22}+a_{33})\lambda^2+\left[\begin{vmatrix} a_{11} & a_{12} \\ a_{21} & a_{22}\end{vmatrix}+\begin{vmatrix} a_{11} & a_{13} \\ a_{31} & a_{33}\end{vmatrix}+\begin{vmatrix} a_{22} & a_{23} \\ a_{32} & a_{33}\end{vmatrix}\right]\lambda-|\boldsymbol{A}|. \tag{12}$$

对于式(11),若 $r(\boldsymbol{A})=1$,有

$$|\lambda \boldsymbol{E}-\boldsymbol{A}| = \lambda^n - \sum_{i=1}^{n} a_{ii}\lambda^{n-1}, \tag{13}$$

此时,$\boldsymbol{A}$ 的 n 个特征值为

$$\lambda_1 = \sum_{i=1}^{n} a_{ii}, \lambda_2 = \lambda_3 = \cdots = \lambda_n = 0. \tag{14}$$

例 9 设 $\boldsymbol{\alpha}=(1,0,-1)^{\mathrm{T}}$,矩阵 $\boldsymbol{A}=\boldsymbol{\alpha}\boldsymbol{\alpha}^{\mathrm{T}}$,$n$ 为正整数,计算 $|k\boldsymbol{E}-\boldsymbol{A}^n|$.

解 因为 $\boldsymbol{\alpha}^{\mathrm{T}}\boldsymbol{\alpha}=2$,故有 $\boldsymbol{A}^2=(\boldsymbol{\alpha}\boldsymbol{\alpha}^{\mathrm{T}})(\boldsymbol{\alpha}\boldsymbol{\alpha}^{\mathrm{T}})=\boldsymbol{\alpha}(\boldsymbol{\alpha}^{\mathrm{T}}\boldsymbol{\alpha})\boldsymbol{\alpha}^{\mathrm{T}}=2\boldsymbol{A}$,即 $\boldsymbol{A}^2-2\boldsymbol{A}=\boldsymbol{O}$. 设 $\boldsymbol{A}$ 的特征值为 λ,由式(7),则有 $\lambda^2-2\lambda=0$,即 $\boldsymbol{A}$ 有特征值 $\lambda_1=2,\lambda_2=0$. 又由于

$$\boldsymbol{A}=\boldsymbol{\alpha}\boldsymbol{\alpha}^{\mathrm{T}}=\begin{bmatrix} 1 & 0 & -1 \\ 0 & 0 & 0 \\ -1 & 0 & 1 \end{bmatrix},$$

由式(9),$\boldsymbol{A}$ 的三个特征值之和 $\lambda_1+\lambda_2+\lambda_3=1+0+1=2$,故 $\lambda_3=0$. 于是 $\boldsymbol{A}^n$ 的特征值为 2^n, $0,0$,进而 $k\boldsymbol{E}-\boldsymbol{A}^n$ 的特征值为 $k-2^n,k,k$. 由式(8),

$$|k\boldsymbol{E}-\boldsymbol{A}^n|=(k-2^n)\cdot k\cdot k=k^2(k-2^n).$$

若注意到 $r(\boldsymbol{A})=1$,由(14),$\boldsymbol{A}$ 的 3 个特征值为 $\lambda_1=2,\lambda_2=\lambda_3=0$.

方阵的特征向量有以下重要性质:

定理 5 **方阵 $\boldsymbol{A}$ 关于同一个特征值 λ 的任意两个特征向量 $\boldsymbol{\xi}_1,\boldsymbol{\xi}_2$ 的非零线性组合**

$$k_1\boldsymbol{\xi}_1+k_2\boldsymbol{\xi}_2 (k_1,k_2 \text{ 不全为零}),$$

也是 $\boldsymbol{A}$ 对应于特征值 λ 的特征向量.

证 因为 $\boldsymbol{A}\boldsymbol{\xi}_1=\lambda\boldsymbol{\xi}_1,\boldsymbol{A}\boldsymbol{\xi}_2=\lambda\boldsymbol{\xi}_2$,则对于任意两个不全为零的数 k_1,k_2,$\boldsymbol{A}(k_1\boldsymbol{\xi}_1+k_2\boldsymbol{\xi}_2)=k_1\boldsymbol{A}\boldsymbol{\xi}_1+k_2\boldsymbol{A}\boldsymbol{\xi}_2=k_1\lambda\boldsymbol{\xi}_1+k_2\lambda\boldsymbol{\xi}_2=\lambda(k_1\boldsymbol{\xi}_1+k_2\boldsymbol{\xi}_2)$. 故 $k_1\boldsymbol{\xi}_1+k_2\boldsymbol{\xi}_2$($k_1,k_2$ 不全为零)是 $\boldsymbol{A}$ 对应于特征值 λ 的特征向量.

推论 **方阵 $\boldsymbol{A}$ 关于同一个特征值 λ 的任意 m 个特征向量 $\boldsymbol{\xi}_1,\boldsymbol{\xi}_2,\cdots,\boldsymbol{\xi}_m$ 的非零线性组合**

$$k_1\boldsymbol{\xi}_1+k_2\boldsymbol{\xi}_2+\cdots+k_m\boldsymbol{\xi}_m (k_1,k_2,\cdots,k_m \text{ 不全为零}),$$

也是 $\boldsymbol{A}$ 对应于特征值 λ 的特征向量.

定理 6　方阵 $\boldsymbol{A}$ 的不同的特征值所对应的特征向量是线性无关的.

证　采用数学归纳法进行证明.

设矩阵 $\boldsymbol{A}$ 的 r 个不同的特征值 λ_i 所对应的特征向量为 $\boldsymbol{\xi}_i(i=1,2,\cdots,r)$.

当 $r=2$ 时，设 $\boldsymbol{\xi}_1,\boldsymbol{\xi}_2$ 分别为 $\boldsymbol{A}$ 对应于特征值 λ_1,λ_2 的特征向量，则 $\boldsymbol{A\xi}_1=\lambda_1\boldsymbol{\xi}_1,\boldsymbol{A\xi}_2=\lambda_2\boldsymbol{\xi}_2$. 令

$$k_1\boldsymbol{\xi}_1+k_2\boldsymbol{\xi}_2=\boldsymbol{0}, \tag{15}$$

有

$$\boldsymbol{A}(k_1\boldsymbol{\xi}_1+k_2\boldsymbol{\xi}_2)=k_1\boldsymbol{A\xi}_1+k_2\boldsymbol{A\xi}_2=k_1\lambda_1\boldsymbol{\xi}_1+k_2\lambda_2\boldsymbol{\xi}_2=\boldsymbol{0}. \tag{16}$$

式(15)乘以 λ_1 与式(16)相减，得

$$k_2(\lambda_1-\lambda_2)\boldsymbol{\xi}_2=\boldsymbol{0}.$$

因为 $\boldsymbol{\xi}_2\neq 0,\lambda_1-\lambda_2\neq 0$，所以 $k_2=0$. 同理 $k_1=0$. 即定理关于 $r=2$ 成立.

假设 $r-1$ 时定理成立，即若 $\boldsymbol{\xi}_1,\boldsymbol{\xi}_2,\cdots,\boldsymbol{\xi}_{r-1}$ 分别为 $\boldsymbol{A}$ 的不同的特征值 $\lambda_1,\lambda_2,\cdots,\lambda_{r-1}$ 对应的特征向量，$\boldsymbol{\xi}_1,\boldsymbol{\xi}_2,\cdots,\boldsymbol{\xi}_{r-1}$ 线性无关. 设 $\boldsymbol{A}$ 的 r 个不同的特征值 $\lambda_1,\lambda_2,\cdots,\lambda_{r-1},\lambda_r$ 对应的特征向量分别为 $\boldsymbol{\xi}_1,\boldsymbol{\xi}_2,\cdots,\boldsymbol{\xi}_{r-1},\boldsymbol{\xi}_r$，令

$$k_1\boldsymbol{\xi}_1+k_2\boldsymbol{\xi}_2+\cdots+k_{r-1}\boldsymbol{\xi}_{r-1}+k_r\boldsymbol{\xi}_r=\boldsymbol{0}, \tag{17}$$

用 $\boldsymbol{A}$ 左乘以式(17)，得

$$\boldsymbol{A}(k_1\boldsymbol{\xi}_1+k_2\boldsymbol{\xi}_2+\cdots+k_{r-1}\boldsymbol{\xi}_{r-1}+k_r\boldsymbol{\xi}_r)=k_1\lambda_1\boldsymbol{\xi}_1+k_2\lambda_2\boldsymbol{\xi}_2+\cdots+k_{r-1}\lambda_{r-1}\boldsymbol{\xi}_{r-1}+k_r\lambda_r\boldsymbol{\xi}_r=\boldsymbol{0}, \tag{18}$$

式(17)乘以 λ_r 与式(18)相减，得

$$k_1(\lambda_r-\lambda_1)\boldsymbol{\xi}_1+k_2(\lambda_r-\lambda_2)\boldsymbol{\xi}_2+\cdots+k_{r-1}(\lambda_r-\lambda_{r-1})\boldsymbol{\xi}_{r-1}=\boldsymbol{0}.$$

由假设，$\boldsymbol{\xi}_1,\boldsymbol{\xi}_2,\cdots,\boldsymbol{\xi}_{r-1}$ 线性无关，因此

$$k_i(\lambda_r-\lambda_i)=0,\quad i=1,2,\cdots,r-1.$$

因为 $\lambda_r-\lambda_i\neq 0$，所以 $k_i=0(i=1,2,\cdots,r-1)$，代入式(17)，得 $k_r=0$. 定理得证.

例如，例 1 中，$\lambda_1=4$ 对应的特征向量 $\boldsymbol{\xi}_1=(-1,1)^{\mathrm{T}}$ 与 $\lambda_1=2$ 对应的特征向量 $\boldsymbol{\xi}_2=(1,1)^{\mathrm{T}}$ 是线性无关的.

具体求解方阵 $\boldsymbol{A}$ 的特征值 λ_i 所对应的特征向量时，首先求得的是 λ_i 对应的齐次线性方程组 $(\lambda_i\boldsymbol{E}-\boldsymbol{A})\boldsymbol{x}=\boldsymbol{0}$ 的基础解系. 基础解系是特征值 λ_i 所对应的全部特征向量的一个极大线性无关组，也就是 λ_i 所对应的全部特征向量的一个基，称之为 λ_i **所对应的一个线性无关的特征向量组**.

定理 6 说明，方阵 $\boldsymbol{A}$ 的不同的特征值所对应的特征向量是线性无关的. 我们自然要问，将 $\boldsymbol{A}$ 的所有不同的特征值 $\lambda_1,\lambda_2,\cdots,\lambda_r$ 各自对应的线性无关的特征向量组并在一起组成的向量组是否仍然是线性无关的？答案是肯定的.

定理 7　方阵 $\boldsymbol{A}$ 的 r 个不同的特征值所对应的 r 组线性无关的特征向量组并在一起仍

然是线性无关的.

证 设方阵 $\boldsymbol{A}$ 的 r 个不同的特征值为 $\lambda_1,\lambda_2,\cdots,\lambda_r$,特征值 λ_i 所对应的线性无关的特征向量组为 $\boldsymbol{\xi}_{i1},\boldsymbol{\xi}_{i2},\cdots,\boldsymbol{\xi}_{im_i}(i=1,2,\cdots,r)$,即要证明向量组

$$\boldsymbol{\xi}_{11},\boldsymbol{\xi}_{12},\cdots,\boldsymbol{\xi}_{1m_1},\boldsymbol{\xi}_{21},\boldsymbol{\xi}_{22},\cdots,\boldsymbol{\xi}_{2m_2},\cdots,\boldsymbol{\xi}_{r1},\boldsymbol{\xi}_{r2},\cdots,\boldsymbol{\xi}_{rm_r}$$

线性无关.

设有常数 $c_{i1},c_{i2},\cdots,c_{im_i}(i=1,2,\cdots,r)$满足

$$\sum_{j=1}^{m_1}c_{1j}\boldsymbol{\xi}_{1j}+\sum_{j=1}^{m_2}c_{2j}\boldsymbol{\xi}_{2j}+\cdots+\sum_{j=1}^{m_r}c_{rj}\boldsymbol{\xi}_{rj}=\boldsymbol{0}, \tag{19}$$

令 $\boldsymbol{\tau}_i=\sum\limits_{j=1}^{m_i}c_{ij}\boldsymbol{\xi}_{ij}(i=1,2,\cdots,r)$. 若 $\boldsymbol{\tau}_i\neq\boldsymbol{0}$,则 $\boldsymbol{\tau}_i$ 是 λ_i 对应的特征向量,此时式(19)为

$$\boldsymbol{\tau}_1+\boldsymbol{\tau}_2+\cdots+\boldsymbol{\tau}_r=\boldsymbol{0},$$

即 $\boldsymbol{\tau}_1,\boldsymbol{\tau}_2,\cdots,\boldsymbol{\tau}_r$ 线性相关,这与定理 6 矛盾. 所以 $\boldsymbol{\tau}_i=\boldsymbol{0}(i=1,2,\cdots,r)$.

由于 $\boldsymbol{\tau}_i=\boldsymbol{0}$,即 $\sum\limits_{j=1}^{m_i}c_{ij}\boldsymbol{\xi}_{ij}=\boldsymbol{0}$,而 $\boldsymbol{\xi}_{i1},\boldsymbol{\xi}_{i2},\cdots,\boldsymbol{\xi}_{im_i}$ 线性无关,所以 $c_{i1}=c_{i2}=\cdots=c_{im_i}=0(i=1,2,\cdots,r)$,故向量组

$$\boldsymbol{\xi}_{11},\boldsymbol{\xi}_{12},\cdots,\boldsymbol{\xi}_{1m_1},\boldsymbol{\xi}_{21},\boldsymbol{\xi}_{22},\cdots,\boldsymbol{\xi}_{2m_2},\cdots,\boldsymbol{\xi}_{r1},\boldsymbol{\xi}_{r2},\cdots,\boldsymbol{\xi}_{rm_r}\text{ 线性无关.}$$

关于一个特征值所对应的特征向量集合中线性无关向量的个数,有如下定理:

定理 8 **设 λ_0 是 n 阶方阵 $\boldsymbol{A}$ 的一个 t 重特征值,则 λ_0 对应的特征向量集合中线性无关的向量个数不超过 t.**

(证明从略).

上述定理表明,若 $\boldsymbol{A}$ 有 n 个互异的特征值:$\lambda_1,\lambda_2,\cdots,\lambda_n$,则每个 λ_i 仅对应一个线性无关的特征向量,从而 $\boldsymbol{A}$ 共有 n 个线性无关的特征向量. 若 $\boldsymbol{A}$ 的互异的特征值只有 s 个:$\lambda_1,\lambda_2,\cdots\lambda_s(s<n)$,即有

$$|\lambda\boldsymbol{E}-\boldsymbol{A}|=(\lambda-\lambda_1)^{r_1}(\lambda-\lambda_2)^{r_2}\cdots(\lambda-r_s)^{r_s},$$

其中 $r_i\geqslant 1$, $\sum\limits_{i=1}^{s}r_i=n$. 若 $\boldsymbol{A}$ 的 r_i 重特征值 λ_i 对应 k_i 个性无关的特征向量,必有 $k_i\leqslant r_i$,所以 $\boldsymbol{A}$ 共有 $\sum\limits_{i=1}^{s}k_i\leqslant n$ 个线性无关的特征向量. 故 n 阶方阵 $\boldsymbol{A}$ 至多 n 个线性无关的特征向量.

例如,在例 1 中,2 阶方阵 $\boldsymbol{A}$ 有两个不同的特征值,对应着两个线性无关的特征向量;例 3 中,3 阶方阵 $\boldsymbol{A}$ 的两个不同的特征值,对应着 3 个线性无关的特征向量;例 2 中的 3 阶方阵 $\boldsymbol{A}$ 的两个不同的特征值,只对应着两个线性无关的特征向量.

下一节将要证明,n 阶方阵 $\boldsymbol{A}$ 的相似对角化,需要 n 个线性无关的特征向量,如果 n 阶方阵 $\boldsymbol{A}$ 对应的特征向量的个数小于 n,则 $\boldsymbol{A}$ 不能化为对角矩阵.

例 10 已知 $A=\begin{bmatrix}0&0&1\\x&1&0\\1&0&0\end{bmatrix}$ 有三个线性无关的特征向量，求 x.

解 A 的特征多项式为

$$|\lambda E-A|=\begin{vmatrix}\lambda&0&-1\\-x&\lambda-1&0\\-1&0&\lambda\end{vmatrix}=(\lambda+1)(\lambda-1)^2.$$ 由 $|\lambda E-A|=0$，得

A 的特征值为 $\lambda_1=-1,\lambda_2=1$(二重根).

因为 A 有三个线性无关的特征向量，由定理 8，$\lambda_1=-1$ 对应一个线性无关的特征向量，故 $\lambda_2=1$ 必对应两个线性无关的特征向量，因此 $r(E-A)=3-2=1$，于是

$$(E-A)=\begin{bmatrix}1&0&-1\\-x&0&0\\-1&0&1\end{bmatrix}\longrightarrow\begin{bmatrix}1&0&-1\\0&0&-x\\0&0&0\end{bmatrix},$$

故 $x=0$.

§4.2 方阵的相似对角化

4.2.1 相似矩阵的概念

定义 1 **设 A 和 B 为两个 n 阶方阵，若存在可逆矩阵 P，使得**

$$P^{-1}AP=B, \tag{1}$$

则称 A 和 B 相似，或称 A 相似于 B，记为 $A\sim B$. 可逆矩阵 P 称为相似变换矩阵.

相似是方阵之间的一种关系，这种关系具有下列性质：

(1)自反性，即 $A\sim A$；

(2)对称性，即 $A\sim B$，则 $B\sim A$；

(3)传递性，即 $A\sim B,B\sim C$，则 $A\sim C$.

此表明方阵相似关系是一种等价关系.

彼此相似的矩阵所具有的一些共性，称为相似不变性，这就是：

定理 1 **设 n 阶方阵 $A=(a_{ij})$ 和 $B=(b_{ij})$ 相似，则有**

(1)$r(A)=r(B)$；

(2)$|A|=|B|$；

(3)$|\lambda E-A|=|\lambda E-B|$，即相似矩阵有相同的特征多项式，因而有相同的特征值；

(4) $\sum_{i=1}^{n}a_{ii}=\sum_{i=1}^{n}\lambda_i=\sum_{i=1}^{n}b_{ii}$，即矩阵 A 和矩阵 B 有相同的迹；

(5)$A^k \sim B^k$(k 为正整数);

(6)$A^{-1} \sim B^{-1}$(A 可逆时).

证 (1)、(2)显然,只证明(3)和(4).

(3)因为 $A\sim B$,故存在可逆矩阵 P,使 $P^{-1}AP=B$,于是

$$|\lambda E-B|=|\lambda E-P^{-1}AP|=|P^{-1}\lambda EP-P^{-1}AP|=|P^{-1}(\lambda E-A)P|$$
$$=|P^{-1}||\lambda E-A||P|=|\lambda E-A|.$$

(4)由于 $A\sim B$,由(3),A 和 B 有相同的特征值,记为 $\lambda_1,\lambda_2,\cdots,\lambda_n$. 根据第一节定理 3,$\sum_{i=1}^{n}a_{ii}=\sum_{i=1}^{n}\lambda_i$ 且 $\sum_{i=1}^{n}b_{ii}=\sum_{i=1}^{n}\lambda_i$,即

$$\sum_{i=1}^{n}a_{ii}=\sum_{i=1}^{n}\lambda_i=\sum_{i=1}^{n}b_{ii}.$$

例 1 已知 $A=\begin{bmatrix}0&3&3\\a&b&c\\2&-14&-10\end{bmatrix}$,$B=\begin{bmatrix}0&0&0\\0&-1&1\\0&0&-1\end{bmatrix}$,且 $A\sim B$,求 a,b,c 的值.

解 因为 $A\sim B$,由定理 1,A 和 B 有相同的特征值,相同的迹. 由于 B 为上三角形矩阵,故 B 的特征多项式 $|\lambda E-B|$ 是上三角形行列式,$|\lambda E-B|=\lambda(\lambda+1)^2$,所以 B 的特征值为 0,-1,-1,A 的特征值也为 0,-1,-1. 于是

$$|A|=-12a-6b+6c=0;$$

$$|-E-A|=15a+15b-20c+15=0;$$

$$0+b+(-10)=0+(-1)+(-1).$$

解得 $a=-1,b=8,c=-10$.

4.2.2 方阵相似于对角矩阵的条件

下面讨论 n 阶方阵 A 如何通过相似变换化为对角矩阵的问题.

定义 2 **对于 n 阶方阵 A,若存在可逆矩阵 P,使得**

$$P^{-1}AP=\Lambda=\begin{bmatrix}\lambda_1&&&\\&\lambda_2&&\\&&\ddots&\\&&&\lambda_n\end{bmatrix}, \tag{2}$$

则称 A 相似于对角矩阵,或称 A 可相似对角化.

定理 2 **n 阶方阵 A 可相似对角化的充分必要条件是 A 有 n 个线性无关的特征向量.**

证 若 n 阶方阵 A 可相似对角化,则存在可逆矩阵 P,使 $P^{-1}AP=\Lambda$,即

$$AP = P\Lambda. \tag{3}$$

记矩阵 P 的 n 个列向量为 $\xi_1, \xi_2, \cdots, \xi_n$，即 $P = (\xi_1, \xi_2, \cdots, \xi_n)$，于是式(3)为

$$A(\xi_1, \xi_2, \cdots, \xi_n) = (\xi_1, \xi_2, \cdots, \xi_n)\begin{bmatrix} \lambda_1 & & & \\ & \lambda_2 & & \\ & & \ddots & \\ & & & \lambda_n \end{bmatrix},$$

即

$$A\xi_i = \lambda_i \xi_i (i = 1, 2, \cdots, n). \tag{4}$$

式(4)表明，向量 ξ_i 是矩阵 A 对应于 λ_i 的特征向量. 由于 P 可逆，所以 $\xi_1, \xi_2, \cdots, \xi_n$ 线性无关.

反之，若 A 有 n 个线性无关的特征向量，由上述过程逆推，可得到 A 相似于对角矩阵的结论.

由定理 2 及其证明过程可以看出，**若 A 可通过相似变换化为对角矩阵 Λ，则 Λ 的对角线上的元素是 A 的 n 个特征值 $\lambda_1, \lambda_2, \cdots, \lambda_n$，相似变换矩阵 P 的列向量是 A 的特征值对应的 n 个线性无关的特征向量 $\xi_1, \xi_2, \cdots, \xi_n$.**

在上节例 1 中，2 阶方阵 A 有两个线性无关的特征向量；例 3 中，3 阶方阵有 3 个线性无关的特征向量. 因此，这两个矩阵都可以通过相似变换化为对角矩阵. 而例 2 中的 3 阶方阵只有两个线性无关的特征向量，因此不能够相似对角化.

我们已经知道，如果 n 阶方阵 A 有 n 个互异的特征值，则 A 必有 n 个线性无关的特征向量. 于是有：

推论 1　若 n 阶方阵 A 有 n 个互异的特征值，则 A 必能够相似于对角矩阵.

例 2　已知 $A = \begin{bmatrix} 2 & a & 2 \\ 5 & b & 3 \\ -1 & 1 & -1 \end{bmatrix}$ 有特征值 ± 1，问 A 能否对角化？

解　由于 ± 1 是 A 的特征值，将其代入特征方程，有

$$|E - A| = -7(a+1) = 0, \quad |-E - A| = (3a - 2b - 3) = 0.$$

解得 $a = -1, b = -3$. 所以

$$A = \begin{bmatrix} 2 & -1 & 2 \\ 5 & -3 & 3 \\ -1 & 1 & -1 \end{bmatrix}.$$

由 $\sum_{i=1}^{n} \lambda_i = \sum_{i=1}^{n} a_{ii}$，则 $1 + (-1) + \lambda_3 = 2 + (-3) + (-1)$，得 $\lambda_3 = -2$. 于是 3 阶方阵 A 有 3 个不同的特征值，故 A 可相似对角化.

如果 n 阶方阵 A 有重特征值，且每一个重特征值所对应的线性无关的特征向量的个数等于该特征值的重数，则 A 的线性无关的特征向量的个数等于 n. 在这种情况下，A 可相似对角化.

推论 2 n 阶方阵 $\boldsymbol{A}$ 相似于对角矩阵的充要条件是 $\boldsymbol{A}$ 的每一个 t_i 重特征值 λ_i 对应 t_i 个线性无关的特征向量.

例 3 判断下列矩阵能否相似于对角矩阵.若能相似于对角矩阵,将矩阵相似对角化.

$$(1)\boldsymbol{A}_1=\begin{bmatrix}2&0&0\\1&1&0\\1&1&1\end{bmatrix};(2)\boldsymbol{A}_2=\begin{bmatrix}4&0&0\\0&3&1\\0&1&3\end{bmatrix}.$$

解 (1)由 $|\lambda\boldsymbol{E}-\boldsymbol{A}_1|=(\lambda-2)(\lambda-1)^2=0$,得 $\lambda_1=\lambda_2=1,\lambda_3=2$.其中 $\lambda_1=\lambda_2=1$ 为二重特征值.由于 $\lambda_1=\lambda_2=1$ 对应的齐次线性方程组 $(1\boldsymbol{E}-\boldsymbol{A}_1)\boldsymbol{x}=\boldsymbol{0}$ 的系数矩阵

$$(1\boldsymbol{E}-\boldsymbol{A}_1)=\begin{bmatrix}-1&0&0\\-1&0&0\\-1&-1&0\end{bmatrix}$$

的秩 $r(1\boldsymbol{E}-\boldsymbol{A}_1)=2$,因此齐次线性方程组 $(1\boldsymbol{E}-\boldsymbol{A}_1)\boldsymbol{x}=\boldsymbol{0}$ 的基础解系向量的个数为 $3-2=1$,即二重特征值 $\lambda_1=\lambda_2=1$ 只对应一个线性无关的特征向量,所以 $\boldsymbol{A}_1$ 不能相似于对角矩阵.

(2)由 $|\lambda\boldsymbol{E}-\boldsymbol{A}_2|=(\lambda-2)(\lambda-4)^2=0$,得特征值 $\lambda_1=\lambda_2=4,\lambda_3=2$.对于二重特征值 $\lambda_1=\lambda_2=4$,构造齐次线性方程组 $(4\boldsymbol{E}-\boldsymbol{A}_2)\boldsymbol{x}=\boldsymbol{0}$,求其系数矩阵的秩.由于

$$(4\boldsymbol{E}-\boldsymbol{A}_2)=\begin{bmatrix}0&0&0\\0&1&-1\\0&-1&1\end{bmatrix}\longrightarrow\begin{bmatrix}0&1&-1\\0&0&0\\0&0&0\end{bmatrix},$$

故 $r(4\boldsymbol{E}-\boldsymbol{A}_2)=1$,因此齐次线性方程组 $(4\boldsymbol{E}-\boldsymbol{A}_2)\boldsymbol{x}=\boldsymbol{0}$ 的基础解系向量的个数为 $3-1=2$,即二重特征值 $\lambda_1=\lambda_2=4$ 对应两个线性无关的特征向量,所以 $\boldsymbol{A}_2$ 可以相似对角化.齐次线性方程组 $(4\boldsymbol{E}-\boldsymbol{A}_2)\boldsymbol{x}=\boldsymbol{0}$ 的基础解系为 $\boldsymbol{\xi}_1=(1,0,0)^{\mathrm{T}},\boldsymbol{\xi}_2=(0,1,1)^{\mathrm{T}}$,此即 $\lambda_1=\lambda_2=4$ 对应两个线性无关的特征向量.

对于单特征值 $\lambda_3=2$,求得 $(2\boldsymbol{E}-\boldsymbol{A}_2)\boldsymbol{x}=\boldsymbol{0}$ 的基础解系 $\boldsymbol{\xi}_3=(0,-1,1)^{\mathrm{T}}$,此为 $\lambda_3=2$ 对应的一个线性无关的特征向量.

因此,相似变换矩阵和对角矩阵分别为

$$\boldsymbol{P}=(\boldsymbol{\xi}_1,\boldsymbol{\xi}_2,\boldsymbol{\xi}_3)=\begin{bmatrix}1&0&0\\0&1&-1\\0&1&1\end{bmatrix},\boldsymbol{\Lambda}=\begin{bmatrix}\lambda_1&&\\&\lambda_2&\\&&\lambda_3\end{bmatrix}=\begin{bmatrix}4&&\\&4&\\&&2\end{bmatrix},$$

其中 $\boldsymbol{P}^{-1}\boldsymbol{A}_2\boldsymbol{P}=\boldsymbol{\Lambda}$.

需要注意,$\boldsymbol{\xi}_1,\boldsymbol{\xi}_2,\boldsymbol{\xi}_3$ 对应于 $\lambda_1,\lambda_2,\lambda_3$ 的次序.

例 4 设三阶方阵 $\boldsymbol{A}$ 的特征值为 $\lambda_1=4,\lambda_2=\lambda_3=1$,对应的特征向量为 $\boldsymbol{\xi}_1=(1,1,1)^{\mathrm{T}},\boldsymbol{\xi}_2=(1,-1,0)^{\mathrm{T}},\boldsymbol{\xi}_3=(1,0,-1)^{\mathrm{T}}$,求矩阵 $\boldsymbol{A}$.

解 由已知,$\boldsymbol{\xi}_1,\boldsymbol{\xi}_2,\boldsymbol{\xi}_3$ 线性无关,从而矩阵 $\boldsymbol{A}$ 相似于对角矩阵,即 $\boldsymbol{P}^{-1}\boldsymbol{A}\boldsymbol{P}=\boldsymbol{\Lambda}$.于是

$$A=P\Lambda P^{-1},$$

其中 $\Lambda=\begin{bmatrix}4&&\\&1&\\&&1\end{bmatrix}$，$P=\begin{bmatrix}1&1&1\\1&-1&0\\1&0&-1\end{bmatrix}$，$P^{-1}=\frac{1}{3}\begin{bmatrix}1&1&1\\1&-2&1\\1&1&-2\end{bmatrix}$. 故

$$A=\frac{1}{3}\begin{bmatrix}1&1&1\\1&-1&0\\1&0&-1\end{bmatrix}\begin{bmatrix}4&&\\&1&\\&&1\end{bmatrix}\begin{bmatrix}1&1&1\\1&-2&1\\1&1&-2\end{bmatrix}=\begin{bmatrix}2&1&1\\1&2&1\\1&1&2\end{bmatrix}.$$

例 5 已知矩阵 $A=\begin{bmatrix}-1&1&0\\-2&2&0\\4&x&1\end{bmatrix}$ 能够相似对角化，求 A^n.

解 由于 A 能相似对角化，则 A 必有三个线性无关的特征向量. 由

$$|\lambda E-A|=\begin{vmatrix}\lambda+1&-1&0\\2&\lambda-2&0\\-4&-x&\lambda-1\end{vmatrix}=\lambda(\lambda-1)^2=0 \text{ 知，}$$

$\lambda=1$ 是二重特征值，则必对应两个线性无关的特征向量，因此 $r(E-A)=1$. 解得 $x=-2$，于是

$$A=\begin{bmatrix}-1&1&0\\-2&2&0\\4&-2&1\end{bmatrix}.$$

将 A 相似对角化. 首先求得 $\lambda=1$ 对应的特征向量 $\xi_1=(1,2,0)^T$，$\xi_2=(0,0,1)^T$ 及 $\lambda=0$ 对应的特征向量 $\xi_3=(1,1,-2)^T$.

令 $P=(\xi_1,\xi_2,\xi_3)=\begin{bmatrix}1&0&1\\2&0&1\\0&1&-2\end{bmatrix}$，有 $P^{-1}=\begin{bmatrix}-1&1&0\\4&-2&1\\2&-1&0\end{bmatrix}$，$P^{-1}AP=\Lambda=\begin{bmatrix}1&&\\&1&\\&&0\end{bmatrix}$，

则 $A=P\Lambda P^{-1}$. 而

$$A^1=P\Lambda^1P^{-1},$$

$$A^2=(P\Lambda P^{-1})^2=(P\Lambda P^{-1})(P\Lambda P^{-1})=P\Lambda(P^{-1}P)\Lambda P^{-1}=P\Lambda^2P^{-1},$$

$$\cdots\cdots,$$

$$A^n=(P\Lambda P^{-1})^n=P\Lambda^nP^{-1}.$$

故

$$A^n=P\Lambda^nP^{-1}=\begin{bmatrix}1&0&1\\2&0&1\\0&1&-2\end{bmatrix}\begin{bmatrix}1^n&&\\&1^n&\\&&0\end{bmatrix}\begin{bmatrix}-1&1&0\\4&-2&1\\2&-1&0\end{bmatrix}=\begin{bmatrix}-1&1&0\\-2&2&0\\4&-2&1\end{bmatrix}.$$

□ 习题四

1.判断下列命题是否正确并说明理由.

(1)一个特征值必至少对应一个线性无关的特征向量；

(2)一个特征向量只能属于同一个特征值；

(3)特征向量可以为零；

(4)在复数域内，n 阶方阵 $\boldsymbol{A}$ 的特征值有且仅有 n 个；

(5)若 n 阶方阵 $\boldsymbol{A}$ 不可逆，则必有零特征值；

(6)设 λ_0 是方阵 $\boldsymbol{A}$ 的一个特征值，$r(\boldsymbol{A})=r$，则 $(\lambda_0\boldsymbol{E}-\boldsymbol{A})\boldsymbol{x}=\boldsymbol{0}$ 有 r 个线性无关的解向量作为 $\boldsymbol{A}$ 对应于特征值 λ_0 得特征向量；

(7)设 λ_0 是方阵 $\boldsymbol{A}$ 的一个特征值，则 $k+\lambda_0$ 是矩阵 $k\boldsymbol{E}+\boldsymbol{A}$ 的特征值(k 是常数)；

(8)设向量 $\boldsymbol{\xi}$ 是方阵 $\boldsymbol{A}$ 的特征向量，则 $\boldsymbol{\xi}$ 也是 $\boldsymbol{A}^3+2\boldsymbol{A}^2+4\boldsymbol{E}$ 的特征向量.

2.求下列矩阵的特征值与特征向量.

(1) $\begin{bmatrix}1&2\\3&2\end{bmatrix}$；(2) $\begin{bmatrix}1&-3&3\\3&-5&3\\6&-6&4\end{bmatrix}$；(3) $\begin{bmatrix}-3&1&-1\\-7&5&-1\\-6&6&-2\end{bmatrix}$；(4) $\begin{bmatrix}0&1&1&-1\\1&0&-1&1\\1&-1&0&1\\-1&1&1&0\end{bmatrix}$.

3.设 n 阶方阵 $\boldsymbol{A}$ 满足等式 $\boldsymbol{A}^2=\boldsymbol{E}$，求 $\boldsymbol{A}$ 的特征值.

4.已知三阶方阵 $\boldsymbol{A}$ 的三个特征值为 $\lambda_1=1,\lambda_2=2,\lambda_3=3$，分别求矩阵 $\boldsymbol{A}^3$，$(2\boldsymbol{A})^{-1}$ 及 $\boldsymbol{A}^*$ 的特征值.

5.已知三阶方阵 $\boldsymbol{A}$ 的三个特征值为 $\lambda_1=1,\lambda_2=-1,\lambda_3=2$，求

(1) $\boldsymbol{B}=\boldsymbol{A}^2+3\boldsymbol{A}+2\boldsymbol{E}$ 的特征值；

(2) $\boldsymbol{B}=\boldsymbol{A}^2+3\boldsymbol{A}+2\boldsymbol{E}$ 的行列式的值.

6.设向量 $\boldsymbol{\xi}=(1,1,1)^{\mathrm{T}}$ 是方阵 $\boldsymbol{A}=\begin{bmatrix}a&1&1\\2&0&1\\-1&2&2\end{bmatrix}$ 对应于特征值 λ_0 的特征向量，求 λ_0 和 a.

7.证明：

(1)设 λ_1,λ_2 是方阵 $\boldsymbol{A}$ 的两个不同的特征值，若 $\boldsymbol{\xi}_1$ 是对应于 λ_1 的特征向量，则 $\boldsymbol{\xi}_1$ 一定不是对应于 λ_2 的特征向量；

(2)设 $\boldsymbol{\xi}_1,\boldsymbol{\xi}_2$ 分别为 $\boldsymbol{A}$ 对应于特征值 λ_1,λ_2 的特征向量，则 $\boldsymbol{\xi}_1+\boldsymbol{\xi}_2$ 不是 $\boldsymbol{A}$ 的特征向量.

8.判断下列命题是否正确并说明理由.

(1)矩阵 $\boldsymbol{A}=\begin{bmatrix}1&&\\&1&\\&&2\end{bmatrix}$ 与 $\boldsymbol{B}=\begin{bmatrix}1&&\\&2&\\&&1\end{bmatrix}$ 相似；

(2)矩阵 $\boldsymbol{A}=\begin{bmatrix}1 & & \\ & 1 & \\ & & 2\end{bmatrix}$ 与 $\boldsymbol{B}=\begin{bmatrix}1 & 2 & 0\\0 & 1 & 0\\0 & 0 & 2\end{bmatrix}$ 相似；

(3)若 $\boldsymbol{A}\sim\boldsymbol{B}$，则 $|\boldsymbol{A}|=|\boldsymbol{B}|$；

(4)n 阶方阵 $\boldsymbol{A},\boldsymbol{B}$ 有相同的特征值，则 $\boldsymbol{A},\boldsymbol{B}$ 相似；

(5)n 阶方阵 $\boldsymbol{A},\boldsymbol{B}$ 有相同的特征值，且都可以对角化，则 $\boldsymbol{A},\boldsymbol{B}$ 相似；

(6)n 阶方阵 $\boldsymbol{A},\boldsymbol{B}$ 相似，则 $k\boldsymbol{E}+\boldsymbol{A}$ 与 $k\boldsymbol{E}+\boldsymbol{B}$ 相似；

9. 第 2 题中的矩阵哪些可以相似于对角矩阵？若能相似于对角矩阵，将矩阵相似对角化.

10. 已知矩阵 $\boldsymbol{A}=\begin{bmatrix}4 & a\\2 & b\end{bmatrix}$，$\boldsymbol{B}=\begin{bmatrix}2 & 0\\0 & -1\end{bmatrix}$ 且 $\boldsymbol{A}\sim\boldsymbol{B}$，求 a,b 的值及 $\boldsymbol{A},\boldsymbol{B}$ 的特征值.

11. 矩阵 $\boldsymbol{A}=\begin{bmatrix}2 & 0 & 0\\0 & 0 & 1\\0 & 1 & x\end{bmatrix}$ 与 $\boldsymbol{B}=\begin{bmatrix}2 & 0 & 0\\0 & y & 0\\0 & 0 & -1\end{bmatrix}$ 相似，求 x,y 的值.

12. 已知二阶方阵 $\boldsymbol{A}$ 的特征值为 1，2，它们对应的特征向量分别为 $(1,2)^{\mathrm{T}}$ 和 $(1,3)^{\mathrm{T}}$，求 $\boldsymbol{A}$ 及 $\boldsymbol{A}^k$.

13. $\boldsymbol{A},\boldsymbol{B}$ 为 n 阶方阵，$\boldsymbol{A}$ 与 $\boldsymbol{B}$ 相似，证明：

(1)$\boldsymbol{A}^{\mathrm{T}}$ 与 $\boldsymbol{B}^{\mathrm{T}}$ 相似；

(2)$\boldsymbol{A}^m$ 与 $\boldsymbol{B}^m$ 相似(m 为正整数)；

(3)$\boldsymbol{A}-3\boldsymbol{E}$ 与 $\boldsymbol{B}-3\boldsymbol{E}$ 相似.

□ 综合练习题四

1. 填空题

(1)设 $\boldsymbol{A}$ 是 3 阶方阵，$\boldsymbol{A}^{-1}$ 的特征值是 1，2，3，则 $\boldsymbol{A}^*$ 的特征值是________.

(2)设 $\boldsymbol{A}$ 为 n 阶矩阵，$r(\boldsymbol{A})<n$，则 $\boldsymbol{A}$ 必有特征值________，且该特征值的重数至少是________.

(3)设 $\boldsymbol{A}$ 为 n 阶可逆方阵，λ 是 $\boldsymbol{A}$ 的特征值，则 $(\boldsymbol{A}^*)^2+\boldsymbol{E}$ 必有特征值________.

(4)已知 -2 是 $\boldsymbol{A}=\begin{bmatrix}0 & -2 & -2\\2 & x & -2\\-2 & 2 & 6\end{bmatrix}$ 的特征值，则 $x=$________.

(5)设 $\boldsymbol{A}$ 是 3 阶方阵，且各行元素之和都是 5，则 $\boldsymbol{A}$ 必有特征向量________.

(6)已知四阶方阵 $\boldsymbol{A}$ 与 $\boldsymbol{B}$ 相似，$\boldsymbol{A}$ 的特征值为 $\frac{1}{2},\frac{1}{3},\frac{1}{4},\frac{1}{5}$，则 $|\boldsymbol{B}^{-1}-\boldsymbol{E}|=$________.

(7)设 $\boldsymbol{A}$ 为 n 阶方阵，$|\boldsymbol{A}|=5$，则 $\boldsymbol{B}=\boldsymbol{A}\boldsymbol{A}^*$ 的特征值是________，特征向量是________.

(8)已知$A=\begin{bmatrix}-1&1&0\\-4&3&0\\1&0&2\end{bmatrix}$,$B=\begin{bmatrix}-1&-4&1\\1&3&0\\0&0&2\end{bmatrix}$,且$A$的特征值为2和1(二重),则$B$的特征值为________.

(9)设A,B为n阶方阵,且$|A|\neq 0$,则AB与BA相似.这是因为存在可逆矩阵$P=$________,使得$P^{-1}ABP=BA$.

(10)设A为n阶方阵且$r(A)=1$,则A的特征值为________.

2.选择题

(1)若n阶方阵A的任意一行n个元素的和都是a,则A的一个特征值为________.

(a)a;(b)$-a$;(c)0;(d)a^{-1}.

(2)设A为n阶方阵,ξ_1,ξ_2分别为A对应于特征值λ_1,λ_2的特征向量,则________.

(a)当$\lambda_1=\lambda_2$时,ξ_1,ξ_2一定成比例;

(b)当$\lambda_1=\lambda_2$时,ξ_1,ξ_2一定不成比例;

(c)当$\lambda_1\neq\lambda_2$时,ξ_1,ξ_2一定成比例;

(d)当$\lambda_1\neq\lambda_2$时,ξ_1,ξ_2一定不成比例.

(3)设A为3阶不可逆方阵,α_1,α_2是$Ax=0$的基础解系,α_3是属于特征值$\lambda=1$的特征向量,下列向量中,不是A的特征向量的是________.

(a)$\alpha_1+3\alpha_2$;(b)$\alpha_1-\alpha_2$;(c)$\alpha_1+\alpha_3$;(d)$2\alpha_3$.

(4)ξ_0是A对应于特征值λ_0的特征向量,则ξ_0不是________的特征向量.

(a)$(A+E)^2$;(b)$-2A$;(c)A^T;(d)A^*.

(5)下列矩阵中,不能相似对角化的是________.

(a)$\begin{bmatrix}1&2&-1\\2&4&3\\-1&3&5\end{bmatrix}$;(b)$\begin{bmatrix}0&0&0\\0&0&0\\1&2&3\end{bmatrix}$;(c)$\begin{bmatrix}0&0&0\\0&1&0\\0&2&3\end{bmatrix}$;(d)$\begin{bmatrix}0&0&0\\1&0&0\\0&2&1\end{bmatrix}$.

(6)设A为n阶非零方阵,$A^m=O$,下列命题中不正确的是________.

(a)A的特征值只有零;(b)A不能对角化;

(c)$E+A+A^2+\cdots+A^{m-1}$必可逆;(d)A只有一个线性无关的特征向量.

(7)矩阵$A=\begin{bmatrix}1&1&0\\1&0&1\\0&1&1\end{bmatrix}$的特征值是________.

(a)1,1,0;(b)1,−1,−2;(c)1,−1,2;(d)1,1,2.

(8)若$A\sim B$,则________.

(a)$\lambda E-A=\lambda E-B$;(b)$|A|=|B|$;

(c)对于相同的特征值,两个矩阵有相同的特征向量;

(d)A,B均与同一个对角矩阵相似.

(9)设3阶方阵A有特征值$\lambda_1=1,\lambda_2=-1,\lambda_3=-2$,其对应的特征向量分别为$\xi_1,\xi_2,\xi_3$,记$P=(2\xi_2,-3\xi_3,4\xi_1)$,则$P^{-1}AP=$________.

(a) $\begin{bmatrix}-1 & & \\ & -2 & \\ & & 1\end{bmatrix}$；(b) $\begin{bmatrix}2 & & \\ & 1 & \\ & & -1\end{bmatrix}$；(c) $\begin{bmatrix}1 & & \\ & -1 & \\ & & 2\end{bmatrix}$；(d) $\begin{bmatrix}-1 & & \\ & 1 & \\ & & 2\end{bmatrix}$.

(10) n 阶方阵 $\boldsymbol{A}$ 与对角矩阵相似的充分必要条件是________.

(a)方阵 $\boldsymbol{A}$ 的秩等于 n；(b) $\boldsymbol{A}$ 有 n 个不全相同的特征值；

(c) $\boldsymbol{A}$ 有 n 个不同的特征向量；(d) $\boldsymbol{A}$ 有 n 个线性无关的特征向量.

3. 已知 $\boldsymbol{A}\boldsymbol{\xi}_i=i\boldsymbol{\xi}_i\ (i=1,2,3)$，其中，$\boldsymbol{\xi}_1=(1,2,2)^{\mathrm{T}}$，$\boldsymbol{\xi}_2=(2,-2,1)^{\mathrm{T}}$，$\boldsymbol{\xi}_3=(-2,-1,2)^{\mathrm{T}}$，求矩阵 $\boldsymbol{A}$.

4. 已知 3 阶方阵 $\boldsymbol{A}$ 的第一行元素全是 1，且 $(1,1,1)^{\mathrm{T}}$，$(1,0,-1)^{\mathrm{T}}$，$(1,-1,0)^{\mathrm{T}}$ 是 $\boldsymbol{A}$ 的三个特征向量，求 $\boldsymbol{A}$.

5. 设矩阵 $\boldsymbol{A}=\begin{bmatrix}a & -1 & c\\ 5 & b & 3\\ 1-c & 0 & -a\end{bmatrix}$，行列式 $|\boldsymbol{A}|=-1$，又 $\boldsymbol{A}^*$ 有一个特征值 λ_0，属于 λ_0 的一个特征向量为 $\boldsymbol{\alpha}=(-1,-1,1)^{\mathrm{T}}$，求 a,b,c 及 λ_0 的值.

6. 已知 $\lambda=0$ 是 $\boldsymbol{A}=\begin{bmatrix}3 & 2 & -2\\ -k & 1 & k\\ 4 & k & -3\end{bmatrix}$ 的特征值，判断 $\boldsymbol{A}$ 能否对角化.

7. 已知 $\boldsymbol{A}\sim\boldsymbol{B}$，其中 $\boldsymbol{A}=\begin{bmatrix}1 & 4\\ 2 & 3\end{bmatrix}$，$\boldsymbol{B}=\begin{bmatrix}6 & a\\ -1 & b\end{bmatrix}$，求 a,b 的值及矩阵 $\boldsymbol{P}$，使 $\boldsymbol{P}^{-1}\boldsymbol{A}\boldsymbol{P}=\boldsymbol{B}$.

8. 设 $\boldsymbol{A}=\begin{bmatrix}-3 & 2\\ -2 & 2\end{bmatrix}$，求 $\boldsymbol{A}^k$.

9. $\boldsymbol{A}$ 是二阶方阵，$|\boldsymbol{A}|<0$，证明 $\boldsymbol{A}$ 能够对角化.

10. 三阶方阵 $\boldsymbol{A}$ 有特征值 ±1 和 2，证明 $\boldsymbol{B}=(\boldsymbol{E}+\boldsymbol{A}^*)^2$ 能够对角化，并求 $\boldsymbol{B}$ 的相似对角矩阵.

11. 设 $\boldsymbol{A},\boldsymbol{B}$ 为 n 阶方阵，证明 $\boldsymbol{AB}$ 与 $\boldsymbol{BA}$ 有相同的特征值.

12. $\lambda_1,\lambda_2,\lambda_3$ 是 $\boldsymbol{A}$ 的特征值，$\boldsymbol{\xi}_1,\boldsymbol{\xi}_2,\boldsymbol{\xi}_3$ 是相应的特征向量，若 $\boldsymbol{\xi}_1+\boldsymbol{\xi}_2+\boldsymbol{\xi}_3$ 仍是 $\boldsymbol{A}$ 的特征向量，证明，$\lambda_1=\lambda_2=\lambda_3$.

Chapter 5 第 5 章

二次型

Quadratic Form

本章将 $\mathbf{R}^3$ 中数量积的概念推广到 n 维向量空间 $\mathbf{R}^n$ 中去，给出 n 维向量空间的向量内积、长度、夹角、正交等概念，以此为基础，讨论二次型化为标准形以及二次型正定性的判定等问题.

§5.1 向量的内积

5.1.1 向量内积的概念

我们知道，在空间解析几何中，两个向量

$$\boldsymbol{\alpha}=(a_x,a_y,a_z)^{\mathrm{T}},\boldsymbol{\beta}=(b_x,b_y,b_z)^{\mathrm{T}}$$

的数量积为

$$\boldsymbol{\alpha}\cdot\boldsymbol{\beta}=|\boldsymbol{\alpha}|\cdot|\boldsymbol{\beta}|\cos\theta=a_xb_x+a_yb_y+a_zb_z,$$

向量 $\boldsymbol{\alpha}$ 的长度为

$$|\boldsymbol{\alpha}|=\sqrt{\boldsymbol{\alpha}\cdot\boldsymbol{\alpha}}=\sqrt{a_x{}^2+a_y{}^2+a_z{}^2},$$

非零向量 $\boldsymbol{\alpha},\boldsymbol{\beta}$ 的夹角为

$$\theta=\arccos\frac{\boldsymbol{\alpha}\cdot\boldsymbol{\beta}}{|\boldsymbol{\alpha}|\cdot|\boldsymbol{\beta}|}.$$

将 $\mathbf{R}^3$ 中数量积的一系列概念推广到 n 维向量空间，则有 n 维向量的内积、长度、夹角等概念.

定义 1 设有 n 维向量 $\boldsymbol{\alpha}=(a_1,a_2,\cdots,a_n)^{\mathrm{T}},\boldsymbol{\beta}=(b_1,b_2,\cdots,b_n)^{\mathrm{T}}$，令

$$(\boldsymbol{\alpha},\boldsymbol{\beta})=a_1b_1+a_2b_2+\cdots+a_nb_n, \tag{1}$$

则称 $(\boldsymbol{\alpha},\boldsymbol{\beta})$ 为向量 $\boldsymbol{\alpha}$ 与 $\boldsymbol{\beta}$ 的内积.

显然，当 $\boldsymbol{\alpha}$ 和 $\boldsymbol{\beta}$ 是行向量时，

$$(\boldsymbol{\alpha},\boldsymbol{\beta})=\boldsymbol{\alpha}\boldsymbol{\beta}^{\mathrm{T}}=\boldsymbol{\beta}\boldsymbol{\alpha}^{\mathrm{T}};$$

当 $\boldsymbol{\alpha}$ 和 $\boldsymbol{\beta}$ 是列向量时，

$$(\boldsymbol{\alpha},\boldsymbol{\beta})=\boldsymbol{\alpha}^{\mathrm{T}}\boldsymbol{\beta}=\boldsymbol{\beta}^{\mathrm{T}}\boldsymbol{\alpha}.$$

容易证明，向量的内积具有下列性质(其中 $\boldsymbol{\alpha},\boldsymbol{\beta},\boldsymbol{\gamma}$ 为 n 维向量，k 为常数)：

(1) $(\boldsymbol{\alpha},\boldsymbol{\beta})=(\boldsymbol{\beta},\boldsymbol{\alpha})$；

(2) $(k\boldsymbol{\alpha},\boldsymbol{\beta})=k(\boldsymbol{\alpha},\boldsymbol{\beta})$；

(3) $(\boldsymbol{\alpha}+\boldsymbol{\beta},\boldsymbol{\gamma})=(\boldsymbol{\alpha},\boldsymbol{\gamma})+(\boldsymbol{\beta},\boldsymbol{\gamma})$；

(4) $(\boldsymbol{\alpha},\boldsymbol{\alpha})\geqslant 0$，当且仅当 $\boldsymbol{\alpha}=\mathbf{0}$ 时等号成立.

定义 2 令

$$|\boldsymbol{\alpha}|=\sqrt{(\boldsymbol{\alpha},\boldsymbol{\alpha})}=\sqrt{a_1^2+a_2^2+\cdots+a_n^2}, \tag{2}$$

称 $|\boldsymbol{\alpha}|$ 为 n 维向量 $\boldsymbol{\alpha}$ 的长度(或模).

向量的长度具有下列性质：

(1) $|k\boldsymbol{\alpha}|=|k||\boldsymbol{\alpha}|$(其中 k 为实数)；

(2)满足柯西-许瓦兹(Cauchy-Schwarz)不等式：$|(\boldsymbol{\alpha},\boldsymbol{\beta})|\leqslant|\boldsymbol{\alpha}|\cdot|\boldsymbol{\beta}|$；

(3)满足三角不等式：$|\boldsymbol{\alpha}+\boldsymbol{\beta}|\leqslant|\boldsymbol{\alpha}|+|\boldsymbol{\beta}|$；

(4) $|\boldsymbol{\alpha}|\geqslant 0$，当且仅当 $\boldsymbol{\alpha}=\mathbf{0}$ 时等号成立.

性质(1)，(3)，(4)的证明留给读者，下面只证明性质(2).

证 当 $\boldsymbol{\beta}=\mathbf{0}$ 时，$(\boldsymbol{\alpha},\boldsymbol{\beta})=0$，$|\boldsymbol{\beta}|=0$，显然成立；

当 $\boldsymbol{\beta}\neq\mathbf{0}$ 时，构造向量 $\boldsymbol{\alpha}+t\boldsymbol{\beta}(t\in\mathbf{R})$，由内积的运算性质得

$$(\boldsymbol{\alpha}+t\boldsymbol{\beta},\boldsymbol{\alpha}+t\boldsymbol{\beta})\geqslant 0,$$

从而有

$$(\boldsymbol{\alpha},\boldsymbol{\alpha})+2(\boldsymbol{\alpha},\boldsymbol{\beta})t+(\boldsymbol{\beta},\boldsymbol{\beta})t^2\geqslant 0.$$

上式左端是 t 的二次三项式，因为它对于 t 的任意实数值来说都是非负的，所以其判别式一定非正，即

$$4(\boldsymbol{\alpha},\boldsymbol{\beta})^2-4(\boldsymbol{\alpha},\boldsymbol{\alpha})(\boldsymbol{\beta},\boldsymbol{\beta})\leqslant 0.$$

故

$$|(\boldsymbol{\alpha},\boldsymbol{\beta})|\leqslant|\boldsymbol{\alpha}||\boldsymbol{\beta}|.$$

称长度为 1 的向量为**单位向量**. 若非零向量 $\boldsymbol{\alpha}$ 的长度不等于 1，令

$$\boldsymbol{\alpha}^0=\frac{\boldsymbol{\alpha}}{|\boldsymbol{\alpha}|}, \tag{3}$$

则

$$|\boldsymbol{\alpha}^0|=\sqrt{\left(\frac{\boldsymbol{\alpha}}{|\boldsymbol{\alpha}|},\frac{\boldsymbol{\alpha}}{|\boldsymbol{\alpha}|}\right)}=\frac{1}{|\boldsymbol{\alpha}|}\sqrt{(\boldsymbol{\alpha},\boldsymbol{\alpha})}=\frac{1}{|\boldsymbol{\alpha}|}\cdot|\boldsymbol{\alpha}|=1,$$

即 $\boldsymbol{\alpha}^0$ 为单位向量，称 $\boldsymbol{\alpha}^0$ 为 $\boldsymbol{\alpha}$ 的单位向量. 从 $\boldsymbol{\alpha}$ 得到 $\boldsymbol{\alpha}^0$ 的运算(3)称为向量 $\boldsymbol{\alpha}$ 的**单位化**.

对于非零向量 $\boldsymbol{\alpha},\boldsymbol{\beta}$，由 Cauchy-Schwarz 不等式，有

$$\frac{|(\boldsymbol{\alpha},\boldsymbol{\beta})|}{|\boldsymbol{\alpha}||\boldsymbol{\beta}|}\leqslant 1.$$

于是有如下定义：

定义 3　设 $\boldsymbol{\alpha},\boldsymbol{\beta}$ 为非零向量，称

$$\theta=\arccos\frac{(\boldsymbol{\alpha},\boldsymbol{\beta})}{|\boldsymbol{\alpha}||\boldsymbol{\beta}|}\tag{4}$$

为 n 维向量 $\boldsymbol{\alpha}$ 与 $\boldsymbol{\beta}$ 的夹角.

例 1　设 $\boldsymbol{\alpha}=(1,1,0)^{\mathrm{T}},\boldsymbol{\beta}=(2,0,1)^{\mathrm{T}}$，求

(1) $(\boldsymbol{\alpha}+\boldsymbol{\beta},\boldsymbol{\alpha}-\boldsymbol{\beta})$；

(2) $|2\boldsymbol{\alpha}+3\boldsymbol{\beta}|$；

(3) $-\boldsymbol{\alpha}$ 与 $2\boldsymbol{\beta}$ 的夹角.

解　(1) $(\boldsymbol{\alpha}+\boldsymbol{\beta},\boldsymbol{\alpha}-\boldsymbol{\beta})=(\boldsymbol{\alpha},\boldsymbol{\alpha})-(\boldsymbol{\alpha},\boldsymbol{\beta})+(\boldsymbol{\beta},\boldsymbol{\alpha})-(\boldsymbol{\beta},\boldsymbol{\beta})=(\boldsymbol{\alpha},\boldsymbol{\alpha})-(\boldsymbol{\beta},\boldsymbol{\beta})=2-5=-3$；

(2) 因为 $2\boldsymbol{\alpha}+3\boldsymbol{\beta}=(8,2,3)^{\mathrm{T}}$，所以

$$|2\boldsymbol{\alpha}+3\boldsymbol{\beta}|=\sqrt{64+4+9}=\sqrt{77};$$

(3) 因 $-\boldsymbol{\alpha}=(-1,-1,0)^{\mathrm{T}},2\boldsymbol{\beta}=(4,0,2)^{\mathrm{T}}$，则

$$\theta=\arccos\frac{(-\boldsymbol{\alpha},2\boldsymbol{\beta})}{|-\boldsymbol{\alpha}||2\boldsymbol{\beta}|}=\arccos\frac{-4}{\sqrt{2}\cdot\sqrt{20}}=\arccos\left(-\frac{\sqrt{10}}{5}\right).$$

当 $(\boldsymbol{\alpha},\boldsymbol{\beta})=0$ 时，$\theta=\frac{\pi}{2}$，即 $\boldsymbol{\alpha}$ 与 $\boldsymbol{\beta}$ 垂直，因此有：

定义 4　若 $(\boldsymbol{\alpha},\boldsymbol{\beta})=0$，则称向量 $\boldsymbol{\alpha}$ 与 $\boldsymbol{\beta}$ 正交(垂直)，记作 $\boldsymbol{\alpha}\perp\boldsymbol{\beta}$.

特殊地，若 $\boldsymbol{\alpha}=\mathbf{0}$，则 $(\boldsymbol{\alpha},\boldsymbol{\beta})=0$，可见零向量与任何向量都正交.

向量的正交性可以推广到多个向量的情形.

定义 5　设有 m 个非零向量 $\boldsymbol{\alpha}_1,\boldsymbol{\alpha}_2,\cdots,\boldsymbol{\alpha}_m$，若 $(\boldsymbol{\alpha}_i,\boldsymbol{\alpha}_j)=0(i,j=1,2,\cdots,m,i\neq j)$，即向量之间两两正交，则称向量组 $\boldsymbol{\alpha}_1,\boldsymbol{\alpha}_2,\cdots,\boldsymbol{\alpha}_m$ 为正交向量组.

定义 6　若向量组 $\boldsymbol{\alpha}_1,\boldsymbol{\alpha}_2,\cdots,\boldsymbol{\alpha}_m$ 为正交向量组，且 $|\boldsymbol{\alpha}_i|=1(i=1,2,\cdots,m)$，则称该向量组为标准正交向量组.

例如，n 维单位向量组 $\boldsymbol{e}_1=(1,0,\cdots,0)^{\mathrm{T}},\boldsymbol{e}_2=(0,1,\cdots,0)^{\mathrm{T}},\cdots,\boldsymbol{e}_n=(0,0,\cdots,1)^{\mathrm{T}}$ 是标准正交向量组.

我们知道，在二维空间中，向量 $\boldsymbol{\alpha},\boldsymbol{\beta},\boldsymbol{\alpha}+\boldsymbol{\beta}$ 构成三角形，三个向量的长度满足不等式

$|\boldsymbol{\alpha}+\boldsymbol{\beta}|\leqslant|\boldsymbol{\alpha}|+|\boldsymbol{\beta}|$. 特别是当 $\boldsymbol{\alpha}\perp\boldsymbol{\beta}$ 时，有勾股定理 $|\boldsymbol{\alpha}+\boldsymbol{\beta}|^2=|\boldsymbol{\alpha}|^2+|\boldsymbol{\beta}|^2$. 该结论对于 n 维向量也是成立的.

事实上，对于 n 维向量 $\boldsymbol{\alpha}$ 和 $\boldsymbol{\beta}$，由于

$$|\boldsymbol{\alpha}+\boldsymbol{\beta}|^2=(\boldsymbol{\alpha}+\boldsymbol{\beta},\boldsymbol{\alpha}+\boldsymbol{\beta})=(\boldsymbol{\alpha},\boldsymbol{\alpha})+2(\boldsymbol{\alpha},\boldsymbol{\beta})+(\boldsymbol{\beta},\boldsymbol{\beta}),$$

当 $\boldsymbol{\alpha}\perp\boldsymbol{\beta}$ 时，$(\boldsymbol{\alpha},\boldsymbol{\beta})=0$，于是

$$|\boldsymbol{\alpha}+\boldsymbol{\beta}|^2=(\boldsymbol{\alpha},\boldsymbol{\alpha})+(\boldsymbol{\beta},\boldsymbol{\beta})=|\boldsymbol{\alpha}|^2+|\boldsymbol{\beta}|^2.$$

正交向量组有下述重要性质：

定理 1　若正交向量组 $\boldsymbol{\alpha}_1,\boldsymbol{\alpha}_2,\cdots,\boldsymbol{\alpha}_m$ 中不含零向量，则 $\boldsymbol{\alpha}_1,\boldsymbol{\alpha}_2,\cdots,\boldsymbol{\alpha}_m$ 为线性无关向量.

证　设有 $k_1,k_2,\cdots,k_m$，使

$$k_1\boldsymbol{\alpha}_1+k_2\boldsymbol{\alpha}_2+\cdots+k_i\boldsymbol{\alpha}_i+\cdots+k_m\boldsymbol{\alpha}_m=\mathbf{0}.$$

不妨设向量为列向量，则以 $\boldsymbol{\alpha}_i^{\mathrm{T}}(i=1,2,\cdots,m)$ 左乘上式两端，得

$$k_i\boldsymbol{\alpha}_i{}^{\mathrm{T}}\boldsymbol{\alpha}_i=k_i(\boldsymbol{\alpha}_i,\boldsymbol{\alpha}_i)=\mathbf{0}.$$

因 $\boldsymbol{\alpha}_i\neq\mathbf{0}$，故 $(\boldsymbol{\alpha}_i,\boldsymbol{\alpha}_i)\neq0$，从而必有 $k_i=0(i=1,2,\cdots,m)$，于是 $\boldsymbol{\alpha}_1,\boldsymbol{\alpha}_2,\cdots,\boldsymbol{\alpha}_m$ 线性无关.

定理的逆命题一般不成立. 但是任一线性无关的向量组总可以通过如下所述的正交化过程，构成正交向量组，进而通过单位化，化成标准正交向量组.

5.1.2　向量组的标准正交化

定理 2　设向量组 $\boldsymbol{\alpha}_1,\boldsymbol{\alpha}_2,\cdots,\boldsymbol{\alpha}_m$ 线性无关，令

$$\boldsymbol{\beta}_1=\boldsymbol{\alpha}_1,$$

$$\boldsymbol{\beta}_2=\boldsymbol{\alpha}_2-\frac{(\boldsymbol{\alpha}_2,\boldsymbol{\beta}_1)}{(\boldsymbol{\beta}_1,\boldsymbol{\beta}_1)}\boldsymbol{\beta}_1,$$

$$\cdots\cdots$$

$$\boldsymbol{\beta}_m=\boldsymbol{\alpha}_m-\frac{(\boldsymbol{\alpha}_m,\boldsymbol{\beta}_1)}{(\boldsymbol{\beta}_1,\boldsymbol{\beta}_1)}\boldsymbol{\beta}_1-\frac{(\boldsymbol{\alpha}_m,\boldsymbol{\beta}_2)}{(\boldsymbol{\beta}_2,\boldsymbol{\beta}_2)}\boldsymbol{\beta}_2-\cdots-\frac{(\boldsymbol{\alpha}_m,\boldsymbol{\beta}_{m-1})}{(\boldsymbol{\beta}_{m-1},\boldsymbol{\beta}_{m-1})}\boldsymbol{\beta}_{m-1},$$

则 $\boldsymbol{\beta}_1,\boldsymbol{\beta}_2,\cdots,\boldsymbol{\beta}_m$ 为正交向量组；

再令

$$\boldsymbol{\eta}_i=\frac{\boldsymbol{\beta}_i}{|\boldsymbol{\beta}_i|}(i=1,2,\cdots,m),$$

则 $\boldsymbol{\eta}_1,\boldsymbol{\eta}_2,\cdots,\boldsymbol{\eta}_m$ 为标准正交向量组.

证　用数学归纳法对向量个数归纳证明.

设 $m=2$，则

$$(\boldsymbol{\beta}_1,\boldsymbol{\beta}_2)=(\boldsymbol{\alpha}_1,\boldsymbol{\alpha}_2)-\frac{(\boldsymbol{\alpha}_2,\boldsymbol{\beta}_1)}{(\boldsymbol{\beta}_1,\boldsymbol{\beta}_1)}(\boldsymbol{\beta}_1,\boldsymbol{\alpha}_1)$$

$$=(\boldsymbol{\alpha}_1,\boldsymbol{\alpha}_2)-\frac{(\boldsymbol{\alpha}_2,\boldsymbol{\alpha}_1)}{(\boldsymbol{\alpha}_1,\boldsymbol{\alpha}_1)}(\boldsymbol{\alpha}_1,\boldsymbol{\alpha}_1)$$

$$=(\boldsymbol{\alpha}_1,\boldsymbol{\alpha}_2)-(\boldsymbol{\alpha}_1,\boldsymbol{\alpha}_2)=0,$$

即 $\boldsymbol{\beta}_1$ 与 $\boldsymbol{\beta}_2$ 正交.

设向量组 $\boldsymbol{\beta}_1,\boldsymbol{\beta}_2,\cdots,\boldsymbol{\beta}_{m-1}$ 已正交,下面证明

$$\boldsymbol{\beta}_m=\boldsymbol{\alpha}_m-\sum_{i=1}^{m-1}\frac{(\boldsymbol{\alpha}_m,\boldsymbol{\beta}_i)}{(\boldsymbol{\beta}_i,\boldsymbol{\beta}_i)}\boldsymbol{\beta}_i \text{ 与 } \boldsymbol{\beta}_1,\boldsymbol{\beta}_2,\cdots,\boldsymbol{\beta}_{m-1} \text{ 正交.}$$

任取小于 m 的 j,

$$(\boldsymbol{\beta}_m,\boldsymbol{\beta}_j)=(\boldsymbol{\alpha}_m,\boldsymbol{\beta}_j)-\sum_{i=1}^{m-1}\frac{(\boldsymbol{\alpha}_m,\boldsymbol{\beta}_i)}{(\boldsymbol{\beta}_i,\boldsymbol{\beta}_i)}(\boldsymbol{\beta}_i,\boldsymbol{\beta}_j),$$

由归纳假设,

$$(\boldsymbol{\beta}_i,\boldsymbol{\beta}_j)=0\ (i\neq j;i,j<m),$$

所以

$$(\boldsymbol{\beta}_m,\boldsymbol{\beta}_j)=(\boldsymbol{\alpha}_m,\boldsymbol{\beta}_j)-\frac{(\boldsymbol{\alpha}_m,\boldsymbol{\beta}_j)}{(\boldsymbol{\beta}_j,\boldsymbol{\beta}_j)}(\boldsymbol{\beta}_j,\boldsymbol{\beta}_j)=0,$$

即 $\boldsymbol{\beta}_m$ 与 $\boldsymbol{\beta}_1,\boldsymbol{\beta}_2,\cdots,\boldsymbol{\beta}_{m-1}$ 正交. 由归纳法,向量组 $\boldsymbol{\beta}_1,\boldsymbol{\beta}_2,\cdots,\boldsymbol{\beta}_m$ 是正交向量组.

由线性无关的向量组 $\boldsymbol{\alpha}_1,\boldsymbol{\alpha}_2,\cdots,\boldsymbol{\alpha}_m$ 构造正交向量组 $\boldsymbol{\beta}_1,\boldsymbol{\beta}_2,\cdots,\boldsymbol{\beta}_m$ 的过程称为**施密特(Schmidt)正交化过程**.

例 2 把向量组 $\boldsymbol{\alpha}_1=(1,1,0,0),\boldsymbol{\alpha}_2=(1,0,1,0),\boldsymbol{\alpha}_3=(-1,0,0,1)$ 化为标准正交向量组.

解 容易验证 $\boldsymbol{\alpha}_1,\boldsymbol{\alpha}_2,\boldsymbol{\alpha}_3$ 是线性无关的.

(1)将 $\boldsymbol{\alpha}_1,\boldsymbol{\alpha}_2,\boldsymbol{\alpha}_3$ 正交化. 令

$$\boldsymbol{\beta}_1=\boldsymbol{\alpha}_1=(1,1,0,0),$$

$$\boldsymbol{\beta}_2=\boldsymbol{\alpha}_2-\frac{(\boldsymbol{\alpha}_2,\boldsymbol{\beta}_1)}{(\boldsymbol{\beta}_1,\boldsymbol{\beta}_1)}\boldsymbol{\beta}_1=(1,0,1,0)-\frac{1}{2}(1,1,0,0)=\left(\frac{1}{2},-\frac{1}{2},1,0\right),$$

$$\boldsymbol{\beta}_3=\boldsymbol{\alpha}_3-\frac{(\boldsymbol{\alpha}_3,\boldsymbol{\beta}_1)}{(\boldsymbol{\beta}_1,\boldsymbol{\beta}_1)}\boldsymbol{\beta}_1-\frac{(\boldsymbol{\alpha}_3,\boldsymbol{\beta}_2)}{(\boldsymbol{\beta}_2,\boldsymbol{\beta}_2)}\boldsymbol{\beta}_2$$

$$=(-1,0,0,1)-\left(-\frac{1}{2}\right)(1,1,0,0)-\left(-\frac{1}{3}\right)\left(\frac{1}{2},-\frac{1}{2},1,0\right)=\left(-\frac{1}{3},\frac{1}{3},\frac{1}{3},1\right).$$

(2)将 $\boldsymbol{\beta}_1,\boldsymbol{\beta}_2,\boldsymbol{\beta}_3$ 单位化. 令

$$\boldsymbol{\eta}_1=\frac{\boldsymbol{\beta}_1}{|\boldsymbol{\beta}_1|}=\frac{1}{\sqrt{2}}(1,1,0,0)=\left(\frac{\sqrt{2}}{2},\frac{\sqrt{2}}{2},0,0\right),$$

$$\boldsymbol{\eta}_2=\frac{\boldsymbol{\beta}_2}{|\boldsymbol{\beta}_2|}=\frac{1}{\sqrt{\frac{3}{2}}}\left(\frac{1}{2},-\frac{1}{2},1,0\right)=\left(\frac{\sqrt{6}}{6},-\frac{\sqrt{6}}{6},\frac{\sqrt{6}}{3},0\right),$$

$$\boldsymbol{\eta}_3=\frac{\boldsymbol{\beta}_3}{|\boldsymbol{\beta}_3|}=\frac{1}{\sqrt{\frac{4}{3}}}\left(-\frac{1}{3},\frac{1}{3},\frac{1}{3},1\right)=\left(-\frac{\sqrt{3}}{6},\frac{\sqrt{3}}{6},\frac{\sqrt{3}}{6},\frac{\sqrt{3}}{2}\right),$$

$\boldsymbol{\eta}_1,\boldsymbol{\eta}_2,\boldsymbol{\eta}_3$ 即为所求的标准正交向量组.

由定理 1 的逆否命题知,线性相关的向量组一定不是正交向量组,而对于 n 维向量组来说,$n+1$ 个 n 维向量必定线性相关,因此 n 维向量空间中的正交向量组至多含有 n 个向量.

下面我们将看到,对于 n 维向量空间中的任一向量个数小于 n 的正交向量组,必能扩充为含有 n 个向量的正交向量组.

定理 3 **设 $\boldsymbol{\alpha}_1,\boldsymbol{\alpha}_2,\cdots,\boldsymbol{\alpha}_r$ 是 n 维正交向量组,若 $r<n$,则存在 n 维非零向量 $\boldsymbol{x}$,使 $\boldsymbol{\alpha}_1,\boldsymbol{\alpha}_2,\cdots,\boldsymbol{\alpha}_r,\boldsymbol{x}$ 为正交向量组.**

证 设向量 $\boldsymbol{x}$ 与向量组 $\boldsymbol{\alpha}_1,\boldsymbol{\alpha}_2,\cdots,\boldsymbol{\alpha}_r$ 正交,不妨设上述向量为列向量,则

$$(\boldsymbol{\alpha}_i,\boldsymbol{x})=\boldsymbol{\alpha}_i^{\mathrm{T}}\boldsymbol{x}=0,i=1,2,\cdots,r,$$

即

$$\begin{bmatrix}\boldsymbol{\alpha}_1^{\mathrm{T}}\\ \boldsymbol{\alpha}_2^{\mathrm{T}}\\ \vdots\\ \boldsymbol{\alpha}_r^{\mathrm{T}}\end{bmatrix}\boldsymbol{x}=\begin{bmatrix}0\\0\\ \vdots\\0\end{bmatrix}.$$

记 $\boldsymbol{A}=(\boldsymbol{\alpha}_1^{\mathrm{T}},\boldsymbol{\alpha}_2^{\mathrm{T}},\cdots,\boldsymbol{\alpha}_r^{\mathrm{T}})^{\mathrm{T}}$,则 $r(\boldsymbol{A})=r<n$,故齐次线性方程组 $\boldsymbol{A}\boldsymbol{x}=\boldsymbol{0}$ 有非零解,此非零解即为所求.

还可以证明,若 $\boldsymbol{\alpha}_1,\boldsymbol{\alpha}_2,\cdots,\boldsymbol{\alpha}_r$ 是标准正交向量组,同样能够找到一个单位向量 $\boldsymbol{x}$,使 $\boldsymbol{\alpha}_1,\boldsymbol{\alpha}_2,\cdots,\boldsymbol{\alpha}_r,\boldsymbol{x}$ 成为标准正交向量组(仅需对上述证明中求出的向量 $\boldsymbol{x}$ 单位化).

推论 **含有 r 个($r<n$)向量的 n 维正交(或标准正交)向量组,总可以添加 $n-r$ 个 n 维非零向量,构成含有 n 个向量的 n 维正交向量组.**

由此可见,n 维向量空间 $\mathbf{R}^n$ 中一定存在 n 个非零向量组成的(标准)正交向量组.由于该向量组是线性无关的,因此可以作为 $\mathbf{R}^n$ 的基,这种基称为**(标准)正交基**.

例 3 已知 $\boldsymbol{\alpha}_1=\begin{bmatrix}1\\1\\1\end{bmatrix}$,求一组非零向量 $\boldsymbol{\alpha}_2,\boldsymbol{\alpha}_3$,使 $\boldsymbol{\alpha}_1,\boldsymbol{\alpha}_2,\boldsymbol{\alpha}_3$ 成为 $\mathbf{R}^3$ 的正交基.

解 设所求向量为 $\boldsymbol{x}=(x_1,x_2,x_3)^{\mathrm{T}}$,则 $\boldsymbol{x}$ 应满足方程 $(\boldsymbol{\alpha}_1,\boldsymbol{x})=0$,即

$$x_1+x_2+x_3=0.$$

其基础解系为

$$\boldsymbol{\xi}_1=\begin{bmatrix}1\\0\\-1\end{bmatrix},\boldsymbol{\xi}_2=\begin{bmatrix}0\\1\\-1\end{bmatrix}.$$

把基础解系正交化,令

$$\boldsymbol{\alpha}_2=\boldsymbol{\xi}_1,\boldsymbol{\alpha}_3=\boldsymbol{\xi}_2-\frac{(\boldsymbol{\xi}_2,\boldsymbol{\xi}_1)}{(\boldsymbol{\xi}_1,\boldsymbol{\xi}_1)}\boldsymbol{\xi}_1,$$

于是得

$$\boldsymbol{\alpha}_2=\begin{bmatrix}1\\0\\-1\end{bmatrix},\boldsymbol{\alpha}_3=\begin{bmatrix}0\\1\\-1\end{bmatrix}-\frac{1}{2}\begin{bmatrix}1\\0\\-1\end{bmatrix}=\begin{bmatrix}-\frac{1}{2}\\1\\-\frac{1}{2}\end{bmatrix}.$$

$\boldsymbol{\alpha}_1,\boldsymbol{\alpha}_2,\boldsymbol{\alpha}_3$ 为 $\mathbf{R}^3$ 的正交基。

例 4 求齐次线性方程组

$$\begin{cases}x_1-x_2-x_3+x_4=0,\\x_1-x_2+x_3-3x_4=0,\\x_1-x_2-2x_3+3x_4=0.\end{cases}$$

解空间的一组标准正交基.

解 对系数矩阵 $\boldsymbol{A}$ 作初等变换:

$$\boldsymbol{A}=\begin{bmatrix}1&-1&-1&1\\1&-1&1&-3\\1&-1&-2&3\end{bmatrix}\to\begin{bmatrix}1&-1&-1&1\\0&0&1&-2\\0&0&0&0\end{bmatrix}$$

$$\to\begin{bmatrix}1&-1&0&-1\\0&0&1&-2\\0&0&0&0\end{bmatrix}.$$

解得方程组解空间的基为

$$\boldsymbol{\alpha}_1=(1,1,0,0)^{\mathrm{T}},\boldsymbol{\alpha}_2=(1,0,2,1)^{\mathrm{T}}.$$

用施密特正交化方法求一组标准正交基.

(1)将 $\boldsymbol{\alpha}_1,\boldsymbol{\alpha}_2$ 正交化.令

$$\boldsymbol{\beta}_1=\boldsymbol{\alpha}_1=(1,1,0,0)^{\mathrm{T}},$$

$$\boldsymbol{\beta}_2=\boldsymbol{\alpha}_2-\frac{(\boldsymbol{\alpha}_2,\boldsymbol{\beta}_1)}{(\boldsymbol{\beta}_1,\boldsymbol{\beta}_1)}\boldsymbol{\beta}_1=(1,0,2,1)^{\mathrm{T}}=\frac{1}{2}(1,1,0,0)^{\mathrm{T}}=\frac{1}{2}(1,-1,4,2)^{\mathrm{T}}.$$

(2)将 $\boldsymbol{\beta}_1,\boldsymbol{\beta}_2$ 单位化.令

$$\boldsymbol{\eta}_1=\frac{\boldsymbol{\beta}_1}{|\boldsymbol{\beta}_1|}=\frac{1}{\sqrt{2}}(1,1,0,0)^{\mathrm{T}},$$

$$\boldsymbol{\eta}_2=\frac{\boldsymbol{\beta}_2}{|\boldsymbol{\beta}_2|}=\frac{1}{\sqrt{22}}(1,-1,4,2)^{\mathrm{T}}.$$

由于 $\boldsymbol{\eta}_1,\boldsymbol{\eta}_2$ 是 $\boldsymbol{\alpha}_1$ 与 $\boldsymbol{\alpha}_2$ 的线性组合，故 $\boldsymbol{\eta}_1,\boldsymbol{\eta}_2$ 也是该齐次线性方程组的解，从而 $\boldsymbol{\eta}_1,\boldsymbol{\eta}_2$ 是上述方程组解空间的标准正交基.

5.1.3 正交矩阵

定义 7 如果 n 阶矩阵 $\boldsymbol{A}$ 满足

$$\boldsymbol{A}^{\mathrm{T}}\boldsymbol{A}=\boldsymbol{E} \text{ 或 } \boldsymbol{A}\boldsymbol{A}^{\mathrm{T}}=\boldsymbol{E},$$

则称 $\boldsymbol{A}$ 为正交矩阵.

例如，$\boldsymbol{A}=\begin{bmatrix}\cos\theta & \sin\theta\\ -\sin\theta & \cos\theta\end{bmatrix}$是一个二阶正交矩阵.

定理 4 **正交矩阵具有如下性质：**

(1)矩阵 $\boldsymbol{A}$ 为正交矩阵的充要条件是 $\boldsymbol{A}^{-1}=\boldsymbol{A}^{\mathrm{T}}$；

(2)正交矩阵的逆矩阵是正交矩阵；

(3)两个正交矩阵的乘积是正交矩阵；

(4)正交矩阵 $\boldsymbol{A}$ 是满秩的且 $|\boldsymbol{A}|=1$ 或 -1；

(5)n 阶方阵 $\boldsymbol{A}$ 为正交矩阵的充要条件是 $\boldsymbol{A}$ 的 n 个列(行)构成的向量组是标准正交向量组.

证 只证(5). 设 $\boldsymbol{A}$ 的列分块矩阵为$(\boldsymbol{A}_1,\boldsymbol{A}_2,\cdots,\boldsymbol{A}_n)$，则

$$\boldsymbol{A}^{\mathrm{T}}\boldsymbol{A}=\begin{bmatrix}\boldsymbol{A}_1^{\mathrm{T}}\\ \boldsymbol{A}_2^{\mathrm{T}}\\ \vdots\\ \boldsymbol{A}_n^{\mathrm{T}}\end{bmatrix}(\boldsymbol{A}_1,\boldsymbol{A}_2,\cdots,\boldsymbol{A}_n)=\begin{bmatrix}\boldsymbol{A}_1^{\mathrm{T}}\boldsymbol{A}_1 & \boldsymbol{A}_1^{\mathrm{T}}\boldsymbol{A}_2 & \cdots & \boldsymbol{A}_1^{\mathrm{T}}\boldsymbol{A}_n\\ \boldsymbol{A}_2^{\mathrm{T}}\boldsymbol{A}_1 & \boldsymbol{A}_2^{\mathrm{T}}\boldsymbol{A}_2 & \cdots & \boldsymbol{A}_2^{\mathrm{T}}\boldsymbol{A}_n\\ \vdots & \vdots & & \vdots\\ \boldsymbol{A}_n^{\mathrm{T}}\boldsymbol{A}_1 & \boldsymbol{A}_n^{\mathrm{T}}\boldsymbol{A}_2 & \cdots & \boldsymbol{A}_n^{\mathrm{T}}\boldsymbol{A}_n\end{bmatrix}$$

$$=\begin{bmatrix}1 & & & \\ & 1 & & \\ & & \ddots & \\ & & & 1\end{bmatrix}.$$

比较上面第三个等号两边的矩阵，可见，

$$\boldsymbol{A}_i^{\mathrm{T}}\boldsymbol{A}_j=(\boldsymbol{A}_i,\boldsymbol{A}_j)=\begin{cases}1, i=j,\\ 0, i\neq j.\end{cases}$$

即 $\boldsymbol{A}$ 的列向量组是标准正交向量组.

反之,若 n 个向量 $\boldsymbol{A}_1,\boldsymbol{A}_2,\cdots,\boldsymbol{A}_n$ 是标准正交向量组,则按上述过程逆推,就得到 $\boldsymbol{A}=(\boldsymbol{A}_1,\boldsymbol{A}_2,\cdots,\boldsymbol{A}_n)$是正交矩阵.

对于 n 个行向量的情况可类似证明.

由此可见,正交矩阵的 n 个列(行)向量构成了向量空间 $\mathbf{R}^n$ 的一个标准正交基.

例 5 证明矩阵

$$\boldsymbol{A}=\begin{bmatrix}\frac{2}{3} & \frac{2}{3} & \frac{1}{3}\\ \frac{1}{3} & -\frac{2}{3} & \frac{2}{3}\\ -\frac{2}{3} & \frac{1}{3} & \frac{2}{3}\end{bmatrix}$$

是正交矩阵.

证 (方法一)因为

$$\boldsymbol{A}^{\mathrm{T}}\boldsymbol{A}=\begin{bmatrix}\frac{2}{3} & \frac{1}{3} & -\frac{2}{3}\\ \frac{2}{3} & -\frac{2}{3} & \frac{1}{3}\\ \frac{1}{3} & \frac{2}{3} & \frac{2}{3}\end{bmatrix}\begin{bmatrix}\frac{2}{3} & \frac{2}{3} & \frac{1}{3}\\ \frac{1}{3} & -\frac{2}{3} & \frac{2}{3}\\ -\frac{2}{3} & \frac{1}{3} & \frac{2}{3}\end{bmatrix}=\begin{bmatrix}1 & & \\ & 1 & \\ & & 1\end{bmatrix}=\boldsymbol{E},$$

故 $\boldsymbol{A}$ 是正交矩阵.

(方法二)令

$$\boldsymbol{A}=\begin{bmatrix}\frac{2}{3} & \frac{2}{3} & \frac{1}{3}\\ \frac{1}{3} & -\frac{2}{3} & \frac{2}{3}\\ -\frac{2}{3} & \frac{1}{3} & \frac{2}{3}\end{bmatrix}=(\boldsymbol{\alpha}_1,\boldsymbol{\alpha}_2,\boldsymbol{\alpha}_3),$$

由于

$$(\boldsymbol{\alpha}_1,\boldsymbol{\alpha}_2)=(\boldsymbol{\alpha}_2,\boldsymbol{\alpha}_3)=(\boldsymbol{\alpha}_1,\boldsymbol{\alpha}_3)=0,(\boldsymbol{\alpha}_1,\boldsymbol{\alpha}_1)=(\boldsymbol{\alpha}_2,\boldsymbol{\alpha}_2)=(\boldsymbol{\alpha}_3,\boldsymbol{\alpha}_3)=1,$$

即 $\boldsymbol{A}$ 的 3 个列向量构成标准正交向量组,因此 $\boldsymbol{A}$ 是正交矩阵.

例 6 设 $\boldsymbol{A}$ 是 n 阶正交矩阵且 $|\boldsymbol{A}|<0$,证明 $\boldsymbol{A}+\boldsymbol{E}$ 不可逆.

证 因 $\boldsymbol{A}$ 是正交矩阵,由定理 4 有 $|\boldsymbol{A}|=1$ 或 -1. 依题意,$|\boldsymbol{A}|<0$,故 $|\boldsymbol{A}|=-1$,于是

$$\begin{aligned}|\boldsymbol{A}+\boldsymbol{E}|&=|\boldsymbol{A}+\boldsymbol{A}\boldsymbol{A}^{\mathrm{T}}|=|\boldsymbol{A}(\boldsymbol{E}+\boldsymbol{A}^{\mathrm{T}})|=|\boldsymbol{A}|\,|\boldsymbol{E}+\boldsymbol{A}^{\mathrm{T}}|\\&=-|\boldsymbol{E}+\boldsymbol{A}^{\mathrm{T}}|=-|(\boldsymbol{E}+\boldsymbol{A})^{\mathrm{T}}|=-|\boldsymbol{E}+\boldsymbol{A}|,\end{aligned}$$

故

$$|\boldsymbol{A}+\boldsymbol{E}|=0,$$

即 $\boldsymbol{A}+\boldsymbol{E}$ 不可逆.

例 7 设 $\boldsymbol{A}$ 是 n 阶正交矩阵,λ 是 $\boldsymbol{A}$ 的实特征值,$\boldsymbol{\xi}$ 是相应 λ 的特征向量,证明 λ 只能取 ±1,而且 $\boldsymbol{\xi}$ 也是 $\boldsymbol{A}^{\mathrm{T}}$ 的特征向量.

证 因 $\boldsymbol{A\xi}=\lambda\boldsymbol{\xi}$,有 $(\boldsymbol{A\xi})^{\mathrm{T}}=(\lambda\boldsymbol{\xi})^{\mathrm{T}}$,即 $\boldsymbol{\xi}^{\mathrm{T}}\boldsymbol{A}^{\mathrm{T}}=\lambda\boldsymbol{\xi}^{\mathrm{T}}$,于是

$$(\boldsymbol{\xi},\boldsymbol{\xi})=\boldsymbol{\xi}^{\mathrm{T}}\boldsymbol{\xi}=\boldsymbol{\xi}^{\mathrm{T}}(\boldsymbol{A}^{\mathrm{T}}\boldsymbol{A})\boldsymbol{\xi}=(\boldsymbol{\xi}^{\mathrm{T}}\boldsymbol{A}^{\mathrm{T}})(\boldsymbol{A\xi})=(\lambda\boldsymbol{\xi}^{\mathrm{T}})(\lambda\boldsymbol{\xi})=\lambda^2(\boldsymbol{\xi},\boldsymbol{\xi}),$$

从而

$$(1-\lambda^2)(\boldsymbol{\xi},\boldsymbol{\xi})=0.$$

由于 $\boldsymbol{\xi}$ 为实的特征向量,则 $(\boldsymbol{\xi},\boldsymbol{\xi})>0$. 因此 $(1-\lambda^2)=0$,而 λ 为实数,故 $\lambda=\pm1$.

若 $\lambda=1$,则 $\boldsymbol{A\xi}=\boldsymbol{\xi}$,两边左乘以 $\boldsymbol{A}^{\mathrm{T}}$,得到 $\boldsymbol{A}^{\mathrm{T}}\boldsymbol{A\xi}=\boldsymbol{A}^{\mathrm{T}}\boldsymbol{\xi}$,即 $\boldsymbol{A}^{\mathrm{T}}\boldsymbol{\xi}=\boldsymbol{\xi}$,即 $\boldsymbol{\xi}$ 是矩阵 $\boldsymbol{A}^{\mathrm{T}}$ 关于 $\lambda=1$ 的特征向量. 同理,当 $\lambda=-1$ 时,有同样的结论. 因此 $\boldsymbol{\xi}$ 也是 $\boldsymbol{A}^{\mathrm{T}}$ 的特征向量.

§5.2 二次型

二次型的理论起源于解析几何中对二次曲线和二次曲面的研究,它在线性系统理论和工程技术等许多领域有着广泛的应用.

5.2.1 二次型及其标准形

定义 1 **称 n 个变量 $x_1,x_2,\cdots,x_n$ 的二次齐次多项式**

$$\begin{aligned}f(x_1,x_2,\cdots,x_n)=a_{11}x_1^2&+2a_{12}x_1x_2+2a_{13}x_1x_3+\cdots+2a_{1n}x_1x_n\\&+a_{22}x_2^2+2a_{23}x_2x_3+\cdots+2a_{2n}x_2x_n\\&+\cdots+a_{nn}x_n^2\end{aligned}\tag{1}$$

为 n 元二次型. 当系数 $a_{ij}(i,j=1,2,\cdots,n)$ 为实数时,称为 n 元实二次型,简称 n 元二次型(以下只讨论实二次型).

特别地,只含有平方项的 n 元二次型

$$f(x_1,x_2,\cdots,x_n)=d_1x_1^2+d_2x_2^2+\cdots+d_nx_n^2,\tag{2}$$

称为 n 元二次型的标准形.

为方便讨论,常把二次型写成矩阵形式. 在二次型(1)中,令 $2a_{ij}=a_{ij}+a_{ji}$,即 $a_{ij}=a_{ji}$,于是二次型(1)可写成

$$\begin{aligned}f(x_1,x_2,\cdots,x_n)=a_{11}x_1^2&+a_{12}x_1x_2+\cdots+a_{1n}x_1x_n\\&+a_{21}x_2x_1+a_{22}x_2^2+\cdots+a_{2n}x_2x_n\\&+\cdots\end{aligned}$$

$$+a_{n1}x_nx_1+a_{n2}x_nx_2+\cdots+a_{nn}x_n^2$$
$$=\sum_{i=1}^{n}\sum_{j=1}^{n}a_{ij}x_ix_j.$$

令 $\boldsymbol{A}=\begin{bmatrix}a_{11}&a_{12}&\cdots&a_{1n}\\a_{21}&a_{22}&\cdots&a_{2n}\\\vdots&\vdots&\ddots&\vdots\\a_{n1}&a_{n2}&\cdots&a_{nn}\end{bmatrix}$，$\boldsymbol{x}=\begin{bmatrix}x_1\\x_2\\\vdots\\x_n\end{bmatrix}$，

则二次型(1)的矩阵形式为

$$f(x_1,x_2,\cdots,x_n)=\boldsymbol{x}^{\mathrm{T}}\boldsymbol{A}\boldsymbol{x},\tag{3}$$

其中矩阵 $\boldsymbol{A}$ 称为二次型(1)的**矩阵**，$\boldsymbol{A}$ 的秩称为二次型(1)的**秩**. 由于 $\boldsymbol{A}^{\mathrm{T}}=\boldsymbol{A}$，则二次型(1)的**矩阵 $\boldsymbol{A}$ 是实对称矩阵**.

显然二次型的标准形(2)的矩阵是对角矩阵 $\boldsymbol{\Lambda}=\mathrm{diag}(d_1,d_2,\cdots,d_n)$，其矩阵形式为

$$f(x_1,x_2,\cdots,x_n)=\boldsymbol{x}^{\mathrm{T}}\boldsymbol{\Lambda}\boldsymbol{x}.\tag{4}$$

由此可见，实二次型与实对称矩阵建立了一一对应关系.

例 1 写出二次型 $f(x_1,x_2,x_3)=3x_1^2+x_2^2+5x_3^2+4x_1x_2+2x_2x_3$ 的矩阵形式，并求该二次型的秩.

解 令 $a_{ij}=a_{ji}$，于是

$$\begin{aligned}f(x_1,x_2,x_3)=&3x_1^2+2x_1x_2+0x_1x_3\\&+2x_2x_1+x_2^2+x_2x_3\\&+0x_3x_1+x_3x_2+5x_3^2,\end{aligned}$$

所以二次型的矩阵为

$$\boldsymbol{A}=\begin{bmatrix}3&2&0\\2&1&1\\0&1&5\end{bmatrix}.$$

故二次型的矩阵形式为

$$f(x_1,x_2,x_3)=\boldsymbol{x}^{\mathrm{T}}\boldsymbol{A}\boldsymbol{x}=(x_1,x_2,x_3)\begin{bmatrix}3&2&0\\2&1&1\\0&1&5\end{bmatrix}\begin{bmatrix}x_1\\x_2\\x_3\end{bmatrix}.$$

而 $r(\boldsymbol{A})=3$，所以该二次型的秩等于 3.

对于二次型，我们讨论的主要问题是：寻求一个**可逆(满秩)线性变换**

$$\begin{cases}x_1=p_{11}y_1+p_{12}y_2+\cdots+p_{1n}y_n,\\x_2=p_{21}y_1+p_{22}y_2+\cdots+p_{2n}y_n,\\\vdots\qquad\vdots\qquad\vdots\qquad\qquad\vdots\\x_n=p_{n1}y_1+p_{n2}y_2+\cdots+p_{nn}y_n.\end{cases}\tag{5}$$

即 $\boldsymbol{x}=\boldsymbol{P}\boldsymbol{y}$（其中 $|\boldsymbol{P}|\neq 0$），把二次型化为标准形，即

$$f(x_1,x_2,\cdots,x_n)=\boldsymbol{x}^{\mathrm{T}}\boldsymbol{A}\boldsymbol{x}\xlongequal{\boldsymbol{x}=\boldsymbol{P}\boldsymbol{y}}(\boldsymbol{P}\boldsymbol{y})^{\mathrm{T}}\boldsymbol{A}(\boldsymbol{P}\boldsymbol{y})=\boldsymbol{y}^{\mathrm{T}}(\boldsymbol{P}^{\mathrm{T}}\boldsymbol{A}\boldsymbol{P})\boldsymbol{y}=\boldsymbol{y}^{\mathrm{T}}\boldsymbol{\Lambda}\boldsymbol{y}$$

$$=(y_1,y_2,\cdots,y_n)\begin{bmatrix}d_1 & & & \\ & d_2 & & \\ & & \ddots & \\ & & & d_n\end{bmatrix}\begin{bmatrix}y_1\\ y_2\\ \vdots\\ y_n\end{bmatrix}$$

$$=d_1y_1^2+d_2y_2^2+\cdots+d_ny_n^2.$$

根据二次型与其矩阵的对应关系，该问题也就是：对一个实对称矩阵 $\boldsymbol{A}$，寻求一个可逆矩阵 $\boldsymbol{P}$，使 $\boldsymbol{P}^{\mathrm{T}}\boldsymbol{A}\boldsymbol{P}=\boldsymbol{\Lambda}$.

5.2.2 矩阵的合同

定义 2　设 $\boldsymbol{A},\boldsymbol{B}$ 为 n 阶方阵，若存在 n 阶可逆矩阵 $\boldsymbol{P}$，使

$$\boldsymbol{P}^{\mathrm{T}}\boldsymbol{A}\boldsymbol{P}=\boldsymbol{B}, \tag{6}$$

则称 $\boldsymbol{A}$ 与 $\boldsymbol{B}$ 合同，也称矩阵 $\boldsymbol{A}$ 经合同变换化为 $\boldsymbol{B}$，记作 $\boldsymbol{A}\simeq\boldsymbol{B}$. 可逆矩阵 $\boldsymbol{P}$ 称为合同变换矩阵.

显然，合同是方阵之间的又一个等价关系，它具有下列性质：

(1)自反性：$\boldsymbol{A}\simeq\boldsymbol{A}$；

(2)对称性：若 $\boldsymbol{A}\simeq\boldsymbol{B}$，则 $\boldsymbol{B}\simeq\boldsymbol{A}$；

(3)传递性：若 $\boldsymbol{A}\simeq\boldsymbol{B},\boldsymbol{B}\simeq\boldsymbol{C}$，则 $\boldsymbol{A}\simeq\boldsymbol{C}$；

(4)合同变换不改变矩阵的秩；

(5)对称矩阵经合同变换仍化为对称矩阵.

根据矩阵合同的定义，将二次型化为标准形的问题即是：对于实对称矩阵 $\boldsymbol{A}$，求一个可逆矩阵 $\boldsymbol{P}$，使 $\boldsymbol{A}$ 合同于对角矩阵 $\boldsymbol{\Lambda}$，即

$$\boldsymbol{P}^{\mathrm{T}}\boldsymbol{A}\boldsymbol{P}=\boldsymbol{\Lambda}=\begin{bmatrix}d_1 & & & \\ & d_2 & & \\ & & \ddots & \\ & & & d_n\end{bmatrix}.$$

可以证明：

定理 1　任何一个实对称矩阵 $\boldsymbol{A}$ 都合同于对角矩阵，即对于一个 n 阶实对称矩阵 $\boldsymbol{A}$，总存在可逆矩阵 $\boldsymbol{P}$，使得

$$P^{\mathrm{T}}AP=\Lambda=\begin{bmatrix} d_1 & & & & & & \\ & d_2 & & & & & \\ & & \ddots & & & & \\ & & & d_r & & & \\ & & & & 0 & & \\ & & & & & \ddots & \\ & & & & & & 0 \end{bmatrix}, \tag{7}$$

其中 r 是矩阵A 的秩. 当 $r>0$ 时, $d_1,d_2,\cdots,d_r\neq0$.

定理1说明,对于秩为 r 的 n 元二次型 $f=\boldsymbol{x}^{\mathrm{T}}\boldsymbol{A}\boldsymbol{x}$,总存在可逆线性变换 $\boldsymbol{x}=\boldsymbol{P}\boldsymbol{y}$,使其化为标准形

$$f=d_1y_1^2+d_2y_2^2+\cdots+d_ry_r^2(r\leqslant n), \tag{8}$$

其中标准形中非零平方项个数 r 等于 $\boldsymbol{A}$ 的秩.

常用的化二次型为标准形的方法有：

(1)拉格朗日(Lagrange)配方法；

(2)合同变换法；

(3)正交变换法.

下面讨论用(1),(2)化二次型为标准型的方法,用正交变换化二次型为标准型的方法在第三节专门讨论.

5.2.3 用拉格朗日(Lagrange)配方法化二次型为标准形

利用代数公式将二次型通过配方化成标准形的方法称为拉格朗日(Lagrange)配方法.

用拉格朗日配方法化二次型为标准形的主要步骤为：

(1)若二次型含有 x_i 的平方项,则先把含有 x_i 的乘积项集中在一起,然后配方;再对其余的变量重复上述过程直到所有变量都配成平方项;最后经过可逆线性变换,就得到标准形.

(2)若二次型中不含有平方项,但是 $a_{ij}\neq0(i\neq j)$,则先做可逆变换

$$\begin{cases} x_i=y_i-y_j, \\ x_j=y_i+y_j, \\ x_k=y_k(k=1,2,\cdots,n \text{ 且 } k\neq i,j). \end{cases}$$

化二次型为含有平方项的二次型,然后按(1)中的方法配方.

例2 用配方法化二次型 $f=x_1^2+2x_2^2+5x_3^2+2x_1x_2+2x_1x_3+6x_2x_3$ 为标准形.

解 由于 f 中含有变量 x_1 的平方项 x_1^2,故先把含 x_1 的项集中在一起,配成含 x_1 的一次式的完全平方,即

$$f=(x_1^2+2x_1x_2+2x_1x_3)+2x_2^2+6x_2x_3+5x_3^2$$

$$=(x_1+x_2+x_3)^2+x_2^2+4x_2x_3+4x_3^2.$$

再将剩余项中含 x_2 的项集中在一起继续配方,得

$$f=(x_1+x_2+x_3)^2+(x_2+2x_3)^2.$$

在上式中,令
$$\begin{cases}y_1=x_1+x_2+x_3,\\y_2=x_2+2x_3,\\y_3=x_3.\end{cases}$$

即有可逆线性变换

$$\begin{cases}x_1=y_1-y_2+y_3,\\x_2=y_2-2y_3,\\x_3=y_3.\end{cases}$$

通过该变换,f 化成了标准形

$$f=y_1^2+y_2^2,$$

所用的变换矩阵是

$$\boldsymbol{P}=\begin{bmatrix}1&-1&1\\0&1&-2\\0&0&1\end{bmatrix}.$$

例 3 用配方法化二次型 $f=x_1x_2+4x_1x_3+x_2x_3$ 为标准形.

解 本题中,二次型 f 不含变量的平方项.因 f 中含有 x_1x_2,所以令

$$\begin{cases}x_1=y_1+y_2,\\x_2=y_1-y_2,\\x_3=y_3.\end{cases}\tag{9}$$

再将式(9)代入二次型 $f=x_1x_2+4x_1x_3+x_2x_3$ 得到含变量平方项的二次型

$$f=y_1^2-y_2^2+5y_1y_3+3y_2y_3.$$

对其按例 2 的方法配方,得

$$f=\left(y_1+\frac{5}{2}y_3\right)^2-\left(y_2-\frac{3}{2}y_3\right)^2-(2y_3)^2.$$

令
$$\begin{cases}z_1=y_1+\dfrac{5}{2}y_3,\\z_2=y_2-\dfrac{3}{2}y_3,\\z_3=2y_3.\end{cases}\tag{10}$$

即有二次型的标准形
$$f=z_1^2-z_2^2-z_3^2.$$

由式(10)得

$$\begin{cases} y_1 = z_1 - \dfrac{5}{4}z_3, \\ y_2 = z_2 + \dfrac{3}{4}z_3, \\ y_3 = \dfrac{1}{2}z_3. \end{cases} \tag{11}$$

将式(11)代入(9)得到

$$\begin{cases} x_1 = z_1 + z_2 - \dfrac{1}{2}z_3, \\ x_2 = z_1 - z_2 - 2z_3, \\ x_3 = \dfrac{1}{2}z_3. \end{cases} \tag{12}$$

即通过可逆线性变换

$$\boldsymbol{x} = \begin{bmatrix} 1 & 1 & -\dfrac{1}{2} \\ 1 & -1 & -2 \\ 0 & 0 & \dfrac{1}{2} \end{bmatrix} \begin{bmatrix} z_1 \\ z_2 \\ z_3 \end{bmatrix},$$

将 $f = x_1x_2 + 4x_1x_3 + x_2x_3$ 化成了标准形 $f = z_1^2 - z_2^2 - z_3^2$.

一般地,任一二次型都可以通过上述配方法求得可逆变换,把二次型化为标准形.可以验证,二次型的标准形的项数,等于该二次型的秩.

5.2.4 用合同变换法化二次型为标准形

由定理1,秩为 r 的 n 元二次型 $f = \boldsymbol{x}^{\mathrm{T}}\boldsymbol{A}\boldsymbol{x}$,可以通过可逆线性变换 $\boldsymbol{x} = \boldsymbol{P}\boldsymbol{y}$,化为标准形 $f = \boldsymbol{y}^{\mathrm{T}}\boldsymbol{\Lambda}\boldsymbol{y}$. 而这个过程等价于对二次型的矩阵 $\boldsymbol{A}$ 施行合同变换,使得 $\boldsymbol{A}$ 合同于对角矩阵 $\boldsymbol{\Lambda}$,即 $\boldsymbol{P}^{\mathrm{T}}\boldsymbol{A}\boldsymbol{P} = \boldsymbol{\Lambda}$.

在合同变换中,由于矩阵 $\boldsymbol{P}$ 是可逆的,则 $\boldsymbol{P}$ 可以表示为有限个初等矩阵的乘积.设

$$\boldsymbol{P} = \boldsymbol{F}_1\boldsymbol{F}_2\cdots\boldsymbol{F}_s, \tag{13}$$

其中 $\boldsymbol{F}_i(i=1,2,\cdots,s)$ 为初等矩阵,则 $\boldsymbol{P}^{\mathrm{T}}\boldsymbol{A}\boldsymbol{P} = \boldsymbol{\Lambda}$ 可表示为

$$\boldsymbol{F}_s^{\mathrm{T}}\cdots\boldsymbol{F}_2^{\mathrm{T}}\boldsymbol{F}_1^{\mathrm{T}}\boldsymbol{A}\boldsymbol{F}_1\boldsymbol{F}_2\cdots\boldsymbol{F}_s = \boldsymbol{\Lambda}, \tag{14}$$

而式(13)即为

$$\boldsymbol{E}\boldsymbol{F}_1\boldsymbol{F}_2\cdots\boldsymbol{F}_s = \boldsymbol{P}. \tag{15}$$

比较式(14),(15)可以看出,若对 $\boldsymbol{A}$ 作一系列行初等变换和相应的列初等变换把 $\boldsymbol{A}$ 化为对角矩阵 $\boldsymbol{\Lambda}$ 的同时,其中的列初等变换将单位矩阵 $\boldsymbol{E}$ 化为合同变换矩阵 $\boldsymbol{P}$,即

$$\begin{bmatrix} A \\ \hline E \end{bmatrix} \xrightarrow[\substack{F_1F_2\cdots F_s \\ F_1F_2\cdots F_s}]{F_1^{\mathrm{T}}F_2^{\mathrm{T}}\cdots F_s^{\mathrm{T}}} \begin{bmatrix} \Lambda \\ \hline P \end{bmatrix}. \tag{16}$$

例 4 用合同变换化二次型 $f=x_1^2+2x_2^2+5x_3^2+2x_1x_2+6x_2x_3+2x_1x_3$ 为标准形.

解 二次型的矩阵为 $A=\begin{bmatrix}1&1&1\\1&2&3\\1&3&5\end{bmatrix}$,由式(16),有

$$\begin{bmatrix}1&1&1\\1&2&3\\1&3&5\\ \hline 1&0&0\\0&1&0\\0&0&1\end{bmatrix} \xrightarrow[{[1(-1)+2]}]{[1(-1)+2]} \begin{bmatrix}1&0&1\\0&1&2\\1&2&5\\ \hline 1&-1&0\\0&1&0\\0&0&1\end{bmatrix} \xrightarrow[{[1(-1)+3]}]{[1(-1)+3]}$$

$$\begin{bmatrix}1&0&0\\0&1&2\\0&2&4\\ \hline 1&-1&-1\\0&1&0\\0&0&1\end{bmatrix} \xrightarrow[{[2(-2)+3]}]{[2(-2)+3]} \begin{bmatrix}1&0&0\\0&1&0\\0&0&0\\ \hline 1&-1&1\\0&1&-2\\0&0&1\end{bmatrix}.$$

所以

$$P=\begin{bmatrix}1&-1&1\\0&1&-2\\0&0&1\end{bmatrix},\Lambda=\begin{bmatrix}1&0&0\\0&1&0\\0&0&0\end{bmatrix},$$

于是

$$f(x_1,x_2,x_3)\xlongequal{x=Py}y_1^2+y_2^2.$$

例 5 用合同变换化二次型 $f=x_1x_2+4x_1x_3+x_2x_3$ 为标准形.

解 二次型的矩阵为 $A=\begin{bmatrix}0&\frac{1}{2}&2\\\frac{1}{2}&0&\frac{1}{2}\\2&\frac{1}{2}&0\end{bmatrix}$,由式(16),有

$$\begin{bmatrix} 0 & \frac{1}{2} & 2 \\ \frac{1}{2} & 0 & \frac{1}{2} \\ 2 & \frac{1}{2} & 0 \\ \hline 1 & 0 & 0 \\ 0 & 1 & 0 \\ 0 & 0 & 1 \end{bmatrix} \xrightarrow[{[2(1)+1]}]{[2(1)+1]} \begin{bmatrix} 1 & \frac{1}{2} & \frac{5}{2} \\ \frac{1}{2} & 0 & \frac{1}{2} \\ \frac{5}{2} & \frac{1}{2} & 0 \\ \hline 1 & 0 & 0 \\ 1 & 1 & 0 \\ 0 & 0 & 1 \end{bmatrix} \xrightarrow[{\left[1\left(-\frac{1}{2}\right)+2\right]}]{\left[1\left(-\frac{1}{2}\right)+2\right]} \begin{bmatrix} 1 & 0 & \frac{5}{2} \\ 0 & -\frac{1}{4} & -\frac{3}{4} \\ \frac{5}{2} & -\frac{3}{4} & 0 \\ \hline 1 & -\frac{1}{2} & 0 \\ 1 & \frac{1}{2} & 0 \\ 0 & 0 & 1 \end{bmatrix}$$

$$\xrightarrow[{\left[1\left(-\frac{5}{2}\right)+3\right]}]{\left[1\left(-\frac{5}{2}\right)+3\right]} \begin{bmatrix} 1 & 0 & 0 \\ 0 & -\frac{1}{4} & -\frac{3}{4} \\ 0 & -\frac{3}{4} & -\frac{25}{4} \\ \hline 1 & -\frac{1}{2} & -\frac{5}{2} \\ 0 & \frac{1}{2} & -\frac{5}{2} \\ 0 & 0 & 1 \end{bmatrix} \xrightarrow[{[2(-3)+3]}]{[2(-3)+3]} \begin{bmatrix} 1 & 0 & 0 \\ 0 & -\frac{1}{4} & 0 \\ 0 & 0 & -4 \\ \hline 1 & -\frac{1}{2} & -1 \\ 1 & \frac{1}{2} & -4 \\ 0 & 0 & 1 \end{bmatrix}.$$

所以

$$\boldsymbol{P} = \begin{bmatrix} 1 & -\frac{1}{2} & -1 \\ 0 & \frac{1}{2} & -4 \\ 0 & 0 & 1 \end{bmatrix}, \boldsymbol{\Lambda} = \begin{bmatrix} 1 & 0 & 0 \\ 0 & -\frac{1}{4} & 0 \\ 0 & 0 & -4 \end{bmatrix},$$

于是

$$f(x_1, x_2, x_3) \xlongequal{\boldsymbol{x}=\boldsymbol{P}\boldsymbol{y}} y_1^2 - \frac{1}{4}y_2^2 - 4y_3^2.$$

需要指出，二次型的标准形一般不唯一，它与所用的可逆线性变换有关．由例 3，例 5 可见，二次型 $f = x_1x_2 + 4x_1x_3 + x_2x_3$ 通过可逆线性变换

$$\boldsymbol{x} = \begin{bmatrix} 1 & 1 & -\frac{1}{2} \\ 1 & -1 & -2 \\ 0 & 0 & \frac{1}{2} \end{bmatrix} \boldsymbol{y},$$

可化为标准形

$$f=y_1^2-y_2^2-y_3^2;$$

而通过可逆线性变换

$$\boldsymbol{x}=\begin{bmatrix}1 & -\frac{1}{2} & -1\\ 0 & \frac{1}{2} & -4\\ 0 & 0 & 1\end{bmatrix}\boldsymbol{y},$$

则化为标准形

$$f=y_1^2-\frac{1}{4}y_2^2-4y_3^2.$$

但这些标准形具有如下共同的特征:

定理 2(惯性定律)　一个 n 元二次型经过可逆线性变换化为标准形,其标准形中正、负项的个数是唯一确定的,它们的和等于该二次型的秩.

标准形中的正项个数 p,负项个数 q 分别称为二次型的**正、负惯性指标**;$p-q$ 称为二次型的**符号差**,用 s 表示.

注意到 $p+q=r$(二次型的秩),所以 $s=p-q=p-(r-p)=2p-r$.

秩为 r,正惯性指标为 p 的 n 元二次型的标准形可写成如下形式(可以调整变量的次序):

$$f=d_1y_1^2+d_2y_2^2+\cdots+d_py_p^2-d_{p+1}y_{p+1}^2-\cdots-d_ry_r^2,$$

其中 $d_i>0(i=1,2,\cdots,r)$.

如果对其施行可逆线性变换

$$\begin{cases}y_i=\dfrac{1}{\sqrt{d_i}}z_i(i=1,2,\cdots,r),\\ y_i=z_i(i=r+1,r+2,\cdots,n).\end{cases}$$

f 可化为标准形

$$f=z_1^2+z_2^2+\cdots+z_p^2-z_{p+1}^2-\cdots-z_r^2. \tag{17}$$

式(17)称为二次型的**规范形**.

因此,惯性定律又可叙述为:**一个 n 元二次型经过不同的可逆线性变换化成的规范形是唯一的.**

根据矩阵合同的概念,设 $\boldsymbol{A},\boldsymbol{B}$ 是实对称矩阵,且 $\boldsymbol{A}\simeq\boldsymbol{B}$,则二次型 $\boldsymbol{x}^{\mathrm{T}}\boldsymbol{A}\boldsymbol{x}$ 和二次型 $\boldsymbol{x}^{\mathrm{T}}\boldsymbol{B}\boldsymbol{x}$ 有相同的规范形;反之亦然.

定理 3　实对称矩阵 $\boldsymbol{A}\simeq\boldsymbol{B}$ 的充分必要条件是二次型 $\boldsymbol{x}^{\mathrm{T}}\boldsymbol{A}\boldsymbol{x}$ 与 $\boldsymbol{x}^{\mathrm{T}}\boldsymbol{B}\boldsymbol{x}$ 有相同的正负惯性指标.

例如，设 $A=\begin{bmatrix}1&0\\0&2\end{bmatrix}$，$B=\begin{bmatrix}3&0\\0&4\end{bmatrix}$，则 $A\simeq B$. 这是因为，二次型 $x^TAx=x_1^2+2x_2^2$ 与 $x^TBx=3x_1^2+4x_2^2$ 有相同的正惯性指标 $p=2$ 及相同的负惯性指标 $q=0$（注意：这里 A 与 B 不相似，因为相似的必要条件是特征值相同，本题显然不满足）.

§5.3 用正交变换化二次型为标准形

5.3.1 正交变换

定义1 **设 C 为 n 阶正交矩阵，x,y 是 $\mathbf{R}^n$ 中的 n 维向量，称线性变换 $x=Cy$ 是 $\mathbf{R}^n$ 上的正交变换.**

例如，平面上的坐标旋转变换

$$\begin{bmatrix}x\\y\end{bmatrix}=\begin{bmatrix}\cos\theta&-\sin\theta\\\sin\theta&\cos\theta\end{bmatrix}\begin{bmatrix}x'\\y'\end{bmatrix}$$

的系数矩阵是正交矩阵，故它是正交变换.

正交变换显然是可逆线性变换，除此之外，还有以下基本性质：

定理1 **$\mathbf{R}^n$ 上的线性变换 $x=Cy$ 是正交变换的充分必要条件是在线性变换 $x=Cy$ 下，向量的内积不变，即对于 $\mathbf{R}^n$ 中的任意向量 y_1,y_2，在 $x=Cy$ 下，若 $x_1=Cy_1,x_2=Cy_2$，则 $(x_1,x_2)=(y_1,y_2)$.**

证 （必要性）因 $x=Cy$ 是正交变换，则 C 为正交矩阵. 故当 $x_1=Cy_1,x_2=Cy_2$ 时，$(x_1,x_2)=x_1^Tx_2=(Cy_1)^TCy_2=y_1^T(C^TC)y_2=y_1^TEy_2=y_1^Ty_2=(y_1,y_2)$.

（充分性）因为对于 $\mathbf{R}^n$ 中的任意向量 y_1,y_2，在 $x=Cy$ 下，当 $x_1=Cy_1,x_2=Cy_2$ 时有 $(x_1,x_2)=(y_1,y_2)$，而 $(x_1,x_2)=x_1^Tx_2=(Cy_1)^TCy_2=y_1^T(C^TC)y_2$，$(y_1,y_2)=y_1^Ty_2=y_1^TEy_2$. 比较两式，由 y_1,y_2 的任意性，必有 $C^TC=E$，即 C 为正交矩阵，$x=Cy$ 是正交变换.

定理1说明，正交变换不改变向量的内积，因此也就不改变向量的长度和夹角. 故用正交变换化二次型为标准形时，将不会改变曲线或曲面的形状.

定理2 **$\mathbf{R}^n$ 上的线性变换 $x=Cy$ 是正交变换的充分必要条件是线性变换 $x=Cy$ 把 $\mathbf{R}^n$ 中的标准正交基变为标准正交基.**

证 （必要性）若取 $\mathbf{R}^n$ 中的标准正交基 $\alpha_1,\alpha_2,\cdots,\alpha_n$，经线性变换 $x=Cy$ 后得到向量组 $C\alpha_1,C\alpha_2,\cdots,C\alpha_n$，由定理1，

$$(C\alpha_i,C\alpha_j)=(\alpha_i,\alpha_j)=\begin{cases}1,i=j,\\0,i\neq j.\end{cases}$$

即 $C\alpha_1,C\alpha_2,\cdots,C\alpha_n$ 是标准正交基.

（充分性）若 $\mathbf{R}^n$ 中的标准正交基 $\alpha_1,\alpha_2,\cdots,\alpha_n$ 经线性变换 $x=Cy$ 后得到向量组 $C\alpha_1,C\alpha_2,\cdots,C\alpha_n$ 仍是 $\mathbf{R}^n$ 中的标准正交基，设 $\beta_i=C\alpha_i,i=1,2,\cdots,n$，则 $(\alpha_1,\alpha_2,\cdots,\alpha_n)$ 与 $(\beta_1,\beta_2,\cdots,\beta_n)$ 都是正交矩阵且

$$(\boldsymbol{\beta}_1,\boldsymbol{\beta}_2,\cdots,\boldsymbol{\beta}_n)=(\boldsymbol{C}\boldsymbol{\alpha}_1,\boldsymbol{C}\boldsymbol{\alpha}_2,\cdots,\boldsymbol{C}\boldsymbol{\alpha}_n)=\boldsymbol{C}(\boldsymbol{\alpha}_1,\boldsymbol{\alpha}_2,\cdots,\boldsymbol{\alpha}_n).$$

由第一节定理 4，

$$\boldsymbol{C}=(\boldsymbol{\beta}_1,\boldsymbol{\beta}_2,\cdots,\boldsymbol{\beta}_n)(\boldsymbol{\alpha}_1,\boldsymbol{\alpha}_2,\cdots,\boldsymbol{\alpha}_n)^{-1}$$

也是正交矩阵，即 $\boldsymbol{x}=\boldsymbol{C}\boldsymbol{y}$ 是正交变换.

5.3.2 用正交变换化二次型为标准形

如果二次型 $f=\boldsymbol{x}^{\mathrm{T}}\boldsymbol{A}\boldsymbol{x}$ 能用正交变换 $\boldsymbol{x}=\boldsymbol{C}\boldsymbol{y}$ 化为标准形

$$f=\lambda_1 y_1^2+\lambda_2 y_2^2+\cdots+\lambda_n y_n^2=\boldsymbol{y}^{\mathrm{T}}\boldsymbol{\Lambda}\boldsymbol{y},$$

则等价于对实对称矩阵 $\boldsymbol{A}$，求一个正交矩阵 $\boldsymbol{C}$，使

$$\boldsymbol{C}^{\mathrm{T}}\boldsymbol{A}\boldsymbol{C}=\boldsymbol{C}^{-1}\boldsymbol{A}\boldsymbol{C}=\boldsymbol{\Lambda}=\begin{bmatrix}\lambda_1 & & & \\ & \lambda_2 & & \\ & & \ddots & \\ & & & \lambda_n\end{bmatrix},$$

即实对称矩阵 $\boldsymbol{A}$ 与对角形矩阵 $\boldsymbol{\Lambda}$ 相似. 由第四章第二节定理 2，$\boldsymbol{\Lambda}$ 的对角线上的元素是 $\boldsymbol{A}$ 的 n 个特征值 $\lambda_1,\lambda_2,\cdots,\lambda_n$，相似变换矩阵 $\boldsymbol{C}$ 的列向量是 $\boldsymbol{A}$ 的特征值对应的 n 个线性无关的特征向量. 而这里相似变换矩阵 $\boldsymbol{C}$ 是正交矩阵，因此 $\boldsymbol{C}$ 的列向量是 $\boldsymbol{A}$ 的标准正交的特征向量.

因此，寻求一个正交变换 $\boldsymbol{x}=\boldsymbol{C}\boldsymbol{y}$ 化 n 元二次型 $f=\boldsymbol{x}^{\mathrm{T}}\boldsymbol{A}\boldsymbol{x}$ 为标准形 $f=\boldsymbol{y}^{\mathrm{T}}\boldsymbol{\Lambda}\boldsymbol{y}$，需要研究两个问题：

(1)n 元二次型的矩阵(即 n 阶实对称矩阵)$\boldsymbol{A}$ 是否存在 n 个特征值?

(2)$\boldsymbol{A}$ 的特征值是否对应 n 个标准正交的特征向量?

答案是肯定的.

定理 3　实对称矩阵的特征值是实数.

证　设 λ 为 $\boldsymbol{A}$ 的特征值，则存在特征向量 $\boldsymbol{\xi}$，使 $\boldsymbol{A}\boldsymbol{\xi}=\lambda\boldsymbol{\xi}$. 对该式先取转置，再取共轭，其中对矩阵 $\boldsymbol{A}$ 取共轭就是对 $\boldsymbol{A}$ 的每一个元素取共轭. 而且由于 $\overline{\boldsymbol{A}\boldsymbol{B}}=\overline{\boldsymbol{A}}\,\overline{\boldsymbol{B}}$，故有 $\overline{\boldsymbol{\xi}^{\mathrm{T}}}\,\overline{\boldsymbol{A}^{\mathrm{T}}}=\overline{\lambda\boldsymbol{\xi}^{\mathrm{T}}}$，即

$$\overline{\boldsymbol{\xi}}^{\mathrm{T}}\boldsymbol{A}=\overline{\lambda}\,\overline{\boldsymbol{\xi}}^{\mathrm{T}}.$$

上式两边右乘 $\boldsymbol{\xi}$，得 $\overline{\boldsymbol{\xi}}^{\mathrm{T}}\boldsymbol{A}\boldsymbol{\xi}=\overline{\lambda}\,\overline{\boldsymbol{\xi}}^{\mathrm{T}}\boldsymbol{\xi}$，而 $\overline{\boldsymbol{\xi}}^{\mathrm{T}}\boldsymbol{A}\boldsymbol{\xi}=\overline{\boldsymbol{\xi}}^{\mathrm{T}}\lambda\boldsymbol{\xi}=\lambda\,\overline{\boldsymbol{\xi}}^{\mathrm{T}}\boldsymbol{\xi}$，两式相减，有

$$(\lambda-\overline{\lambda})\overline{\boldsymbol{\xi}}^{\mathrm{T}}\boldsymbol{\xi}=\boldsymbol{0}.$$

因 $\boldsymbol{\xi}\neq\boldsymbol{0}$，则 $\overline{\boldsymbol{\xi}}^{\mathrm{T}}\boldsymbol{\xi}\neq\boldsymbol{0}$，故 $\lambda=\overline{\lambda}$，即 λ 为实数.

对于 n 阶实对称矩阵 $\boldsymbol{A}$，因为 $|\lambda\boldsymbol{E}-\boldsymbol{A}|=0$ 是关于变量 λ 的 n 次方程，由代数基本定理，矩阵 $\boldsymbol{A}$ 必有 n 个特征值. 又由定理 3，实对称矩阵的特征值都是实数，因此 n 阶实对称矩阵 $\boldsymbol{A}$ 必有 n 个实特征值.

定理 4　实对称矩阵的不同特征值所对应的特征向量是正交的.

证　设 λ_1,λ_2 是实对称矩阵 $\boldsymbol{A}$ 的两个特征值且 $\lambda_1\neq\lambda_2$，$\boldsymbol{\xi}_1,\boldsymbol{\xi}_2$ 分别是对应于 λ_1,λ_2 的特征向量，则 $\boldsymbol{A}\boldsymbol{\xi}_1=\lambda_1\boldsymbol{\xi}_1$，$\boldsymbol{A}\boldsymbol{\xi}_2=\lambda_2\boldsymbol{\xi}_2$. 根据内积的性质，

$$(\boldsymbol{A}\boldsymbol{\xi}_1,\boldsymbol{\xi}_2)=(\lambda_1\boldsymbol{\xi}_1,\boldsymbol{\xi}_2)=\lambda_1(\boldsymbol{\xi}_1,\boldsymbol{\xi}_2),$$

$$(\boldsymbol{A}\boldsymbol{\xi}_1,\boldsymbol{\xi}_2)=(\boldsymbol{A}\boldsymbol{\xi}_1)^{\mathrm{T}}\boldsymbol{\xi}_2=\boldsymbol{\xi}_1^{\mathrm{T}}\boldsymbol{A}^{\mathrm{T}}\boldsymbol{\xi}_2=\boldsymbol{\xi}_1^{\mathrm{T}}\boldsymbol{A}\boldsymbol{\xi}_2=\boldsymbol{\xi}_1^{\mathrm{T}}\lambda_2\boldsymbol{\xi}_2=\lambda_2(\boldsymbol{\xi}_1,\boldsymbol{\xi}_2).$$

两式相减，得

$$(\lambda_1-\lambda_2)(\boldsymbol{\xi}_1,\boldsymbol{\xi}_2)=0.$$

因 $\lambda_1\neq\lambda_2$，故$(\boldsymbol{\xi}_1,\boldsymbol{\xi}_2)=0$，即 $\boldsymbol{\xi}_1$ 与 $\boldsymbol{\xi}_2$ 正交.

例 1 $\boldsymbol{A}$ 是三阶实对称矩阵，$\boldsymbol{A}$ 的特征值是 1,1,−2，若对应于 $\lambda_3=-2$ 的特征向量是 $\boldsymbol{\xi}_3=(1,-1,-1)^{\mathrm{T}}$，求矩阵 $\boldsymbol{A}$.

解 设 $\lambda_1=\lambda_2=1$ 所对应的特征向量为 $\boldsymbol{\xi}=(x_1,x_2,x_3)^{\mathrm{T}}$，因为 $\boldsymbol{A}$ 是实对称矩阵，由定理 4，不同特征值所对应的特征向量是正交的，则有齐次线性方程组

$$(\boldsymbol{\xi},\boldsymbol{\xi}_3)=\boldsymbol{\xi}^{\mathrm{T}}\boldsymbol{\xi}_3=x_1-x_2-x_3=0.$$

其基础解系 $\boldsymbol{\xi}_1=(1,1,0)^{\mathrm{T}}$，$\boldsymbol{\xi}_2=(1,0,1)^{\mathrm{T}}$ 是对应于 $\lambda_1=\lambda_2=1$ 的特征向量. 由 $\boldsymbol{A}\boldsymbol{\xi}_i=\lambda_i\boldsymbol{\xi}_i(i=1,2,3)$，于是有

$$\boldsymbol{A}(\boldsymbol{\xi}_1,\boldsymbol{\xi}_2,\boldsymbol{\xi}_3)=(\lambda_1\boldsymbol{\xi}_1,\lambda_2\boldsymbol{\xi}_2,\lambda_3\boldsymbol{\xi}_3)=(\boldsymbol{\xi}_1,\boldsymbol{\xi}_2,-2\boldsymbol{\xi}_3).$$

故

$$\boldsymbol{A}=(\boldsymbol{\xi}_1,\boldsymbol{\xi}_2,-2\boldsymbol{\xi}_3)(\boldsymbol{\xi}_1,\boldsymbol{\xi}_2,\boldsymbol{\xi}_3)^{-1}=\begin{bmatrix}1&1&-2\\1&0&2\\0&1&2\end{bmatrix}\begin{bmatrix}1&1&1\\1&0&-1\\0&1&-1\end{bmatrix}^{-1}$$

$$=\begin{bmatrix}0&1&1\\1&0&-1\\1&-1&0\end{bmatrix}.$$

若 λ_i 是 n 阶实对称矩阵 $\boldsymbol{A}$ 的 r_i 重特征值，可以证明，特征矩阵$(\lambda_i\boldsymbol{E}-\boldsymbol{A})$的秩为 $n-r_i$. 因此齐次线性方程组$(\lambda_i\boldsymbol{E}-\boldsymbol{A})\boldsymbol{x}=\boldsymbol{0}$ 的基础解系含有 $n-(n-r_i)=r_i$ 个线性无关的解向量，即对应于 n 阶实对称矩阵 $\boldsymbol{A}$ 的 r_i 重特征值，有 r_i 个线性无关的特征向量.

由于 n 阶实对称矩阵 $\boldsymbol{A}$ 有 n 个实特征值，设 n 阶实对称矩阵 $\boldsymbol{A}$ 的互不相等的特征值为 $\lambda_1,\lambda_2,\cdots,\lambda_s$，它们的重数依次是 $r_1,r_2,\cdots,r_s(r_1+r_2+\cdots+r_s=n)$，则对应于 $\boldsymbol{A}$ 的互不相等的特征值 $\lambda_1,\lambda_2,\cdots,\lambda_s$，分别有 $r_1,r_2,\cdots,r_s$ 个线性无关的特征向量，即 n 阶实对称矩阵 $\boldsymbol{A}$ 必有 n 个线性无关的特征向量.

将 n 阶实对称矩阵 $\boldsymbol{A}$ 的 r_i 重特征值对应的 r_i 个线性无关的特征向量标准正交化，$i=1,2,\cdots,s$. 由于特征向量的线性组合仍然是特征向量，则得到 $\boldsymbol{A}$ 的 r_i 重特征值对应的 r_i 个单位特征向量. 由 $r_1+r_2+\cdots+r_s=n$，则 n 阶实对称矩阵 $\boldsymbol{A}$ 共有 n 个这样的特征向量.

由定理 4，对应于不同特征值的特征向量正交，所以这 n 个单位特征向量构成了一个标准正交向量组，即 n 阶实对称矩阵 $\boldsymbol{A}$ 的 n 个特征值对应着 n 个标准正交的特征向量.

综上所述，有：

定理 5　设 A 为 n 阶实对称矩阵，则必有正交矩阵 C，使 $C^{-1}AC=\Lambda$，即

$$C^{-1}AC=\Lambda=\begin{bmatrix}\lambda_1 & & & \\ & \lambda_2 & & \\ & & \ddots & \\ & & & \lambda_n\end{bmatrix}.$$

其中 $\lambda_1,\lambda_2,\cdots,\lambda_n$ 是 A 的 n 个特征值，正交矩阵 C 的 n 个列向量是矩阵 A 对应于这 n 个特征值的标准正交的特征向量.

由此可见，用正交变换 $x=Cy$ 化二次型 $f=x^{\mathrm{T}}Ax$ 为标准形的步骤为：

(1)由 $|\lambda E-A|=0$，求 A 的 n 个特征值 $\lambda_1,\lambda_2,\cdots,\lambda_n$；

(2)对于每一个特征值 λ_i，构造 $(\lambda_i E-A)x=0$，求其基础解系(即特征值 λ_i 对应的线性无关的特征向量)；

(3)对 $t(t>1)$ 重特征值对应的 t 个线性无关的特征向量，用施密特正交化方法，将 t 个线性无关的特征向量正交化；

(4)将 A 的 n 个正交的特征向量标准化，并以它们为列向量构成正交矩阵 C，写出二次型的标准形 $f=\lambda_1 y_1^2+\lambda_2 y_2^2+\cdots+\lambda_n y_n^2=y^{\mathrm{T}}\Lambda y$ 以及相应的正交变换 $x=Cy$.

例 2　用正交变换化二次型 $f=4x_1^2+4x_2^2+4x_3^2+4x_1x_2+4x_1x_3+4x_2x_3$ 为标准形.

解　二次型的矩阵为

$$A=\begin{bmatrix}4 & 2 & 2\\ 2 & 4 & 2\\ 2 & 2 & 4\end{bmatrix},$$

故矩阵 A 的特征值方程为

$$|\lambda E-A|=\begin{vmatrix}\lambda-4 & -2 & -2\\ -2 & \lambda-4 & -2\\ -2 & -2 & \lambda-4\end{vmatrix}=(\lambda-2)^2(\lambda-8)=0,$$

所以 A 的特征值为 $\lambda_1=\lambda_2=2,\lambda_3=8$.

对于 $\lambda_1=\lambda_2=2$，解齐次线性方程组 $(2E-A)x=0$，得基础解系

$$\xi_1=\begin{bmatrix}-1\\ 1\\ 0\end{bmatrix},\xi_2=\begin{bmatrix}-1\\ 0\\ 1\end{bmatrix}.$$

因为 ξ_1,ξ_2 不正交，把 ξ_1,ξ_2 正交化，得

$$\eta_1=\begin{bmatrix}-1\\ 1\\ 0\end{bmatrix},\eta_2=\begin{bmatrix}-\frac{1}{2}\\ -\frac{1}{2}\\ 1\end{bmatrix}.$$

对于 $\lambda_3=8$,解齐次线性方程组 $(8\boldsymbol{E}-\boldsymbol{A})\boldsymbol{x}=\boldsymbol{0}$,得基础解系

$$\boldsymbol{\xi}_3=\begin{bmatrix}1\\1\\1\end{bmatrix}.$$

将 $\boldsymbol{\eta}_1,\boldsymbol{\eta}_2,\boldsymbol{\xi}_3$ 单位化,得

$$\boldsymbol{\gamma}_1=\begin{bmatrix}-\frac{1}{\sqrt{2}}\\ \frac{1}{\sqrt{2}}\\ 0\end{bmatrix},\boldsymbol{\gamma}_2=\begin{bmatrix}-\frac{1}{\sqrt{6}}\\ -\frac{1}{\sqrt{6}}\\ \frac{2}{\sqrt{6}}\end{bmatrix},\boldsymbol{\gamma}_3=\begin{bmatrix}\frac{1}{\sqrt{3}}\\ \frac{1}{\sqrt{3}}\\ \frac{1}{\sqrt{3}}\end{bmatrix},$$

于是得正交矩阵

$$\boldsymbol{C}=(\boldsymbol{\gamma}_1,\boldsymbol{\gamma}_2,\boldsymbol{\gamma}_3)=\begin{bmatrix}-\frac{1}{\sqrt{2}} & -\frac{1}{\sqrt{6}} & \frac{1}{\sqrt{3}}\\ \frac{1}{\sqrt{2}} & -\frac{1}{\sqrt{6}} & \frac{1}{\sqrt{3}}\\ 0 & \frac{2}{\sqrt{6}} & \frac{1}{\sqrt{3}}\end{bmatrix}.$$

即通过正交变换

$$\begin{bmatrix}x_1\\x_2\\x_3\end{bmatrix}=\begin{bmatrix}-\frac{1}{\sqrt{2}} & -\frac{1}{\sqrt{6}} & \frac{1}{\sqrt{3}}\\ \frac{1}{\sqrt{2}} & -\frac{1}{\sqrt{6}} & \frac{1}{\sqrt{3}}\\ 0 & \frac{2}{\sqrt{6}} & \frac{1}{\sqrt{3}}\end{bmatrix}\begin{bmatrix}y_1\\y_2\\y_3\end{bmatrix}$$

将二次型化为标准形(注意 $\boldsymbol{\gamma}_1,\boldsymbol{\gamma}_2,\boldsymbol{\gamma}_3$ 与 $\lambda_1,\lambda_2,\lambda_3$ 的次序相对应)

$$f=2y_1^2+2y_2^2+8y_3^2.$$

例 3 (1)已知二次型 $f=ax_1^2+3x_2^2+3x_3^2+4x_2x_3$ 通过正交变换 $\boldsymbol{x}=\boldsymbol{C}\boldsymbol{y}$ 化为标准形 $f=y_1^2+2y_2^2+5y_3^2$,求参数 a 及正交变换矩阵 $\boldsymbol{C}$;

(2)已知二次型 $f=x_1^2+x_2^2+x_3^2+2ax_1x_2+2bx_2x_3+2x_1x_3$ 通过正交变换 $\boldsymbol{x}=\boldsymbol{C}\boldsymbol{y}$ 化为标准形 $f=y_2^2+2y_3^2$,求参数 a,b;

(3)已知二次型 $f=x_1^2+ax_2^2+x_3^2+2x_1x_2-2x_2x_3-2ax_1x_3$ 的正、负惯性指标都是1,求 f.

解 (1)依题意,二次型与其标准形的矩阵分别为

$$A=\begin{bmatrix}a&0&0\\0&3&2\\0&2&3\end{bmatrix},\Lambda=\begin{bmatrix}1&&\\&2&\\&&5\end{bmatrix},$$

且 $C^{-1}AC=\Lambda$. 即矩阵 A 与矩阵 Λ 相似，故 A 与 Λ 有相同的特征值. 而 A 的特征值为 1,2,5，从而有 $\mathrm{Tr}(A)=a+3+3=1+2+5$，解得 $a=2$.

对 $\lambda_1=1,\lambda_2=2,\lambda_3=5$ 分别求得特征向量

$$\xi_1=\begin{bmatrix}0\\1\\-1\end{bmatrix},\xi_2=\begin{bmatrix}1\\0\\0\end{bmatrix},\xi_3=\begin{bmatrix}0\\1\\1\end{bmatrix}.$$

由于特征值互不相同，则 ξ_1,ξ_2,ξ_3 为正交向量组，将它们单位化，得正交矩阵

$$C=\begin{bmatrix}0&1&0\\\frac{1}{\sqrt{2}}&0&\frac{1}{\sqrt{2}}\\-\frac{1}{\sqrt{2}}&0&\frac{1}{\sqrt{2}}\end{bmatrix}.$$

注：本题中参数 a 还可以这样求得：因 $A\sim\Lambda$，则 $|A|=|\Lambda|$，即 $5a=10$，故 $a=2$.

(2)依题意，二次型与其标准形的矩阵分别为

$$A=\begin{bmatrix}1&a&1\\a&1&b\\1&b&1\end{bmatrix},\Lambda=\begin{bmatrix}0&&\\&1&\\&&2\end{bmatrix}.$$

由于 $C^{-1}AC=\Lambda$，即 $A\simeq\Lambda$，所以 A 的特征值为 0,1,2. 由

$$|0E-A|=-(a-b)^2=0,|1E-A|=-2ab=0,$$

得 $a=b=0$.

(3)依题意，二次型的矩阵为

$$A=\begin{bmatrix}1&1&-a\\1&a&-1\\-a&-1&1\end{bmatrix}.$$

由于 $r(A)=p+q=2<3$，故 $|A|=-(a-1)^2(a+2)=0$，即 $a=1$ 或 $a=2$.

若 $a=1$，则 $r(A)=1$ 不合题意，舍去；

若 $a=-2$，由 $|\lambda E-A|=\lambda(\lambda+3)(\lambda-3)=0$，得 A 的特征值为 $0,-3,+3$，即 $p=q=1$，符合题意. 于是

$$f=x_1^2-2x_2^2+x_3^2+2x_1x_2-2x_2x_3+4x_1x_3.$$

由于正交变换不改变曲线的形状，故常把二次型用正交变换化为标准形以确定二次曲面的类型和形状.

例4 设二次曲面S在直角坐标系下的方程为

$$2x_1^2+5x_2^2+5x_3^2+4x_1x_2-4x_1x_3-8x_2x_3=1,$$

试确定曲面的类型以及对称轴(主轴)的方向.

解 曲面S的方程左端是一个三元实二次型

$$f=2x_1^2+5x_2^2+5x_3^2+4x_1x_2-4x_1x_3-8x_2x_3,$$

为确定曲面的类型,将二次型用正交变换化为标准形.

二次型的矩阵为

$$\boldsymbol{A}=\begin{bmatrix}2&2&-2\\2&5&-4\\-2&-4&5\end{bmatrix},$$

由矩阵$\boldsymbol{A}$的特征值方程$|\lambda\boldsymbol{E}-\boldsymbol{A}|=-(\lambda-10)(\lambda-1)^2=0$,得特征值为$\lambda_1=10,\lambda_2=\lambda_3=1$.

对于$\lambda_1=10$,解$(10\boldsymbol{E}-\boldsymbol{A})\boldsymbol{x}=\boldsymbol{0}$,得基础解系$\boldsymbol{\xi}_1=(1,2,-2)^{\mathrm{T}}$;

对于$\lambda_2=\lambda_3=1$,解$(\boldsymbol{E}-\boldsymbol{A})\boldsymbol{x}=\boldsymbol{0}$,得基础解系$\boldsymbol{\xi}_2=(0,1,1)^{\mathrm{T}},\boldsymbol{\xi}_3=(2,0,1)^{\mathrm{T}}$.将$\boldsymbol{\xi}_2,\boldsymbol{\xi}_3$正交化,得

$$\boldsymbol{\eta}_2=\begin{bmatrix}0\\1\\1\end{bmatrix},\boldsymbol{\eta}_3=\begin{bmatrix}2\\-\dfrac{1}{2}\\\dfrac{1}{2}\end{bmatrix};$$

将$\boldsymbol{\xi}_1,\boldsymbol{\eta}_2,\boldsymbol{\eta}_3$单位化,得

$$\boldsymbol{\gamma}_1=\begin{bmatrix}\dfrac{1}{3}\\\dfrac{2}{3}\\-\dfrac{2}{3}\end{bmatrix},\boldsymbol{\gamma}_2=\begin{bmatrix}0\\\dfrac{1}{\sqrt{2}}\\\dfrac{1}{\sqrt{2}}\end{bmatrix},\boldsymbol{\gamma}_3=\begin{bmatrix}\dfrac{2\sqrt{2}}{3}\\-\dfrac{1}{3\sqrt{2}}\\\dfrac{1}{3\sqrt{2}}\end{bmatrix};$$

于是得正交矩阵

$$\boldsymbol{C}=(\boldsymbol{\gamma}_1,\boldsymbol{\gamma}_2,\boldsymbol{\gamma}_3)=\begin{bmatrix}\dfrac{1}{3}&0&\dfrac{2\sqrt{2}}{3}\\\dfrac{2}{3}&\dfrac{1}{\sqrt{2}}&-\dfrac{1}{3\sqrt{2}}\\-\dfrac{2}{3}&\dfrac{1}{\sqrt{2}}&\dfrac{1}{3\sqrt{2}}\end{bmatrix}.$$

故正交变换$\boldsymbol{x}=\boldsymbol{C}\boldsymbol{y}$将二次曲面$S$变为

$$\frac{y_1^2}{\left(\sqrt{\frac{1}{10}}\right)^2}+\frac{y_2^2}{1^2}+\frac{y_3^2}{1^2}=1.$$

可见二次曲面 S 是一个椭球面，三个半轴长分别为 $\frac{1}{\sqrt{\lambda_i}}(i=1,2,3)$，且在原坐标系 $Ox_1x_2x_3$ 下，曲面的三个对称轴（主轴）的方向分别是特征向量 $\boldsymbol{\gamma}_1,\boldsymbol{\gamma}_2,\boldsymbol{\gamma}_3$ 的方向.

正交变换在几何上表示对坐标轴作旋转变换. 在直角坐标系 $Ox_1x_2x_3$ 中，若二次曲面 $f=\boldsymbol{x}^{\mathrm{T}}\boldsymbol{A}\boldsymbol{x}$ 的三个对称轴与坐标轴 x_1,x_2,x_3 不重合，则对坐标轴 x_1,x_2,x_3 作正交变换 $\boldsymbol{x}=\boldsymbol{C}\boldsymbol{y}$，使坐标系 $Ox_1x_2x_3$ 变换为 $Oy_1y_2y_3$. 在新的坐标系 $Oy_1y_2y_3$ 下，坐标轴 y_1,y_2,y_3 与曲面的对称轴重合，从而使曲面方程为标准方程.

在直角坐标系 $Ox_1x_2x_3$ 中，坐标轴 x_1,x_2,x_3 上的单位矢量分别为 $\boldsymbol{e}_1=(1,0,0)^{\mathrm{T}},\boldsymbol{e}_2=(0,1,0)^{\mathrm{T}},\boldsymbol{e}_3=(0,0,1)^{\mathrm{T}}$，它们是 $\mathbf{R}^3$ 的标准正交基. 若设正交矩阵 $\boldsymbol{C}=(\boldsymbol{\gamma}_1,\boldsymbol{\gamma}_2,\boldsymbol{\gamma}_3)$，则 $\boldsymbol{\gamma}_1,\boldsymbol{\gamma}_2,\boldsymbol{\gamma}_3$ 也是 $\mathbf{R}^3$ 的标准正交基. 因 $\boldsymbol{C}\boldsymbol{e}_i=\boldsymbol{\gamma}_i,i=1,2,3$，可知正交变换 $\boldsymbol{x}=\boldsymbol{C}\boldsymbol{y}$ 把标准正交基 $\boldsymbol{e}_1,\boldsymbol{e}_2,\boldsymbol{e}_3$ 变为标准正交基 $\boldsymbol{\gamma}_1,\boldsymbol{\gamma}_2,\boldsymbol{\gamma}_3$，即 $\boldsymbol{A}$ 的标准正交的特征向量 $\boldsymbol{\gamma}_1,\boldsymbol{\gamma}_2,\boldsymbol{\gamma}_3$ 就给出了曲面对称轴的方向.

§5.4　二次型的正定性

在许多实际问题中，需要判断一个 n 元二次型 $f(x_1,x_2,\cdots x_n)=\boldsymbol{x}^{\mathrm{T}}\boldsymbol{A}\boldsymbol{x}$ 是否对一切 $\boldsymbol{x}=(x_1,x_2,\cdots,x_n)^{\mathrm{T}}\neq\mathbf{0}$ 恒取正值或负值，这就是二次型的正定和负定问题.

定义 1　若 n 元二次型 $f=\boldsymbol{x}^{\mathrm{T}}\boldsymbol{A}\boldsymbol{x}$ 对于任意非零的 n 维向量 $\boldsymbol{x}$，恒有 $f=\boldsymbol{x}^{\mathrm{T}}\boldsymbol{A}\boldsymbol{x}>0(<0)$，则称 $f=\boldsymbol{x}^{\mathrm{T}}\boldsymbol{A}\boldsymbol{x}$ 为正定(负定)二次型，并称二次型矩阵 $\boldsymbol{A}$ 为正定(负定)矩阵.

例 1　判断下列二次型的正定性：

(1) $f_1(x_1,x_2,x_3)=x_1^2+2x_2^2+7x_3^2$；

(2) $f_2(x_1,x_2,x_3)=2x_1^2+5x_3^2$；

(3) $f_3(x_1,x_2,x_3)=2x_1^2-3x_2^2+5x_3^2$.

解　(1) 因为对于任意非零的三维向量 $\boldsymbol{x}=(x_1,x_2,x_3)^{\mathrm{T}}$，至少有一个分量 $x_i\neq0(i=1,2,3)$，从而 $f_1(x_1,x_2,x_3)>0$. 即 f_1 为正定二次型.

(2) 由于 $f_2(x_1,x_2,x_3)$ 不含 x_2，则对于非零向量 $\boldsymbol{x}_0=(0,1,0)^{\mathrm{T}}$，有 $f_2(0,1,0)=0$. 因此 f_2 非正定.

(3) 由于 $f_3(x_1,x_2,x_3)$ 中平方项的系数有正，有负，则取两个非零向量 $\boldsymbol{x}_1=(0,1,0)^{\mathrm{T}}$，$\boldsymbol{x}_2=(1,0,0)^{\mathrm{T}}$，有 $f_3(0,1,0)<0,f_3(1,0,0)>0$，所以 f_3 不是正定二次型.

从例 1 可见，对于一个 n 元二次型的标准形，只要其 n 个变量平方项的系数都大于零，则该标准形必正定.

对于一般的 n 元实二次型来说,由第二节定理1,任一实二次型 $f(x_1,x_2,\cdots,x_n)=\boldsymbol{x}^{\mathrm{T}}\boldsymbol{A}\boldsymbol{x}$ 总可以通过可逆线性变换化为标准形. 设 $f(x_1,x_2,\cdots,x_n)=\boldsymbol{x}^{\mathrm{T}}\boldsymbol{A}\boldsymbol{x}$ 通过可逆线性变换 $\boldsymbol{x}=\boldsymbol{P}\boldsymbol{y}$ 化为标准形 $\boldsymbol{y}^{\mathrm{T}}\boldsymbol{\Lambda}\boldsymbol{y}$,即

$$f(x_1,x_2,\cdots,x_n)\xlongequal{\boldsymbol{x}=\boldsymbol{P}\boldsymbol{y}}d_1y_1^2+d_2y_2^2+\cdots+d_ny_n^2.$$

因 $\boldsymbol{P}$ 可逆,则对于任意给定的 $\boldsymbol{x}\neq\boldsymbol{0},\boldsymbol{y}=\boldsymbol{P}^{-1}\boldsymbol{x}\neq\boldsymbol{0}$,即 $\boldsymbol{y}$ 至少有一个分量不为零,从而

$$f(x_1,x_2,\cdots,x_n)\xlongequal{\boldsymbol{x}=\boldsymbol{P}\boldsymbol{y}}d_1y_1^2+d_2y_2^2+\cdots+d_ny_n^2>0\Longleftrightarrow d_i>0,i=1,2,\cdots,n,$$

亦即 $f(x_1,x_2,\cdots,x_n)=\boldsymbol{x}^{\mathrm{T}}\boldsymbol{A}\boldsymbol{x}$ 正定的充要条件是其正惯性指标 p 等于 n. 于是有如下结论:

定理1 n **元实二次型正定的充要条件是其正惯性指标等于** n.

由二次型的惯性定律,一个二次型经过不同的可逆线性变换化成的标准形的正、负惯性指标是唯一确定的. 若二次型 $f(x_1,x_2,\cdots x_n)=\boldsymbol{x}^{\mathrm{T}}\boldsymbol{A}\boldsymbol{x}$ 通过正交变换 $\boldsymbol{x}=\boldsymbol{C}\boldsymbol{y}$ 化为标准形 $\boldsymbol{y}^{\mathrm{T}}\boldsymbol{\Lambda}\boldsymbol{y}$,即

$$f(x_1,x_2,\cdots,x_n)\xlongequal{\boldsymbol{x}=\boldsymbol{C}\boldsymbol{y}}\lambda_1y_1^2+\lambda_2y_2^2+\cdots+\lambda_ny_n^2,$$

则标准形中各变量平方项的系数 $\lambda_1,\lambda_2,\cdots,\lambda_n$ 是 $\boldsymbol{A}$ 的特征值. 由定理1,则 n 元实二次型正定当且仅当二次型矩阵 $\boldsymbol{A}$ 的 n 个特征值都是正数. 故有:

定理2 n **元实二次型正定的充要条件是其矩阵的** n **个特征值都是正数.**

由于二次型 $f=\boldsymbol{x}^{\mathrm{T}}\boldsymbol{A}\boldsymbol{x}$ 正定,则称二次型矩阵 $\boldsymbol{A}$ 正定,故又有:

定理3 n **阶实对称矩阵** $\boldsymbol{A}$ **正定的充要条件是其** n **个特征值都是正数.**

作为惯性定律的一个推论,我们知道,一个二次型经过不同的可逆线性变换化成的规范形是唯一的. 由定理1,n 元实二次型正定的充要条件是其规范形中的 n 个变量平方项的系数都是1. 按照二次型到其规范形的变化过程,n 元实二次型 $f(x_1,x_2,\cdots,x_n)=\boldsymbol{x}^{\mathrm{T}}\boldsymbol{A}\boldsymbol{x}$ 正定等价于二次型 $f(x_1,x_2,\cdots,x_n)=\boldsymbol{x}^{\mathrm{T}}\boldsymbol{A}\boldsymbol{x}$ 通过可逆线性变换 $\boldsymbol{x}=\boldsymbol{P}\boldsymbol{y}$ 化为标准形 $\boldsymbol{y}^{\mathrm{T}}\boldsymbol{\Lambda}\boldsymbol{y}$,再通过可逆线性变换 $\boldsymbol{y}=\boldsymbol{Q}\boldsymbol{z}$ 化为规范形 $\boldsymbol{z}^{\mathrm{T}}\boldsymbol{E}\boldsymbol{z}$,即

$$f(x_1,x_2,\cdots,x_n)=\boldsymbol{x}^{\mathrm{T}}\boldsymbol{A}\boldsymbol{x}\xlongequal{\boldsymbol{x}=\boldsymbol{P}\boldsymbol{y}}\boldsymbol{y}^{\mathrm{T}}(\boldsymbol{P}^{\mathrm{T}}\boldsymbol{A}\boldsymbol{P})\boldsymbol{y}$$

$$\xlongequal{\boldsymbol{y}=\boldsymbol{Q}\boldsymbol{z}}\boldsymbol{z}^{\mathrm{T}}[(\boldsymbol{P}\boldsymbol{Q})^{\mathrm{T}}\boldsymbol{A}(\boldsymbol{P}\boldsymbol{Q})]\boldsymbol{z}=\boldsymbol{z}^{\mathrm{T}}\boldsymbol{E}\boldsymbol{z},$$

其中

$$(\boldsymbol{P}\boldsymbol{Q})^{\mathrm{T}}\boldsymbol{A}(\boldsymbol{P}\boldsymbol{Q})=\boldsymbol{E}.$$

令 $\boldsymbol{P}\boldsymbol{Q}=\boldsymbol{U}$,有

$$\boldsymbol{U}^{\mathrm{T}}\boldsymbol{A}\boldsymbol{U}=\boldsymbol{E}.$$

因 $\boldsymbol{P},\boldsymbol{Q}$ 可逆,则 $\boldsymbol{U}$ 可逆,所以上式表示矩阵 $\boldsymbol{A}$ 合同于单位矩阵 $\boldsymbol{E}$. 故有:

定理4 n **阶实对称矩阵** $\boldsymbol{A}$ **正定的充要条件是存在可逆矩阵** $\boldsymbol{U}$**,使** $\boldsymbol{A}$ **合同于单位矩阵** $\boldsymbol{E}$**,即**

$$U^{T}AU=E. \tag{1}$$

推论 1 n **阶实对称矩阵** A **正定的充要条件是存在可逆矩阵** B**,使** $A=B^{T}B$**.**

证 (必要性)由定理 4,若 A 正定,则存在可逆矩阵 U,使式(1)成立. 式(1)两端左乘以 $(U^{T})^{-1}$,右乘以 U^{-1},得

$$A=(U^{T})^{-1}U^{-1}=(U^{-1})^{T}U^{-1}.$$

令 $B=U^{-1}$,有 $A=B^{T}B$.

(充分性)设 n 元二次型 $f=x^{T}Ax$,由 $A=B^{T}B$,则

$$f=x^{T}Ax=x^{T}(B^{T}B)x=(Bx)^{T}(Bx).$$

因 B 可逆,则对于任意的非零向量 x,$Bx\neq 0$. 设 $Bx=(a_1,a_2,\cdots,a_n)^{T}$,则

$$f=(Bx)^{T}(Bx)=a_1^2+a_2^2+\cdots+a_n^2>0.$$

故 f 为正定二次型,A 为正定矩阵.

推论 2 A **为正定矩阵,则** $|A|>0$**.**

推论 3 A **为正定矩阵,则** A **主对角线上的所有元素为正数,即** $a_{ii}>0,i=1,2,\cdots,n$**.**

例 2 判断二次型 $f(x_1,x_2)=3x_1^2+2x_1x_2+3x_2^2$ 的正定性.

解 (方法一)利用定理 3,求二次型的矩阵 A 的特征值.

由 $A=\begin{bmatrix}3&1\\1&3\end{bmatrix}$,得 $|\lambda E-A|=(\lambda-2)(\lambda-4)$,即 A 的特征值是 $\lambda_1=2,\lambda_2=4$,都大于零,故 A 为正定矩阵,$f(x_1,x_2)=3x_1^2+2x_1x_2+3x_2^2$ 是正定二次型.

(方法二)用配方法化二次型为标准形.

$$\begin{aligned}f(x_1,x_2)&=3x_1^2+2x_1x_2+3x_2^2=3\left(x_1^2+\frac{2}{3}x_1x_2+\frac{1}{9}x_2^2\right)-\frac{1}{3}x_2^2+3x_2^2\\&=3\left(x_1+\frac{1}{3}x_2\right)^2+\frac{8}{3}x_2^2,\end{aligned}$$

令 $y_1=x_1+\frac{1}{3}x_2,y_2=x_2$ 得

$$f=3y_1^2+\frac{8}{3}y_2^2,$$

f 的正惯性指标 $p=2=n$,故 f 为正定二次型.

例 3 判断下列二次型的正定性:

(1) $f(x_1,x_2,x_3)=x_1^2+5x_2^2+x_3^2+2x_1x_2+4x_2x_3$;

(2) $f(x_1,x_2,x_3)=x_1^2+x_2^2+2x_1x_3$.

解 (1)二次型的矩阵为

$$A=\begin{bmatrix}1&1&0\\1&5&2\\0&2&1\end{bmatrix},$$

而 $|\boldsymbol{A}|=0$. 由定理 4 之推论 2,$\boldsymbol{A}$ 为非正定矩阵,从而该二次型为非正定二型.

(2)二次型的矩阵为

$$\boldsymbol{A}=\begin{bmatrix}1&0&1\\0&1&0\\1&0&0\end{bmatrix},$$

由于 $\boldsymbol{A}$ 的主对角线上的元素含有 0,由定理 4 之推论 3,$\boldsymbol{A}$ 为非正定矩阵,从而该二次型为非正定二次型.

我们看到,判断二次型的正定性,无论是利用惯性指标还是特征值都是比较麻烦的.为此,下面给出矩阵的顺序主子式的定义,应用顺序主子式来判定二次型的正定性.

定义 2 设 $\boldsymbol{A}=(a_{ij})$ 为 n 阶实对称矩阵,沿 $\boldsymbol{A}$ 的主对角线自左上到右下顺序地取 $\boldsymbol{A}$ 的前 k 行 k 列元素构成的行列式,称为 $\boldsymbol{A}$ 的 k 阶顺序主子式,记为 Δ_k,即

$$\Delta_k=\begin{vmatrix}a_{11}&a_{12}&\cdots&a_{1k}\\a_{21}&a_{22}&\cdots&a_{2k}\\\vdots&\vdots&\ddots&\vdots\\a_{k1}&a_{k2}&\cdots&a_{kk}\end{vmatrix},k=1,2,\cdots,n.$$

定理 5 霍尔维茨(Sylvester)定理 n **阶实对称矩阵** $\boldsymbol{A}$ **正定的充要条件是** $\boldsymbol{A}$ **的各阶顺序主子式都大于零(证明略).**

例 4 判断二次型 $f(x_1,x_2,x_3)=x_1^2+2x_2^2+3x_3^2-2x_1x_2+2x_2x_3$ 的正定性.

解 二次型 f 的矩阵为

$$\boldsymbol{A}=\begin{bmatrix}1&-1&0\\-1&2&1\\0&1&3\end{bmatrix},$$

它的三个顺序主子式分别为

$$\Delta_1=|1|=1>0,\Delta_2=\begin{vmatrix}1&-1\\-1&2\end{vmatrix}=1>0,\Delta_3=|\boldsymbol{A}|=2>0,$$

故 $\boldsymbol{A}$ 为正定矩阵,从而 f 为正定二次型.

例 5 求 t 的取值范围,使二次型 $f(x_1,x_2,x_3)=x_1^2+x_2^2+5x_3^2+2tx_1x_2-2x_1x_3+4x_2x_3$ 为正定二次型.

解 二次型 f 的矩阵为

$$\boldsymbol{A}=\begin{bmatrix}1&t&-1\\t&1&2\\-1&2&5\end{bmatrix}.$$

由定理 5,二次型 f 正定的充要条件是它的三个顺序主子式都大于零,即

$$\Delta_1=|1|=1>0,\Delta_2=\begin{vmatrix}1 & t\\ t & 1\end{vmatrix}=1-t^2>0,\Delta_3=|\boldsymbol{A}|=-5t^2-4t>0.$$

解联立不等式

$$\begin{cases}t^2-1<0,\\ t(5t+4)<0.\end{cases}$$

得 $-\frac{4}{5}<t<0$,即当 $-\frac{4}{5}<t<0$ 时,f 为正定二次型.

例 6 $\boldsymbol{A},\boldsymbol{B}$ 均为 n 阶正定矩阵,判断 $\boldsymbol{A}+\boldsymbol{B}$ 的正定性.

解 因 $\boldsymbol{A},\boldsymbol{B}$ 为正定矩阵,故 $\boldsymbol{A},\boldsymbol{B}$ 都为实对称矩阵,所以 $(\boldsymbol{A}+\boldsymbol{B})^{\mathrm{T}}=\boldsymbol{A}^{\mathrm{T}}+\boldsymbol{B}^{\mathrm{T}}=\boldsymbol{A}+\boldsymbol{B}$,即 $\boldsymbol{A}+\boldsymbol{B}$ 是实对称矩阵.

对于任意的 n 维非零向量 $\boldsymbol{x}$,由于 $\boldsymbol{A},\boldsymbol{B}$ 均为正定矩阵,则 $\boldsymbol{x}^{\mathrm{T}}\boldsymbol{A}\boldsymbol{x}>0,\boldsymbol{x}^{\mathrm{T}}\boldsymbol{B}\boldsymbol{x}>0$,于是

$$\boldsymbol{x}^{\mathrm{T}}(\boldsymbol{A}+\boldsymbol{B})\boldsymbol{x}=\boldsymbol{x}^{\mathrm{T}}\boldsymbol{A}\boldsymbol{x}+\boldsymbol{x}^{\mathrm{T}}\boldsymbol{B}\boldsymbol{x}>0,$$

即二次型 $\boldsymbol{x}^{\mathrm{T}}(\boldsymbol{A}+\boldsymbol{B})\boldsymbol{x}$ 正定,所以 $\boldsymbol{A}+\boldsymbol{B}$ 为正定矩阵.

例 7 已知 $\boldsymbol{A},\boldsymbol{A}-\boldsymbol{E}$ 都是 n 阶正定矩阵,证明 $\boldsymbol{E}-\boldsymbol{A}^{-1}$ 是正定矩阵.

证 因 $\boldsymbol{A}$ 为正定矩阵,则 $\boldsymbol{A}$ 为实对称矩阵,所以

$$(\boldsymbol{E}-\boldsymbol{A}^{-1})^{\mathrm{T}}=\boldsymbol{E}^{\mathrm{T}}-(\boldsymbol{A}^{-1})^{\mathrm{T}}=\boldsymbol{E}-(\boldsymbol{A}^{\mathrm{T}})^{-1}=\boldsymbol{E}-\boldsymbol{A}^{-1},$$

即 $\boldsymbol{E}-\boldsymbol{A}^{-1}$ 是实对称矩阵.

设 $\boldsymbol{A}$ 的特征值为 $\lambda_1,\lambda_2,\cdots,\lambda_n$,则 $\boldsymbol{A}-\boldsymbol{E}$ 的特征值为 $\lambda_1-1,\lambda_2-1,\cdots,\lambda_n-1$,$\boldsymbol{E}-\boldsymbol{A}^{-1}$ 的特征值为 $1-\frac{1}{\lambda_1},1-\frac{1}{\lambda_2},\cdots,1-\frac{1}{\lambda_n}$.

由于 $\boldsymbol{A},\boldsymbol{A}-\boldsymbol{E}$ 皆为正定矩阵,由定理 2,$\lambda_i>0,\lambda_i-1>0$,故 $1-\frac{1}{\lambda_i}=\frac{\lambda_i-1}{\lambda_i}>0(i=1,2,\cdots,n)$. 所以 $\boldsymbol{E}-\boldsymbol{A}^{-1}$ 是正定矩阵.

上面给出的均是二次型正定的有关定理,对负定的二次型 $\boldsymbol{x}^{\mathrm{T}}\boldsymbol{A}\boldsymbol{x}$,由于 $\boldsymbol{x}^{\mathrm{T}}(-\boldsymbol{A})\boldsymbol{x}$ 为正定二次型,因此可得到二次型负定的有关定理.

定理 6 n 元实二次型 $\boldsymbol{x}^{\mathrm{T}}\boldsymbol{A}\boldsymbol{x}$ 负定的充要条件是下列条件之一满足:

(1)$\boldsymbol{x}^{\mathrm{T}}\boldsymbol{A}\boldsymbol{x}$ 的负惯性指标等于 n;

(2)$\boldsymbol{x}^{\mathrm{T}}\boldsymbol{A}\boldsymbol{x}$ 的矩阵 $\boldsymbol{A}$ 的 n 个特征值都是负数;

(3)$\boldsymbol{x}^{\mathrm{T}}\boldsymbol{A}\boldsymbol{x}$ 的矩阵 $\boldsymbol{A}$ 的奇数阶顺序主子式为负,偶数阶顺序主子式为正;

(4)存在可逆矩阵 $\boldsymbol{U}$,使 $\boldsymbol{A}$ 合同于 $-\boldsymbol{E}$,即 $\boldsymbol{U}^{\mathrm{T}}\boldsymbol{A}\boldsymbol{U}=-\boldsymbol{E}$.

□ 习题五

1. 判断下列命题是否正确并说明理由.

(1)向量的内积仍是向量；

(2)正交向量组一定是线性无关的向量组；

(3)若 $\boldsymbol{\alpha}$ 与 $\boldsymbol{\alpha}_1,\boldsymbol{\alpha}_2$ 正交，则 $\boldsymbol{\alpha}$ 与 $\boldsymbol{\alpha}_1,\boldsymbol{\alpha}_2$ 的任一线性组合也正交；

(4)n 维向量空间中的正交向量组所包含向量的个数至多等于 n；

(5)$\boldsymbol{\varepsilon}_1=(\cos\theta,-\sin\theta)^{\mathrm{T}},\boldsymbol{\varepsilon}_2=(\sin\theta,\cos\theta)^{\mathrm{T}}$ 是 $\mathbf{R}^2$ 中的标准正交基；

(6)正交矩阵行列式的值只能是 ±1；

(7)若 $\boldsymbol{A}$ 是正交矩阵，则 $\boldsymbol{A}^{\mathrm{T}},\boldsymbol{A}^{-1}$ 及 $\boldsymbol{A}$ 的伴随矩阵 $\boldsymbol{A}^*$ 也是正交矩阵；

(8)正交矩阵的行向量组和列向量组都是标准正交向量组.

2. 设 $\boldsymbol{\alpha}=(1,2,-1,1)^{\mathrm{T}},\boldsymbol{\beta}=(2,3,1,-1)^{\mathrm{T}}$，求

(1)$(\boldsymbol{\alpha},\boldsymbol{\beta}),(3\boldsymbol{\alpha}-2\boldsymbol{\beta},2\boldsymbol{\alpha}-3\boldsymbol{\beta})$；(2)$|\boldsymbol{\alpha}|,|\boldsymbol{\beta}|$；(3)$\boldsymbol{\alpha}$ 与 $\boldsymbol{\beta}$ 的夹角.

3. 设 $\boldsymbol{\alpha},\boldsymbol{\beta}\in\mathbf{R}^n$，证明：

(1)$|\boldsymbol{\alpha}+\boldsymbol{\beta}|^2+|\boldsymbol{\alpha}-\boldsymbol{\beta}|^2=2(|\boldsymbol{\alpha}|^2+|\boldsymbol{\beta}|^2)$；

(2)$|\boldsymbol{\alpha}|=|\boldsymbol{\beta}|$，则 $(\boldsymbol{\alpha}+\boldsymbol{\beta},\boldsymbol{\alpha}-\boldsymbol{\beta})=0$.

4. 下列矩阵是否为正交矩阵？

$$(1)\begin{bmatrix}1&-\frac{1}{2}&\frac{1}{3}\\-\frac{1}{2}&1&\frac{1}{2}\\\frac{1}{3}&\frac{1}{2}&-1\end{bmatrix};(2)\begin{bmatrix}\frac{1}{9}&-\frac{8}{9}&-\frac{4}{9}\\-\frac{8}{9}&\frac{1}{9}&-\frac{4}{9}\\-\frac{4}{9}&-\frac{4}{9}&\frac{7}{9}\end{bmatrix}.$$

5. 设 $\boldsymbol{A}$ 是实反对称矩阵，证明 $(\boldsymbol{E}-\boldsymbol{A})(\boldsymbol{E}+\boldsymbol{A})^{-1}$ 是正交矩阵.

6. 证明(1)设 $\boldsymbol{A}$ 是正交矩阵，若 $|\boldsymbol{A}|=-1$，则 $\boldsymbol{A}$ 一定有特征值 -1；

(2)设 $\boldsymbol{A}$ 是奇数阶正交矩阵，若 $|\boldsymbol{A}|=1$，则 $\boldsymbol{A}$ 一定有特征值 1.

7. 设 $\boldsymbol{\eta}_1,\boldsymbol{\eta}_2,\boldsymbol{\eta}_3$ 是 $\mathbf{R}^3$ 的标准正交基，证明 $\boldsymbol{\alpha}_1=\frac{1}{3}(2\boldsymbol{\eta}_1+2\boldsymbol{\eta}_2-\boldsymbol{\eta}_3),\boldsymbol{\alpha}_2=\frac{1}{3}(2\boldsymbol{\eta}_1-\boldsymbol{\eta}_2+2\boldsymbol{\eta}_3),\boldsymbol{\alpha}_3=\frac{1}{3}(\boldsymbol{\eta}_1-2\boldsymbol{\eta}_2-2\boldsymbol{\eta}_3)$ 是一个标准正交基.

8. 求与向量 $\boldsymbol{\alpha}_1=(1,1,1,1)$ 和 $\boldsymbol{\alpha}_2=(1,0,1,1)$ 均正交的向量.

9. 把下列向量组用 Schmidt 正交化方法化为标准正交向量组.

(1)$\boldsymbol{\alpha}_1=(1,0,1)^{\mathrm{T}},\boldsymbol{\alpha}_2=(1,1,0)^{\mathrm{T}},\boldsymbol{\alpha}_3=(0,1,1)^{\mathrm{T}}$；

(2)$\boldsymbol{\alpha}_1=(1,1,0,0)^{\mathrm{T}},\boldsymbol{\alpha}_2=(1,0,0,-1)^{\mathrm{T}},\boldsymbol{\alpha}_3=(1,1,1,1)^{\mathrm{T}}$.

10. 求齐次线性方程组

$$\begin{cases}x_1-x_2-x_3+x_4=0,\\x_1-x_2+x_3-3x_4=0,\\x_1-x_2-2x_3+3x_4=0.\end{cases}$$

解空间的一组标准正交基.

11. 判断下列命题是否正确并说明理由.

(1)$f(x_1,x_2)=x_1^2+2x_2^2+3x_1x_2+4x_1+5x_2$ 是二次型；

(2)$\boldsymbol{A}$ 是 3 阶实对称矩阵，$\boldsymbol{x}=(x_1,x_2,x_3)^{\mathrm{T}}$，则 $\boldsymbol{x}^{\mathrm{T}}\boldsymbol{A}\boldsymbol{x}$ 是二次型；

(3)等价的矩阵有相同的秩，但相似的矩阵以及合同的矩阵未必有相同的秩；

(4)相似或合同的矩阵必等价；

(5)合同的矩阵未必相似，相似的矩阵也未必合同；

(6)合同变换把实对称矩阵仍变为实对称矩阵；

(7)n 阶方阵经相似变换未必能化为对角矩阵，而 n 阶实对称矩阵必能通过相似变换化为对角矩阵；

(8)任一实对称矩阵必合同于对角矩阵，即任一二次型都可以通过可逆线性变换化为标准形；

(9)可逆线性变换不改变二次型的秩；

(10)二次型通过不同的可逆线性变换化成的标准形是唯一的.

12. 写出下列二次型的矩阵形式，并求该二次型的秩.

(1)$f=x_1^2+2x_2^2-2x_3^2-4x_1x_2-4x_2x_3$；

(2)$f=x_1^2+x_2^2+x_3^2+x_4^2+2x_1x_2+2x_2x_3+2x_3x_4$.

13. 用配方法化二次型为标准形.

(1)$f=x_1^2+2x_2^2+x_3^2+2x_1x_2+2x_1x_3+4x_2x_3$；

(2)$f=2x_1x_2+x_1x_3-x_2x_3$.

14. 用合同变换化二次型为标准形.

(1)$f=x_1^2-3x_2x_3+5x_1x_3$；

(2)$f=2x_1x_2+x_1x_3-x_2x_3$.

15. 判断下列命题是否正确并说明理由.

(1)正交变换不改变向量的长度但会改变向量间的夹角；

(2)对于任一实对称矩阵 $\boldsymbol{A}$，必存在正交矩阵 $\boldsymbol{P}$，使 $\boldsymbol{P}^{\mathrm{T}}\boldsymbol{A}\boldsymbol{P}=\boldsymbol{P}^{-1}\boldsymbol{A}\boldsymbol{P}=\boldsymbol{\Lambda}$，即实对称矩阵 $\boldsymbol{A}$ 既合同又相似于对角矩阵；

(3)任一 n 阶方阵的不同的特征值所对应的特征向量线性无关，而 n 阶实对称矩阵的不同的特征值所对应的特征向量线性无关且正交；

(4)若二次型 $f=\boldsymbol{x}^{\mathrm{T}}\boldsymbol{A}\boldsymbol{x}$ 对于某一非零的 n 维向量 $\boldsymbol{x}$，有 $f=\boldsymbol{x}^{\mathrm{T}}\boldsymbol{A}\boldsymbol{x}=0$，则该二次型既不是正定也不是负定的.

(5)一个二次型，若不正定则必负定；

(6)n 元实二次型正定的充要条件是其负惯性指标等于 0；

(7)n 元实二次型正定的充要条件是其正惯性指标等于二次型的秩.

(8)n 阶实对称矩阵 $\boldsymbol{A}$ 正定的充要条件是其 n 个特征值非负；

(9)若 $|\boldsymbol{A}|\leqslant 0$，则 $\boldsymbol{A}$ 必不正定；

(10)若 $\boldsymbol{A}$ 主对角线上的元素不全为正，则 $\boldsymbol{A}$ 必不正定.

16. 求正交矩阵，将下列实对称矩阵化为对角矩阵.

(1)$\begin{bmatrix}1&2&2\\2&1&2\\2&2&1\end{bmatrix}$；(2)$\begin{bmatrix}1&-2&2\\-2&-2&4\\2&4&-2\end{bmatrix}$.

17. 用正交变换化下列二次型为标准形.

(1) $f=2x_1^2+2x_2^2-2x_1x_2$;

(2) $f=x_1^2+4x_2^2+4x_3^2-4x_1x_2+4x_1x_3-8x_2x_3$;

(3) $f=2x_1x_2+2x_1x_3-2x_1x_4-2x_2x_3+2x_3x_4+2x_2x_4$.

18. 把曲线 $x_1^2+x_2^2+6x_1x_2=1$ 用正交变换化为标准曲线,并指出该曲线的类型.

19. 三阶实对称矩阵 $\boldsymbol{A}$ 的特征值是 $-1,1,1$,特征值 -1 对应的特征向量为 $(0,1,1)^{\mathrm{T}}$,求矩阵 $\boldsymbol{A}$ 及特征值1对应的特征向量.

20. 判断下列二次型的正定性.

(1) $f=10x_1^2+4x_2^2+x_3^2+2x_1x_2-2x_2x_3-4x_1x_3$;

(2) $f=-5x_1^2-6x_2^2-4x_3^2+4x_1x_2+4x_1x_3$;

(3) $f=2x_1^2+x_2^2-4x_1x_2-4x_2x_3$.

21. 判断下列矩阵的正定性.

(1) $\begin{bmatrix}5 & 2 & -4\\ 2 & 1 & -2\\ -4 & -2 & 5\end{bmatrix}$;(2) $\begin{bmatrix}6 & 2 & 1\\ 2 & -6 & 0\\ 1 & 0 & -6\end{bmatrix}$.

22. t 取何值时,矩阵 $\begin{bmatrix}1 & 1 & 2\\ 1 & t & 0\\ 2 & 0 & t\end{bmatrix}$ 是正定的?

23. 求 t 的取值范围,使二次型 $f(x_1,x_2,x_3)=x_1^2+4x_2^2+4x_3^2+2tx_1x_2-2x_1x_3+4x_2x_3$ 为正定二次型.

24. 设 $\boldsymbol{A}$ 是 n 阶正定矩阵,证明:

(1) $\boldsymbol{A}^{-1}$ 是正定矩阵;

(2) 若 $\boldsymbol{M}$ 是 n 阶可逆方阵,则 $\boldsymbol{M}^{\mathrm{T}}\boldsymbol{AM}$ 也是正定矩阵.

25. 设 $\boldsymbol{A}=(a_{ij})$ 是 n 阶正定矩阵,证明 $a_{ii}>0, i=1,2,\cdots,n$.

□ 综合练习题五

1. 填空题

(1) 二次型 $f=-4x_1x_2+2x_2x_3+2x_1x_3$ 的矩阵是________,二次型的秩为________.

(2) 二次型 $f(x_1,x_2,x_3)=x_1^2+4x_2^2+2x_3^2+2tx_1x_2+2x_1x_3$ 为正定二次型,则 t 应满足不等式________.

(3) 矩阵 $\begin{bmatrix}1 & 1 & 0\\ 1 & t & 0\\ 0 & 0 & t^2\end{bmatrix}$ 正定,则 t 满足条件________.

(4) 实二次型 $f(x_1,x_2,x_3)=-x_1^2+4x_2^2-2x_3^2$ 的秩为________,正惯性指标为________,负惯性指标为________,符号差是________.

(5)实二次型 $f(x_1,x_2,x_3)=x_2^2+2x_1x_3$ 的负惯性指标为________.

(6)若实对称矩阵 $\boldsymbol{A}$ 与 $\boldsymbol{B}=\begin{bmatrix}1&0&0\\0&-1&2\\0&2&2\end{bmatrix}$ 合同,则二次型 $f=\boldsymbol{x}^{\mathrm{T}}\boldsymbol{A}\boldsymbol{x}$ 的规范形为________.

(7)设 $\boldsymbol{A}$ 是实对称可逆矩阵,则将 $f=\boldsymbol{x}^{\mathrm{T}}\boldsymbol{A}\boldsymbol{x}$ 变为 $f=\boldsymbol{y}^{\mathrm{T}}\boldsymbol{A}^{-1}\boldsymbol{y}$ 的线性变换为________.

(8)设 n 阶实对称矩阵 $\boldsymbol{A}$ 的特征值分别为 $1,2,\cdots,n$,则当 $t=$________时,$t\boldsymbol{E}-\boldsymbol{A}$ 为正定矩阵.

(9)$f(x_1,x_2,x_3)=x_1^2+tx_2^2+4x_3^2-4x_1x_2+4x_2x_3$ 当 $f=1$ 时是椭球面,则 $t=$________.

(10)设 $\boldsymbol{A}$ 是秩为 2 的三阶实对称矩阵,且 $\boldsymbol{A}^2+5\boldsymbol{A}=\boldsymbol{O}$,则 $\boldsymbol{A}$ 的特征值为________.

2.选择题

(1)$\boldsymbol{A},\boldsymbol{B}$ 均为 n 阶实对称矩阵,则 $\boldsymbol{A},\boldsymbol{B}$ 合同的充要条件是________.

(a)$\boldsymbol{A},\boldsymbol{B}$ 有相同的特征值;(b)$\boldsymbol{A},\boldsymbol{B}$ 有相同的秩;

(c)$\boldsymbol{A},\boldsymbol{B}$ 有相同的行列式;(d)$\boldsymbol{A},\boldsymbol{B}$ 有相同的正负惯性指标.

(2)与矩阵 $\boldsymbol{A}=\begin{bmatrix}-2&0&0\\0&1&0\\0&0&5\end{bmatrix}$ 合同的矩阵是________.

(a)$\begin{bmatrix}-2&0&0\\0&-1&0\\0&0&5\end{bmatrix}$;(b)$\begin{bmatrix}1&0&0\\0&-5&0\\0&0&-2\end{bmatrix}$;

(c)$\begin{bmatrix}-2&0&0\\0&1&0\\0&0&1\end{bmatrix}$; (d)$\begin{bmatrix}2&0&0\\0&1&0\\0&0&5\end{bmatrix}$

(3)与矩阵 $\boldsymbol{A}=\begin{bmatrix}1&0&0\\0&-1&2\\0&2&2\end{bmatrix}$ 合同的矩阵是________.

(a)$\begin{bmatrix}1&0&0\\0&-1&0\\0&0&0\end{bmatrix}$; (b)$\begin{bmatrix}1&0&0\\0&1&0\\0&0&-1\end{bmatrix}$;

(c)$\begin{bmatrix}1&0&0\\0&-1&0\\0&0&-1\end{bmatrix}$;(d)$\begin{bmatrix}-1&0&0\\0&-1&0\\0&0&-1\end{bmatrix}$.

(4)设 $\boldsymbol{A}=\begin{bmatrix}1&1&1&1\\1&1&1&1\\1&1&1&1\\1&1&1&1\end{bmatrix}$,$\boldsymbol{B}=\begin{bmatrix}4&0&0&0\\0&0&0&0\\0&0&0&0\\0&0&0&0\end{bmatrix}$,则 $\boldsymbol{A}$ 与 $\boldsymbol{B}$ ________.

(a)合同且相似； (b)合同但不相似；

(c)不合同但相似；(d)不合同也不相似.

(5)二次型 $f=\boldsymbol{x}^{\mathrm{T}}\boldsymbol{A}\boldsymbol{x}$ 正定的充要条件是________.

(a)负惯性指标为 0； (b)存在可逆矩阵 $\boldsymbol{P}$，使 $\boldsymbol{P}^{-1}\boldsymbol{A}\boldsymbol{P}=\boldsymbol{E}$；

(c)$\boldsymbol{A}$ 的特征值全大于零；(d)存在 n 阶矩阵 $\boldsymbol{C}$，使 $\boldsymbol{A}=\boldsymbol{C}^{\mathrm{T}}\boldsymbol{C}$.

(6)下列矩阵中，正定的是________.

(a)$\begin{bmatrix}1&2&-3\\2&7&5\\-3&5&0\end{bmatrix}$；(b)$\begin{bmatrix}1&2&-3\\2&4&5\\-3&5&7\end{bmatrix}$；

(c)$\begin{bmatrix}5&2&0\\2&6&-3\\0&-3&-1\end{bmatrix}$；(d)$\begin{bmatrix}5&-2&0\\-2&6&-2\\0&-2&4\end{bmatrix}$.

(7)设 $\boldsymbol{A},\boldsymbol{B}$ 为 n 阶正定矩阵，则________是正定矩阵.

(a)$\boldsymbol{A}^*+\boldsymbol{B}^*$；(b)$\boldsymbol{A}^*-\boldsymbol{B}^*$；

(c)$\boldsymbol{A}^*\boldsymbol{B}^*$； (d)$k_1\boldsymbol{A}^*+k_2\boldsymbol{B}^*$.

(8)$\boldsymbol{A}$ 为三阶实对称矩阵，若对任一三维列向量 $\boldsymbol{x}$，都有 $\boldsymbol{x}^{\mathrm{T}}\boldsymbol{A}\boldsymbol{x}=\boldsymbol{0}$，则________.

(a)$|\boldsymbol{A}|=0$；(b)$|\boldsymbol{A}|>0$；

(c)$|\boldsymbol{A}|<0$；(d)以上都不对.

(9)设 $\boldsymbol{A},\boldsymbol{B}$ 都是 n 阶实对称矩阵且正定，则 $\boldsymbol{A}\boldsymbol{B}$ 是________.

(a)实对称矩阵；(b)正定矩阵；(c)可逆矩阵；(d)正交矩阵.

(10)n 阶实对称矩阵 $\boldsymbol{A}$ 正定的充要条件是________.

(a)所有 k 阶子式为正值($k=1,2,\cdots,n$)；

(b)$\boldsymbol{A}$ 的所有特征值非负；

(c)$\boldsymbol{A}^{-1}$ 为正定矩阵；

(d)$\boldsymbol{A}$ 的秩等于 n.

3. 已知 $\boldsymbol{\alpha}_1=(1,2,0,-1)^{\mathrm{T}}$，$\boldsymbol{\alpha}_2=(0,1,-1,0)^{\mathrm{T}}$，$\boldsymbol{\alpha}_3=(2,1,3,-2)^{\mathrm{T}}$，将其扩充为 $\mathbf{R}^4$ 的一个标准正交基.

4. 设 $\boldsymbol{B}$ 为秩为 2 的 5×4 矩阵，向量 $\boldsymbol{\alpha}_1=(1,1,2,3)^{\mathrm{T}}$，$\boldsymbol{\alpha}_2=(-1,1,4,-1)^{\mathrm{T}}$，$\boldsymbol{\alpha}_3=(5,-1,-8,9)^{\mathrm{T}}$ 是齐次线性方程组 $\boldsymbol{B}\boldsymbol{x}=\boldsymbol{0}$ 的解向量，求 $\boldsymbol{B}\boldsymbol{x}=\boldsymbol{0}$ 解空间的一个标准正交基.

5. $\boldsymbol{\alpha}=(a_1,a_2,\cdots,a_n)^{\mathrm{T}}$ 是非零的 n 维列向量，且 $\boldsymbol{\alpha}^{\mathrm{T}}\boldsymbol{\alpha}=1$，证明 $\boldsymbol{A}=\boldsymbol{E}-2\boldsymbol{\alpha}\boldsymbol{\alpha}^{\mathrm{T}}$ 是对称矩阵且是正交矩阵.

6. 设 $\boldsymbol{A}$ 为正交矩阵，证明 $\boldsymbol{B}=\dfrac{1}{\sqrt{2}}\begin{bmatrix}\boldsymbol{A}&\boldsymbol{A}\\-\boldsymbol{A}&\boldsymbol{A}\end{bmatrix}$ 是正交矩阵.

7. 已知 3 阶实对称矩阵 $\boldsymbol{A}$ 满足 $\boldsymbol{A}^3-\boldsymbol{A}-6\boldsymbol{E}=\boldsymbol{O}$，求矩阵 $\boldsymbol{A}$.

8. 求二次型 $f(x_1,x_2,x_3)=(x_1+x_2)^2+(x_2-x_3)^2+(x_3+x_1)^2$ 的正负惯性指标，并指出方程 $f(x_1,x_2,x_3)=1$ 表示何种二次曲面.

9. 已知二次型 $f(x_1,x_2,x_3)=5x_1^2+5x_2^2+cx_3^2-2x_1x_2+6x_1x_3-6x_2x_3$ 的秩为 2.

(1)求参数 c 及二次型的矩阵的特征值；

(2)指出方程 $f(x_1,x_2,x_3)=1$ 表示何种二次曲面.

10. 已知二次曲面方程 $x^2+ay^2+z^2+2bxy+2xz+2yz=4$ 经正交变换 $\begin{bmatrix} x \\ y \\ z \end{bmatrix}=\boldsymbol{P}\begin{bmatrix} \xi \\ \eta \\ \zeta \end{bmatrix}$ 化为椭圆柱面方程 $\eta^2+4\zeta^2=4$,求 a,b 及正交矩阵 $\boldsymbol{P}$.

11. 设矩阵 $\boldsymbol{A}=\begin{bmatrix} 1 & 1 & a \\ 1 & a & 1 \\ a & 1 & 1 \end{bmatrix}$,$\boldsymbol{\beta}=\begin{bmatrix} 1 \\ 1 \\ -2 \end{bmatrix}$,已知线性方程组 $\boldsymbol{Ax}=\boldsymbol{\beta}$ 有解但不唯一,求：

(1)a;(2)正交矩阵 $\boldsymbol{P}$,使 $\boldsymbol{P}^{\mathrm{T}}\boldsymbol{AP}$ 为对角矩阵.

12. 设 $\boldsymbol{A}$ 是 n 阶正定矩阵,证明 $|\boldsymbol{E}+\boldsymbol{A}|>1$.

13. 设 $\boldsymbol{A}$ 是 n 阶实对称矩阵,$\boldsymbol{A}^3-3\boldsymbol{A}^2+5\boldsymbol{A}-3\boldsymbol{E}=\boldsymbol{O}$,证明 $\boldsymbol{A}$ 正定.

14. 设 $\boldsymbol{A}$ 是 n 阶实对称矩阵,$\boldsymbol{AB}+\boldsymbol{B}^{\mathrm{T}}\boldsymbol{A}$ 是正定矩阵,证明 $\boldsymbol{A}$ 可逆.

习题和综合练习题参考答案

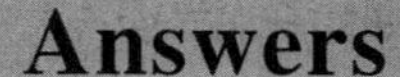

习 题 一

1. (1) 2，偶排列；(2) 5，奇排列；(3) 17，奇排列；(4) $\frac{n(n-1)}{2}$，当 $n=4k$ 或 $4k+1$ 时，为偶排列；当 $n=4k+2$ 或 $4k+3$ 时，为奇排列.

2. (1) -4；(2) 8；(3) $1+a+b+c$；(4) $-2(a^3+b^3)$.

4. (1) $x_1=-1, x_2=2$；(2) $x=a\cos\theta+b\sin\theta, y=b\cos\theta-a\sin\theta$；(3) $x_1=1, x_2=2, x_3=1$；(4) $x_1=1, x_2=0, x_3=1$.

5. (1) 可以；(2) 不可以；(3) 可以；(4) 不可以.

6. (1) 负号；(2) 正号.

7. -1.

8. $a_{11}a_{23}a_{34}a_{42}, a_{12}a_{23}a_{31}a_{44}, a_{14}a_{23}a_{32}a_{41}$.

9. (1) 0；(2) $(-1)^{\frac{n(n-1)}{2}}a_{1n}a_{2\,n-1}\cdots a_{n1}$.

11. (1) -8；(2) -27；(3) 26；(4) 0；(5) $-2(n-2)!$；(6) -10；(7) $\lambda^{n-1}\left(\lambda+\sum_{i=1}^{n}a_i\right)$.

12. (1) $x_1=3, x_2=4, x_3=51$；(2) $x_1=2, x_2=-2, x_3=3$；(3) $x_1=3, x_2=-4, x_3=-1, x_4=1$；(4) $x_1=3, x_2=0, x_3=-1, x_4=2$.

综合练习题一

1. (1) $\frac{n(n+1)}{2}$；(2) $a_{14}a_{23}a_{31}a_{42}$；(3) 4；(4) 0；(5) 1，2；(6) $(-1)^{\frac{n(n-1)}{2}}$；(7) 0；(8) $3M$；(9) 1，-1；(10) $(-1)^n a$

2. (1) 错；(2) 错.

3. (1) 0；(2) -1.

4. (1) 1；(2) $a_2a_3a_4\left(a_1-\sum_{i=2}^{4}\frac{1}{a_i}\right)$；(3) x^4；(4) $-2\,003!$；(5) $2n!$；(6) $a_1x^{n-1}+a_2x^{n-2}+\cdots+a_{n-1}x+a_n$.

5. $x_1=0, x_2=1, x_3=2, \cdots, x_{n-1}=n-2$.

7. (1) $x_1=1, x_2=2, x_3=3, x_4=-1$；(2) $x_1=\frac{1\,507}{665}, x_2=-\frac{1\,145}{665}, x_3=\frac{703}{665}, x_4=-\frac{395}{665}, x_5=\frac{212}{665}$.

习 题 二

2. $x=2, y=0, z=0$.

3. (1) $\begin{bmatrix} 1 & 0 \\ 5 & 2 \end{bmatrix}$; (2) $\begin{bmatrix} 1 & 6 & 7 \\ -4 & 8 & 1 \end{bmatrix}$.

4. (1) $\begin{bmatrix} 9 & -7 \\ 1 & -2 \end{bmatrix}$; (2) $\begin{bmatrix} 0 & 5 \\ -4 & -3 \\ -1 & 2 \end{bmatrix}$; (3) -6; (4) $\begin{bmatrix} 2 & 3 & 4 \\ 4 & 6 & 8 \\ 2 & 3 & 4 \end{bmatrix}$; (5) $x^2+2y^2+z^2-2xy+6yz$.

5. (1) $\begin{bmatrix} a & b & c \\ c & a & b \\ b & c & a \end{bmatrix}$, a,b,c 为任意实数; (2) $\begin{bmatrix} a & 0 & 0 \\ 0 & b & 0 \\ 0 & 0 & c \end{bmatrix}$, a,b,c 为任意实数.

6. (1) $\begin{bmatrix} \cos k\theta & \sin k\theta \\ -\sin k\theta & \cos k\theta \end{bmatrix}$; (2) $n=2$ 时,原矩阵 $=\begin{bmatrix} 0 & 0 & 1 \\ 0 & 0 & 0 \\ 0 & 0 & 0 \end{bmatrix}$; 当 $n\geqslant 3$ 时,原矩阵 $=\boldsymbol{O}$.

7. (1)错误;(2)错误;(3)错误;(4)错误;(5)正确;(6)正确;(7)错误.

11. (1)正确;(2)错误;(3)正确;(4)正确.

14. $(-1)^n \dfrac{4^n}{2}$;

15. (1) $\begin{bmatrix} 1 & -2 & 7 \\ 0 & 1 & -2 \\ 0 & 0 & 1 \end{bmatrix}$; (2) $-\dfrac{1}{3}\begin{bmatrix} -11 & 4 & -8 \\ 4 & -2 & 1 \\ 2 & -1 & 2 \end{bmatrix}$; (3) $\begin{bmatrix} 1 & 0 & 2 \\ 2 & -1 & 3 \\ 4 & 1 & 8 \end{bmatrix}$;

(4) $\dfrac{1}{4}\begin{bmatrix} 1 & 1 & 1 & 1 \\ 1 & 1 & -1 & -1 \\ 1 & -1 & 1 & -1 \\ 1 & -1 & -1 & 1 \end{bmatrix}$.

16. (1) $(\boldsymbol{A}+\boldsymbol{E})^2$; (2) $\dfrac{1}{2}(\boldsymbol{A}-2\boldsymbol{E})$.

17. (1) $x_1=-3, x_2=2, x_3=2$; (2) $x_1=2, x_2=3, x_3=4$.

18. (1) $\dfrac{1}{3}\begin{bmatrix} 8 & 5 \\ -10 & -7 \\ 5 & 5 \end{bmatrix}$; (2) $\begin{bmatrix} 2 & -1 & 0 \\ 2 & 3 & -4 \\ 1 & 0 & -2 \end{bmatrix}$.

19. $\boldsymbol{B}=\begin{bmatrix} 5 & -2 & -2 \\ 4 & -3 & -2 \\ -2 & 2 & 3 \end{bmatrix}$.

20. (1) $\begin{bmatrix} 1 & 0 & 3 & 2 \\ -1 & 2 & 0 & 1 \\ -2 & 4 & 1 & 1 \\ 1 & 1 & 3 & 3 \end{bmatrix}$；(2) $\begin{bmatrix} 5 & -1 & 2 & 3 \\ 5 & 0 & 9 & 1 \\ -2 & -5 & 0 & 0 \\ 0 & -4 & 0 & 0 \end{bmatrix}$.

21. 100^{2k}，$\begin{bmatrix} 5^{2k} & 0 & 0 & 0 \\ 0 & 5^{2k} & 0 & 0 \\ 0 & 0 & 4^k & k4^{k+1} \\ 0 & 0 & 0 & 4^k \end{bmatrix}$.

22. (1) $\begin{bmatrix} 1 & -1 & 0 & 0 \\ -2 & 3 & 0 & 0 \\ 0 & 0 & -\frac{1}{18} & -\frac{5}{18} \\ 0 & 0 & \frac{2}{9} & -\frac{1}{9} \end{bmatrix}$；(2) $\begin{bmatrix} \cos\theta & -\sin\theta & 0 & 0 & 0 \\ \sin\theta & \cos\theta & 0 & 0 & 0 \\ 0 & 0 & 1 & -a & a^2-b \\ 0 & 0 & 0 & 1 & -a \\ 0 & 0 & 0 & 0 & 1 \end{bmatrix}$.

23. (1)错误；(2)正确；(3)错误；(4)错误；(5)错误；(6)正确；(7)正确.

24. (1)2；(2)3；(3)3；(4)2.

25. (1)$k=-6$；(2)$k\neq-6$；(3)无论 k 取什么值，矩阵的秩都不会等于 3.

26. (1) $\begin{bmatrix} 1 & -1 & 0 \\ -2 & 3 & -4 \\ -2 & 3 & -3 \end{bmatrix}$；(2) $\begin{bmatrix} 1 & 0 & 0 & 0 \\ -2 & 1 & 0 & 0 \\ 1 & -2 & 1 & 0 \\ 0 & 1 & -2 & 1 \end{bmatrix}$.

综合练习题二

1. (1)$\boldsymbol{AB}=\boldsymbol{BA}$；(2)$-8$；(3)6；(4) $\begin{bmatrix} \frac{2}{5} & -\frac{1}{5} & 0 & 0 \\ \frac{3}{10} & \frac{1}{10} & 0 & 0 \\ 0 & 0 & \frac{1}{2} & -\frac{1}{8} \\ 0 & 0 & 0 & \frac{1}{4} \end{bmatrix}$，$\frac{1}{80}\begin{bmatrix} 1 & 2 & 0 & 0 \\ -3 & 4 & 0 & 0 \\ 0 & 0 & 2 & 1 \\ 0 & 0 & 0 & 4 \end{bmatrix}$；(5)$\frac{1}{4}$；

(6) $\begin{bmatrix} 1 & 0 & 0 \\ 0 & \frac{1}{2} & 0 \\ 0 & -\frac{2}{3} & \frac{1}{3} \end{bmatrix}$；(7)$\frac{1}{2}\boldsymbol{A}^2$；(8) $\begin{bmatrix} 0 & 0 & \frac{1}{3} & 0 \\ 0 & \frac{1}{2} & 0 & 0 \\ 1 & 0 & 0 & 0 \\ 0 & 0 & 0 & \frac{1}{4} \end{bmatrix}$；(9)$6^{99}\begin{bmatrix} 1 & 1 & 1 \\ 2 & 2 & 2 \\ 3 & 3 & 3 \end{bmatrix}$；(10)$-3$.

2.(1)(d);(2)(b);(3)(b);(4)(a);(5)(d);(6)(b);(7)(b);(8)(c);(9)(c);(10)(c).

3. $|\boldsymbol{A}|=1$.

4. $|\boldsymbol{A}+\boldsymbol{E}|=0$.

5. $l=a_1b_1+a_2b_2+a_3b_3$.

6. $\boldsymbol{A}=\boldsymbol{A}^5=\begin{bmatrix}1 & 0 & 0\\ 2 & 0 & 0\\ 6 & -1 & -1\end{bmatrix}$.

7. $\boldsymbol{A}^n=\begin{bmatrix}1 & 0 & n\\ 0 & 1 & 0\\ 0 & 0 & 1\end{bmatrix}$.

8. $(\boldsymbol{A}+4\boldsymbol{E})^{-1}=\frac{2}{5}\boldsymbol{E}-\frac{1}{5}\boldsymbol{A}$.

9. $\boldsymbol{X}=\begin{bmatrix}2 & 0 & 1\\ 0 & 3 & 0\\ 1 & 0 & 2\end{bmatrix}$.

10. $\boldsymbol{B}=\begin{bmatrix}6 & 0 & 0 & 0\\ 0 & 6 & 0 & 0\\ 6 & 0 & 6 & 0\\ 0 & -3 & 0 & -1\end{bmatrix}$.

13. $\boldsymbol{A}\boldsymbol{B}^{-1}=\boldsymbol{E}_{ij}$.

习 题 三

1.(1)正确;(2)错误;(3)正确;(4)错误;(5)正确;(6)错误;(7)正确;(8)错误.

2.(1) $x_1=1, x_2=2, x_3=1$;(2)无解;(3) $x_1=\frac{1}{2}+k_1+k_2, x_2=k_1, x_3=\frac{1}{2}+2k_2, x_4=k_2$ (k_1, k_2 为任意常数);(4) $x_1=2k_1-11k_2, x_2=k_1, x_3=\frac{15}{2}k_2, x_4=k_2$ (k_1, k_2 为任意常数);

3.当 $p\neq-1,4$ 时有唯一解

$$x_1=\frac{p^2+2p}{p+1}, x_2=\frac{p^2+2p+4}{p+1}, x_3=\frac{-2p}{p+1};$$

当 $p=-1$ 时无解;

当 $p=4$ 时有无穷多解, $x_1=-3k, x_2=4-k, x_3=k$(k 为任意常数).

4.当 $a\neq1$ 时有唯一解

$$x_1=\frac{b-a+2}{a-1}, x_2=\frac{a-2b-3}{a-1}, x_3=\frac{b+1}{a-1}, x_4=0;$$

当 $a=1$ 时,(1) $b\neq-1$ 时无解,

(2)$b=-1$ 时有无穷多解，无穷多解为：

$x_1=-1+k_1+k_2, x_2=1-2k_1-2k_2, x_3=k_1, x_4=k_2$（$k_1, k_2$ 为任意常数）.

5. $x_1=a_1+a_2+a_3+a_4+k, x_2=a_2+a_3+a_4+k, x_3=a_3+a_4+k, x_4=a_4+k, x_5=k$.（$k$ 为任意常数）.

6.(1)错误；(2)错误；(3)错误；(4)正确；(5)错误；(6)正确.

7.(1)$(-4,0,-5,-9)$，(2)$\left(7,-5,\frac{11}{2},\frac{27}{2}\right)$.

8. $\boldsymbol{\alpha}=(1,2,3,4)^{\mathrm{T}}$.

9.(1)$\boldsymbol{\beta}=\frac{5}{4}\boldsymbol{\alpha}_1+\frac{1}{4}\boldsymbol{\alpha}_2-\frac{1}{4}\boldsymbol{\alpha}_3-\frac{1}{4}\boldsymbol{\alpha}_4$；(2)$\boldsymbol{\beta}=\boldsymbol{\alpha}_1+0\boldsymbol{\alpha}_2-\boldsymbol{\alpha}_3+0\boldsymbol{\alpha}_4$.

10.(1)线性相关；(2)线性相关；(3)线性无关.

14.(1)错误；(2)正确；(3)正确；(4)正确；(5)正确；(6)错误.

15.(1)秩为 3，一个极大线性无关组为 $\boldsymbol{\alpha}_1, \boldsymbol{\alpha}_2, \boldsymbol{\alpha}_3, \boldsymbol{\alpha}_4=-3\boldsymbol{\alpha}_1+5\boldsymbol{\alpha}_2-\boldsymbol{\alpha}_3$；(2)秩为 2，一个极大线性无关组为 $\boldsymbol{\alpha}_1, \boldsymbol{\alpha}_2, \boldsymbol{\alpha}_3=\boldsymbol{\alpha}_1-2\boldsymbol{\alpha}_2, \boldsymbol{\alpha}_4=-\boldsymbol{\alpha}_1+3\boldsymbol{\alpha}_2, \boldsymbol{\alpha}_5=\boldsymbol{\alpha}_1-\boldsymbol{\alpha}_2$；(3)秩为 3，一个极大线性无关组为 $\boldsymbol{\alpha}_1, \boldsymbol{\alpha}_2, \boldsymbol{\alpha}_3, \boldsymbol{\alpha}_4=-4\boldsymbol{\alpha}_1-\boldsymbol{\alpha}_2+3\boldsymbol{\alpha}_3$.

16.(2)包含向量 $\boldsymbol{\beta}_1, \boldsymbol{\beta}_2$ 的极大线性无关组为 $\boldsymbol{\beta}_1, \boldsymbol{\beta}_2, \boldsymbol{\beta}_4$ 或 $\boldsymbol{\beta}_1, \boldsymbol{\beta}_2, \boldsymbol{\beta}_5$.

20. $\boldsymbol{V}_1$ 是，$\boldsymbol{V}_2$ 不是. $\boldsymbol{V}_1$ 的维数为 $n-1$，基为$(-1,1,0,\cdots,0,0),(-1,0,1,\cdots,0,0),\cdots,(-1,0,0,\cdots,0,1)$.

21. $\boldsymbol{\beta}_1=2\boldsymbol{\alpha}_1+3\boldsymbol{\alpha}_2-\boldsymbol{\alpha}_3, \boldsymbol{\beta}_2=3\boldsymbol{\alpha}_1-3\boldsymbol{\alpha}_2-2\boldsymbol{\alpha}_3$.

22. $(1,2,-3,2)^{\mathrm{T}}$.

23.(1)$\boldsymbol{C}=\begin{bmatrix}0 & 1 & 1\\ -1 & -3 & -2\\ 2 & 4 & 4\end{bmatrix}, \boldsymbol{C}^{-1}=\begin{bmatrix}-2 & 0 & \frac{1}{2}\\ 0 & -1 & -\frac{1}{2}\\ 1 & 1 & \frac{1}{2}\end{bmatrix}$.(2)$\left(-\frac{7}{2},-\frac{1}{2},\frac{3}{2}\right)^{\mathrm{T}}$.

24.(1)正确；(2)正确；(3)错误；(4)错误；(5)正确；(6)错误；(7)正确；(8)正确.

25.(1)基础解系为 $\boldsymbol{\xi}_1=(-1,0,1,0)^{\mathrm{T}}, \boldsymbol{\xi}_2=(2,-1,0,1)^{\mathrm{T}}$；通解为 $k_1(-1,0,1,0)^{\mathrm{T}}+k_2(2,-1,0,1)^{\mathrm{T}}$，$k_1, k_2$ 为任意常数.

(2)基础解系为 $\boldsymbol{\xi}_1=(1,1,0,0)^{\mathrm{T}}, \boldsymbol{\xi}_2=(1,0,2,1)^{\mathrm{T}}$；通解为 $k_1(1,1,0,0)^{\mathrm{T}}+k_2(1,0,2,1)^{\mathrm{T}}$，$k_1, k_2$ 为任意常数.

(3)基础解系为 $\boldsymbol{\xi}_1=\left(-\frac{3}{2},\frac{7}{2},1,0\right)^{\mathrm{T}}, \boldsymbol{\xi}_2=(-1,-2,0,1)^{\mathrm{T}}$；通解为 $k_1\left(-\frac{3}{2},\frac{7}{2},1,0\right)^{\mathrm{T}}+k_2(-1,-2,0,1)^{\mathrm{T}}$，$k_1, k_2$ 为任意常数.

(4)基础解系为 $\boldsymbol{\xi}_1=(0,1,2,1,0)^{\mathrm{T}}, \boldsymbol{\xi}_2=(-2,0,0,0,1)^{\mathrm{T}}$；通解为 $k_1(0,1,2,1,0)^{\mathrm{T}}+k_2(-2,0,0,0,1)^{\mathrm{T}}$，$k_1, k_2$ 为任意常数.

26.(1)$(0,0,-1,0)^{\mathrm{T}}+k_1(1,0,2,0)^{\mathrm{T}}+k_2(0,-2,-1,1)^{\mathrm{T}}$，$k_1, k_2$ 为任意常数；(2)$\left(\frac{5}{4},-\frac{1}{4},0,0\right)^{\mathrm{T}}+k_1\left(\frac{1}{4},\frac{7}{4},1,0\right)^{\mathrm{T}}+k_2\left(-\frac{3}{4},\frac{7}{4},0,1\right)^{\mathrm{T}}$，$k_1, k_2$ 为任意常数；(3)$(-1,0,1,$

0,0)^{T} $+k_1(0,0,-1,1,0)^{\mathrm{T}}+k_2(3,-2,-2,0,1)^{\mathrm{T}}$，$k_1$，$k_2$ 为任意常数；(4)$(1,1,0,1)^{\mathrm{T}}+k(-3,-1,1,0)^{\mathrm{T}}$，$k$ 为任意常数.

27.(1)当 $a=1$ 或 $a=-2$ 时有无穷多解且

$a=1$ 时无穷多解为 $(1,0,0)^{\mathrm{T}}+k(1,1,1)^{\mathrm{T}}$；

$a=-2$ 时无穷多解为 $(2,2,0)^{\mathrm{T}}+k(1,1,1)^{\mathrm{T}}$. k 为任意常数.

(2)当 $a=2$ 且 $b=4$ 时有无穷多解：$(0,1,0,0,0)^{\mathrm{T}}+k_1(1,-2,1,0,0)^{\mathrm{T}}+k_2(1,-2,0,1,0)^{\mathrm{T}}+k_3(5,-6,0,0,1)^{\mathrm{T}}$，$k_1$，$k_2$，$k_3$ 为任意常数.

综合练习题三

1.(1)5；(2)1；(3)$\neq 14$；(4)2；(5)2；(6)3；(7)$\neq 3$ 且 $\neq -1$；-1；(8)-2；(9)1；(10)$k(1,1,\cdots,1)^{\mathrm{T}}$，($k$ 为任意常数).

2.(1)(c)；(2)(d)；(3)(b)；(4)(c)；(5)(c)；(6)(a)；(7)(d)；(8)(c)；(9)(b)；(10)(b).

3.$t=5$；$t\neq 5$；$\boldsymbol{\alpha}_3=-\boldsymbol{\alpha}_1+2\boldsymbol{\alpha}_2$.

4.$t=4$，$\boldsymbol{\beta}=-3k\boldsymbol{\alpha}_1+(4-k)\boldsymbol{\alpha}_2+k\boldsymbol{\alpha}_3$($k$ 为任意常数).

5.$\left(\frac{5}{4},\frac{1}{4},-\frac{1}{4},-\frac{1}{4}\right)^{\mathrm{T}}$.

6.1.

7.$\begin{bmatrix}1 & 0\\5 & 2\\8 & 1\\0 & 1\end{bmatrix}$

8.$\begin{cases}x_1-2x_2+x_3 = 0,\\2x_1-3x_2+x_4=0.\end{cases}$

9.$\begin{bmatrix}2\\3\\4\\5\end{bmatrix}+k\begin{bmatrix}3\\4\\5\\6\end{bmatrix}$($k$ 为任意常数).

10.(1)当 $a=1$，$b\neq 0$ 时无解；(2)当 $a=-1$，$b\neq 0$ 时有唯一解；(3)当 $a\neq 1$，$b=0$ 时有唯一解；(4)当 $a=1$，$b=0$ 时有无穷多解：$k(-2,1,1,0)^{\mathrm{T}}+\left(\frac{3}{2},\frac{1}{2},0,\frac{1}{2}\right)^{\mathrm{T}}$. k 为任意常数.

习　题　四

1.(1)正确；(2)错误；(3)错误；(4)正确；(5)正确；(6)错误；(7)正确；(8)正确.

2.(1)$\lambda_1=-1$ 对应特征向量为 $k_1(1,-1)^{\mathrm{T}}$，$\lambda_2=4$ 对应特征向量为 $k_2(2,3)^{\mathrm{T}}$，k_1，$k_2\neq 0$；(2)$\lambda_1=\lambda_2=-2$ 对应特征向量为 $k_1(1,1,0)^{\mathrm{T}}+k_2(-1,0,1)^{\mathrm{T}}$，$k_1$，$k_2$ 不全为零，$\lambda_3=4$ 对应特征向量为 $k_3(1,1,2)^{\mathrm{T}}$，$k_3\neq 0$；(3)$\lambda_1=\lambda_2=-2$ 对应特征向量为 $k_1(1,1,0)^{\mathrm{T}}$，$\lambda_3=4$ 对应特征向量为 $k_2(0,1,1)^{\mathrm{T}}$，k_1，$k_2\neq 0$；(4)$\lambda_1=\lambda_2=\lambda_3=1$ 对应特征向量为 $k_1(1,1,0,0)^{\mathrm{T}}+k_2(1,0,1,$

$0)^T+k_3(-1,0,0,1)^T$，k_1,k_2,k_2 不全为零，$\lambda_4=-3$ 对应特征向量为 $k_4(1,-1,-1,1)^T$，$k_4\neq 0$.

3. $\lambda=\pm 1$.

4. $1,8,27;\frac{1}{2},\frac{1}{4},\frac{1}{6};6,3,2$.

5. (1) $-2,8,-4$；(2) 64.

6. $\lambda_0=3,a=1$.

8. (1)正确；(2)错误；(3)正确；(4)错误；(5)正确；(6)正确.

9. (1)可以，$P=\begin{bmatrix}1&2\\-1&3\end{bmatrix}$，$P^{-1}AP=\Lambda=\begin{bmatrix}-1&\\&4\end{bmatrix}$；(2)可以，$P=\begin{bmatrix}1&-1&1\\1&0&1\\0&1&2\end{bmatrix}$，

$P^{-1}AP=\Lambda=\begin{bmatrix}-2&&\\&-2&\\&&4\end{bmatrix}$；(3)不可以；(4)可以，$P=\begin{bmatrix}1&1&-1&1\\1&0&0&-1\\0&1&0&-1\\0&0&1&1\end{bmatrix}$，$P^{-1}AP=$

$\Lambda=\begin{bmatrix}1&&&\\&1&&\\&&1&\\&&&-3\end{bmatrix}$.

10. $a=-5,b=-3$，A 的特征值为 $2,-1$，B 的特征值为 $2,-1$.

11. $x=0,y=1$.

12. $A=\begin{bmatrix}-1&1\\-6&4\end{bmatrix}$，$A^k=\begin{bmatrix}3-2^{k+1}&-1+2^k\\6-3\times 2^{k+1}&-2+3\times 2^k\end{bmatrix}$.

综合练习题四

1. (1) $\frac{1}{6},\frac{1}{3},\frac{1}{2}$；(2) $0,n-r(A)$；(3) $\left(\frac{|A|}{\lambda}\right)^2+1$；(4) -4；(5) $(1,1,1)^T$；(6) 24；(7) 5(n 重)，任意 n 维非零向量；(8) 2 和 1(二重)；(9) A；(10) $\sum_{i=1}^{n}a_{ii}$ 和 0($n-1$ 重).

2. (1)(a)；(2)(d)；(3)(c)；(4)(c)；(5)(d)；(6)(d)；(7)(c)；(8)(b)；(9)(a)；(10)(d).

3. $\begin{bmatrix}\frac{7}{3}&0&-\frac{2}{3}\\0&\frac{5}{3}&-\frac{2}{3}\\-\frac{2}{3}&-\frac{2}{3}&2\end{bmatrix}$.

4. $\begin{bmatrix}1&1&1\\1&1&1\\1&1&1\end{bmatrix}$.

5. $a=c=2, b=-3, \lambda_0=1$.

6. 不能对角化.

7. $a=7, b=-2, \boldsymbol{P}=\begin{bmatrix} -\frac{1}{2} & -\frac{5}{2} \\ 0 & 1 \end{bmatrix}$.

8. $\boldsymbol{A}^k=\frac{1}{3}\begin{bmatrix} -1+(-1)^k 2^{k+2} & 2+(-1)^{k+1}2^{k+1} \\ -2+(-1)^k 2^{k+1} & 4+(-1)^{k+1}2^k \end{bmatrix}$.

10. $\begin{bmatrix} 9 & & \\ & 1 & \\ & & 0 \end{bmatrix}$.

习　题　五

1. (1)错误;(2)错误;(3)正确;(4)正确;(5)正确;(6)正确;(7)正确;(8)正确.

2. (1) $(\boldsymbol{\alpha},\boldsymbol{\beta})=6$, $(3\boldsymbol{\alpha}-2\boldsymbol{\beta}, 2\boldsymbol{\alpha}-3\boldsymbol{\beta})=54$;(2) $|\boldsymbol{\alpha}|=\sqrt{7}$, $|\boldsymbol{\beta}|=\sqrt{15}$;(3)夹角 $\theta=\arccos\frac{6}{\sqrt{105}}$.

4. (1)不是;(2)是.

8. $k_1(-1,0,1,0)^{\mathrm{T}}+k_2(-1,0,0,1)^{\mathrm{T}}$, k_1, k_2 为任意常数.

9. (1) $\boldsymbol{\eta}_1=\left(\frac{1}{\sqrt{2}},0,\frac{1}{\sqrt{2}}\right)^{\mathrm{T}}$, $\boldsymbol{\eta}_2=\left(\frac{1}{\sqrt{6}},\frac{2}{\sqrt{6}},-\frac{1}{\sqrt{6}}\right)$, $\boldsymbol{\eta}_3=\left(-\frac{1}{\sqrt{3}},\frac{1}{\sqrt{3}},\frac{1}{\sqrt{3}}\right)^{\mathrm{T}}$;

(2) $\boldsymbol{\eta}_1=\left(\frac{1}{\sqrt{2}},\frac{1}{\sqrt{2}},0,0\right)^{\mathrm{T}}$, $\boldsymbol{\eta}_2=\left(\frac{1}{\sqrt{6}},-\frac{1}{\sqrt{6}},0,-\frac{2}{\sqrt{6}}\right)^{\mathrm{T}}$, $\boldsymbol{\eta}_3=\left(\frac{1}{2\sqrt{3}},-\frac{1}{2\sqrt{3}},\frac{3}{2\sqrt{3}},\frac{1}{2\sqrt{3}}\right)^{\mathrm{T}}$.

10. $\boldsymbol{\eta}_1=\left(\frac{1}{\sqrt{2}},\frac{1}{\sqrt{2}},0,0\right)^{\mathrm{T}}$, $\boldsymbol{\eta}_2=\left(\frac{1}{\sqrt{22}},-\frac{1}{\sqrt{22}},\frac{4}{\sqrt{22}},\frac{2}{\sqrt{22}}\right)^{\mathrm{T}}$.

11. (1)错误;(2)正确;(3)错误;(4)正确;(5)正确;(6)正确;(7)正确;(8)正确;(9)正确;(10)错误.

12. (1) $\begin{bmatrix} 1 & -2 & 0 \\ -2 & 2 & -2 \\ 0 & -2 & -2 \end{bmatrix}$,秩为 2;(2) $\begin{bmatrix} 1 & 1 & 0 & 0 \\ 1 & 1 & 1 & 0 \\ 0 & 1 & 1 & 1 \\ 0 & 0 & 1 & 1 \end{bmatrix}$,秩为 4.

13. (1) $\begin{cases} x_1=y_1-y_2, \\ x_2=y_2-y_3, \\ x_3=y_3. \end{cases}$ $f=y_1^2+y_2^2-y_3^2$;(2) $\begin{cases} x_1=z_1+z_2-\frac{1}{2}z_3, \\ x_2=z_1-z_2-\frac{1}{2}z_3, \\ x_3=z_3. \end{cases}$ $f=2z_1^2-2z_2^2+\frac{1}{2}z_3^2$.

14. (1) $\begin{cases} x_1 = y_1 + \frac{3}{5}y_2 - \frac{5}{2}y_3, \\ x_2 = y_2, \\ x_3 = -\frac{6}{25}y_2 + y_3. \end{cases}$ $f = y_1^2 + \frac{9}{25}y_2^2 - \frac{25}{4}y_3^2$；(2) $\begin{cases} x_1 = y_1 - \frac{1}{2}y_2 + y_3, \\ x_2 = \frac{1}{2}y_2 + y_3, \\ x_3 = y_3. \end{cases}$ $f = y_1^2 - \frac{1}{2}y_2^2 - 2y_3^2$.

15. (1)错误；(2)正确；(3)正确；(4)正确；(5)错误；(6)错误；(7)错误；(8)错误；(9)正确；(10)正确.

16. (1) $\boldsymbol{\Lambda} = \begin{bmatrix} -1 & & \\ & -1 & \\ & & 5 \end{bmatrix}$，正交矩阵为 $\begin{bmatrix} -\frac{1}{\sqrt{2}} & -\frac{1}{\sqrt{6}} & \frac{1}{\sqrt{3}} \\ \frac{1}{\sqrt{2}} & -\frac{1}{\sqrt{6}} & \frac{1}{\sqrt{3}} \\ 0 & \frac{2}{\sqrt{6}} & \frac{1}{\sqrt{3}} \end{bmatrix}$；

(2) $\boldsymbol{\Lambda} = \begin{bmatrix} 2 & & \\ & 2 & \\ & & -7 \end{bmatrix}$，正交矩阵为 $\begin{bmatrix} \frac{2}{\sqrt{5}} & \frac{2}{3\sqrt{5}} & \frac{1}{3} \\ -\frac{1}{\sqrt{5}} & \frac{4}{3\sqrt{5}} & \frac{2}{3} \\ 0 & \frac{5}{3\sqrt{5}} & -\frac{2}{3} \end{bmatrix}$.

17. (1) $f = y_1^2 + 3y_2^2$，正交矩阵为 $\begin{bmatrix} \frac{1}{\sqrt{2}} & \frac{1}{\sqrt{2}} \\ \frac{1}{\sqrt{2}} & -\frac{1}{\sqrt{2}} \end{bmatrix}$；

(2) $f = 9y_3^2$，正交矩阵为 $\begin{bmatrix} -\frac{1}{\sqrt{2}} & -\frac{1}{\sqrt{6}} & \frac{1}{\sqrt{3}} \\ \frac{1}{\sqrt{2}} & -\frac{1}{\sqrt{6}} & \frac{1}{\sqrt{3}} \\ 0 & \frac{2}{\sqrt{6}} & \frac{1}{\sqrt{3}} \end{bmatrix}$；

(3) $f = y_1^2 + y_2^2 + y_3^2 - 3y_4^2$，正交矩阵为 $\begin{bmatrix} \frac{1}{\sqrt{2}} & 0 & \frac{1}{2} & \frac{1}{2} \\ \frac{1}{\sqrt{2}} & 0 & -\frac{1}{2} & -\frac{1}{2} \\ 0 & \frac{1}{\sqrt{2}} & \frac{1}{2} & -\frac{1}{2} \\ 0 & \frac{1}{\sqrt{2}} & -\frac{1}{2} & \frac{1}{2} \end{bmatrix}$.

18. $4y_1^2-2y_2^2=1$，正交矩阵为 $\begin{bmatrix}\frac{1}{\sqrt{2}} & -\frac{1}{\sqrt{2}}\\ \frac{1}{\sqrt{2}} & \frac{1}{\sqrt{2}}\end{bmatrix}$，双曲线.

19. $k_1(1,0,0)^{T}+k_2(0,1,-1)^{T}$，$k_1,k_2$ 不全为零，

$\boldsymbol{A}=\begin{bmatrix}1 & 0 & 0\\ 0 & 0 & -1\\ 0 & -1 & 0\end{bmatrix}$.

20. (1)正定；(2)负定；(3)不定.

21. (1)正定；(2)不定.

22. $t>5$.

23. $-2<t<1$.

综合练习题五

1. (1) $\begin{bmatrix}0 & -2 & 1\\ -2 & 0 & 1\\ 1 & 1 & 0\end{bmatrix}$，3；(2) $-\sqrt{2}<t<\sqrt{2}$；(3) $t>1$；(4) 3,1,2,1；(5) 1；(6) $y_1^2+y_2^2-y_3^2$；(7) $\boldsymbol{A}^{-1}\boldsymbol{y}$；(8) $t>n$；(9) $t>5$；(10) $-5,-5,0$.

2. (1)(d)；(2)(c)；(3)(b)；(4)(a)；(5)(c)；(6)(d)；(7)(a)；(8)(a)；(9)(c)；(10)(c).

3. $\boldsymbol{\gamma}_1=(0,0,1,0)^{T}$，$\boldsymbol{\gamma}_2=(0,0,0,1)^{T}$，$\boldsymbol{\gamma}_3=\frac{1}{\sqrt{5}}(1,2,0,0)^{T}$，$\boldsymbol{\gamma}_4=\frac{1}{\sqrt{5}}(-2,1,0,0)^{T}$.

4. $\boldsymbol{\gamma}_1=\frac{1}{\sqrt{15}}(1,1,2,3)^{T}$，$\boldsymbol{\gamma}_2=\frac{1}{\sqrt{39}}(-2,1,5,-3)^{T}$.

7. $\boldsymbol{A}=2\boldsymbol{E}$.

8. 正、负惯性指标分别为 2,0. 二次型的标准型为 $2y_1^2+\frac{3}{2}y_2^2$，$2y_1^2+\frac{3}{2}y_2^2=1$ 表示椭圆柱面.

9. (1) $c=3$，特征值 $\lambda_1=0,\lambda_2=4,\lambda_3=9$；(2)二次型的标准型为 $4y_2^2+9y_3^2$，$4y_2^2+9y_3^2=1$ 表示椭圆柱面.

10. $a=3,b=1$，$\boldsymbol{P}=\begin{bmatrix}\frac{1}{\sqrt{2}} & \frac{1}{\sqrt{3}} & \frac{1}{\sqrt{6}}\\ 0 & -\frac{1}{\sqrt{3}} & \frac{2}{\sqrt{6}}\\ -\frac{1}{\sqrt{2}} & \frac{1}{\sqrt{3}} & \frac{1}{\sqrt{6}}\end{bmatrix}$.

11. $a=-2$，$\boldsymbol{P}=\begin{bmatrix}\frac{1}{\sqrt{2}} & \frac{1}{\sqrt{6}} & \frac{1}{\sqrt{3}}\\ 0 & -\frac{2}{\sqrt{6}} & \frac{1}{\sqrt{3}}\\ -\frac{1}{\sqrt{2}} & \frac{1}{\sqrt{6}} & \frac{1}{\sqrt{3}}\end{bmatrix}$.

参考文献
References

[1] 梁保松，德娜，等. 线性代数. 北京：中国农业出版社，2008.
[2] 华中科技大学数学系. 线性代数. 北京：高等教育出版社，1999.
[3] 同济大学应用数学系. 线性代数. 4 版. 北京：高等教育出版社，1999.
[4] 林升旭，等. 线性代数. 武汉：华中科技大学出版社，1999.
[5] 王长群，等. 线性代数. 北京：高等教育出版社，2001.
[6] 张禾瑞，等. 高等代数. 北京：人民教育出版社，1980.
[7] 梁保松，等. 应用数学. 北京：气象出版社，1999.
[8] 李正元，等. 数学复习全书（理工类）. 4 版. 北京：国家行政学院出版社，2002.
[9] 陈文灯，等. 数学复习指南（经济类）. 北京：世界图书出版公司，2002.